KB074223

Cook, Taste, Learn

Cook, Taste, Learn

How the Evolution of Science Transformed the Art of Cooking

푸드 사피엔스

과학으로 맛보는
미식의 역사

가이 크로스비 지음
오윤성 옮김

북트리거

크리스틴Christine, 크리스틴Kristin, 저스틴, 그레이스, 마이크에게

| 서문 |

불로 요리하는 원시인에서 요리로 예술하는 현대인까지

곰곰이 생각해 보면 깜짝 놀랄 일이다. 지구에서 살아가는 종 가운데 오직 인간만이 요리를 한다니! 요리는 인간의 진화에서 매우 중요한 역할을 담당해 왔지만, 식재료를 열로 익힐 때 일어나는 일의 과학이 대중적인 관심을 끌게 된 것은 최근 몇십 년의 일이다. 익힌 음식은 인간의 진화에 어떤 획기적인 역할을 했을까? 왜 인간의 생물학적·사회적 진화는 다른 모든 종보다 훨씬 빠른 속도로 진행되었을까? 요리가 그 과정에서 조금이라도 영향을 미쳤을까?

리처드 랭엄에게 이 질문을 한다면 '엄청난 영향을 미쳤다'라고 답할 것이다. 하버드대학교 생물인류학 교수인 랭엄은 큰 인기를 끈 『요리 본능: 불, 요리, 그리고 진화』에서, 요리가 인류의 진화에서 맡은 역할을 설득력 있게 설명했다. 요리가 인간의 진화에 영향을 미쳤다고 주장한 사람은 그 전에도 있었지만, 랭엄은 독특하게도 인간이 요리를 시작한 시점이 무려 180만~190만 년 전이라고 주장한다. 동굴에서 발견되는 물리적 증거에 따르면 인간이 처음으로 불을 사용해 요리한 것은 약 40만 년 전으로 추정된다. 그러나 랭엄은 우리의 가장 오래된 조상인 호모에렉투스(직립 원인)의 진화 증거인 뇌의 크기 증대, 치아와 소화계통의 크기 감소 등을 보건대 인류가 불로 음식을 요리하기 시작한 지는 100만 년이 넘었다고 강력하게 주장한다.

요리는 인류의 진화에 극히 중요한 역할을 맡았다. 우리는 요리 과학을 배움으로써 그 이유를 이해할 수 있다. 또한 나는 이 책 전체에 걸쳐 과학의 발전 역사 및 요리가 과학을 통해 현재의 경지에 올라선 과정을 탐색할 것이다.

안타깝게도 과학은 많은 사람에게 미지의 영역이다. 과학계는 일반인이 이해하기 어려운 이상한 말과 복잡한 언어를 쓰는 탓에 사람들에게 흥미보다는 의구심을 불러일으킨다. 그러나 과학은 세계의 작동 원리를 탐구하고 이해할 수 있게 하는 입증된 도구이다. 과학은 새로운 통찰과 새로운 아이디어와 혁신을 낳는다. 요리사가 요리하고 맛보고 배우는 것과 똑같이 과학자들은 어떤 일이 왜 일어나는지에 대해 가설을 세우고, 이를 정교한 실험을 통해 입증하거나 반박한다. 뉴턴의 만유인력의 법칙부터 돌턴의 원자론, 에디슨의 전구 발명, 소크의 소아마비 백신 개발, 바딘·브래튼·쇼클리의 트랜지스터 설계에 대한 대답까지 모든 것이 똑같은 과학적 방법으로 도출되었다.

물론 우리는 핵무기, 유전자 변형 식품, 전자 감시 등 과학의 부정적인 용도에 꺼림칙함을 느낄 수 있다. 정치적·경제적으로 불순한 동기를 가진 사람은 과학을 악용할 수 있는 것이 사실이다. 그러나 전체적으로 볼 때 과학은 지금까지 인류의 발전에 매우 긍정적인 방향으로 작용했다. 과학적 사고는 고대 이집트인과 그리스 철학자로 거슬러 올라가는 긴 역사를 가졌으나 요리 과학은 최근까지도 거의 주목받지 못했다. 언뜻 중요성이 떨어지는 것으로 보일 수 있지만, 랭엄의 말이 맞는다면 요리 과학은 과학의 전 분야를 통틀어서도 가장 중요한, 가장 과소평가된 분야일 것이다.

미국의 저명한 사회학자이자 컬럼비아대학교 교수였던 로버트 머튼(1910~2003)은 이렇게 썼다. “과학은 공공의 지식이지 사적인 지식이 아니다.” 과학을 이해하는 사람이라면 이 말이 얼마나 멋진지 알 것이다. 그러나 과학과 관련된 대부분의 이야기는 알 수 없는 전문용어로 가득하다. 누군가에게는 사적인 지식보다도 더 불투명하게 느껴질 수 있다. 나는 과학자로서 과학을 대중을 위한 언어로 번역하여 누구나 이해할 수 있는 진정한 공공의 지식으로 만드는 일이 중요하다고 믿는다.

이 책에서 크림색 바탕을 깐 지면에 짧은 에세이를 몇 편 실어 각 장 본문에서 다룬 과학을 좀 더 깊이 있게 설명했다. 또한 각 장의 과학과 긴밀하게 연결된 몇 가지 레시피도 실었다. 모두 내가 애용하는 레시피이다. 요즘 점점 관심을 받고 있는 이러한 주제가 과학과 세계에 대한 더 폭넓은 이해로 이어졌으면 하는 바람이다.

이제 내가 좋아하는 시의 한 구절을 소개하며 서문을 닫고자 한다.

모래 한 알 속에서도 세상을 보고
한 송이 들꽃 속에서 천국을 보며
손바닥 안에서 무한을 잡고
순간 속에서 영원을 잡는다.

윌리엄 블레이크(1757~1827)가 1803년에 썼지만 그로부터 60년이 지나서야 세상에 발표된 「순수의 전조」의 첫 구절이다. 나는 1973년 BBC 텔레비전의 다큐멘터리 시리즈 〈인간 등정의 발자취〉에서 제이컵 브로노우스키(1908~1974)가 낭독했을 때 이 시를 처음 접했고 지금까지 늘 가슴에 새기고 있다. 나는 이 시구가 원자라는 개념과 원자로 이루어진 물질의 구조를 더없이 아름답게 표현했다고 생각한다. 그런데 잉글랜드 맨체스터의 퀘이커교도이자 학교 교사인 존 돌턴(1766~1844)이 정확한 증거에 입각한 현대적인 원자론을 처음 발표한 것은 놀랍게도 블레이크가 이 시를 쓴 2년 후인 1805년이었다. 즉 블레이크는 원자의 존재가 과학적으로 밝혀지기도 전에 모래알과 들꽃이 무한에 가깝게 작은 분자 구조와 그보다 더 작은 원자로 구성된다는 사실을 상상해 낸 것이다. 어떻게 그럴 수 있었을까? 그 답은 이 책에 들어 있다. 과학의 역사와 인간이 세계의 작동 원리를 밝혀 온 과정은 그 자체로 흥미롭다. 그 과정의 일부인 요리 과학이 독자 여러분에게 흥미와 즐거움을 선사하기를 기대한다.

contents

Chapter 3
'근대 과학'이 쏘아 올린 '요리 예술' (1500~1799년)

Chapter 4
요리 예술이 원자 과학을 만났을 때 (1800~1900년)

Chapter 5
요리 혁명 (1901년~현재)

Chapter 6
지금은 요리 과학 시대

Chapter 7
좋은 성분과 나쁜 성분, 요리 과학의 미래

Cook, Taste, Learn

1 요리: 더 비기닝

(200만~1만 2,000년 전)

요리 이전에 불이 있었다

인간은 어쩌다가 지구상에서 유일하게 요리하는 종이 되었을까? 그 답은 아무도 모른다. 고고학적 증거에 따르면 인간은 최소 40만 년 전부터 불을 이용해 음식을 익혀 먹었다. 그런데 하버드대학교 인류학과 교수 리처드 랭엄은 생물학적 증거(뇌는 커지고 치아 및 소화계통은 작아졌다)로 보건대 인간이 불로 요리를 시작한 시점은 그보다 훨씬 전, 그러니까 거의 200만 년 전이라고 주장한다. 이 가설에 따르면 호모에렉투스 등 고인류는 화식을 통해 전보다 많은 에너지와 영양분을 얻을 수 있었고 그 결과 뇌가 점점 커졌으며 바로 이 단계에서 다른 모든 종에 대한 진화적 우위를 점했다. 이러한 중요한 변화가 10만 년이 채 안 되는 짧은 기간에 집중적으로 일어난 것도 호모에렉투스의 진화에 탄력

도판1 알제리의 타실리나제르 동굴에 있는 암벽화. 5,000~6,000년 전에 제작된 것으로 추정된다. 고인류가 꺼진 불 주변에 모여 있는 모습을 묘사하고 있다.

을 부여했다.

직접 증거가 없다는 이유로 랭엄의 가설에 동의하지 않는 학자도 많다. 그러나 요리가 200만 년 전에 시작되었다는 주장은 제쳐 두더라도 요리가 인간에게 여러 이점을 제공한 것은 분명한 사실이다. 가령 요리는 병을 일으키는 미생물을 죽임으로써 음식을 더 안전하게 만들었는가 하면, 불을 사용하는 위험한 행위를 반복할 가치가 있을 만큼 매력적인 풍미를 맛보게 해 주었다. 고인류는 지금으로부터 약 19만 5,000년 전에 현생 인류인 호모사피엔스로 진화하기 시작했다. 그 무렵 인간의 뇌는 호모에렉투스에 비해 60퍼센트 가까이 커져 있었다. 이 변화는 고인류가 음식을 불에 익혀 먹은 결과가 아니었을까?

고인류는 요리라는 행위를 시작하기 한참 전부터 자연적으로 발생하는 불을 경험했음이 틀림없고, 그런 불을 공포의 대상으로 인식했을 것이다. 그러다 플라이스토세(약 258만~1만 1,700년 전까지)에 빙하기가 시작되자 이제는 온기와 빛을 얻고 포식동물을 막는 등 불을 직접 피우고 이용하고 관리해야 할 이유가 충분해졌다. 불은 아주 작게 무리 지어 살아가던 사람들 사이에 만남과 교역을 촉진함으로써 사회적으로도 거대한 변화를 일으켰을 것이다. 요리도 처음에는 우연의 산물이었을 가능성이 크다. 가령 멧돼지가 산불에 타 버렸다든가, 사냥해 온 작은 동물을 모닥불 옆에 무심코 놔두었다가 익혀 버리는 사건처럼 말이다. 불에 구워진 식재료의 그 매혹적인 풍미는 인간이 그 행위를 다시 또다시 반복하게 만들었을 것이다. 최근 들어 많은 연구에서 증명되었듯이, 예나 지금이나 인간이 어떤 음식을 즐겨 먹는가에 가장 큰 영향을 미치는 단일 인자는 바로 풍미이다. 역사 초기에는 사회 집단의 규모가 작고 서로 이질적이며 접촉도 부족했던 탓에 요리라는 아이디어가 그 발상지로부터 널리 확산되는 데 오랜 시간이 걸렸을 것이다. 그래서 요리는 수천 년이 지나서야 보편적인 관습이 되었다.

풍미란 무엇인가

오늘날에도 사람들은 직화나 숯불로 구운 음식의 풍미를 좋아한다. 구이 요리는 고인류의 식생활을 재현한다는 즐거운 감각도 선사한다. 냄새와 맛을 느끼는 능력은 인류보다도 수십 억 년 앞서 나타났다. 지금의 어류와 양서류의 고대 조상 연구에 따르면 이들의 감각기관은 육상동물이 출현하기 훨씬 전에 분화했음을 알 수 있다. 특히 미각과 후각은 생존을 위해 진화했고 다른 감각들에 비해서도 일찍 나타났던 것 같다. 그런데 오늘날의 모든 종이 똑같은 맛과 냄새에 반응하는 것은 아니다. 가령 고양이는 단맛을 감지하지 못하지만 감칠맛은 인간보다 더 예민하게 느낀다(이는 고양이가 동물성 단백질 위주의 식단을 토대로 진화한 결과일 수도 있다). 이러한 차이를 보면, 그동안 각각의 종은 생존을 좌우하는 특정한 맛과 냄새를 감지하는 방향으로 진화했다고 짐작할 수 있다.

인간의 경우 네 명 중 한 명은 쓴맛에 매우 민감하지만 나머지 셋은 평균이거나 둔감하다. 이른바 '초미각자'supertaters들은 쓴맛이 나는 독성 물질을 피함으로써 생존 확률을 높이는 등 중요한 진화적 이점을 취했는지도 모른다. 그러나 사실 초미각자들은 쓴맛에 대한 민감성 때문에 편식을 하게 되고, 특히 몸에 좋은 브로콜리나 케일처럼 쓴맛이 강한 채소를 기피하는 경향이 있다. 결과적으로 이런 사람의 몸에는 대장암으로 발전할 수 있는 대장 용종이 더 자주 생긴다. 맛에 둔감한 사람들은 매운 음식, 지방, 알코올을 즐기는 경향이 있어 과체중의 위험이 더 크다. 맛을 평균적으로 느끼는 사람들은 음식을 거의 가리지 않고 좋아하는 편이다. 요컨대 생존 관점에서는 평균을 뛰어넘기보다는 평균에 속하는 편이 더 이로운 것 같다.

인간의 DNA는 태어난 순간 혹은 직후부터 맛을 느끼도록 설계되어 있다. 인간은 여섯 가지의 기본 맛(단맛, 짠맛, 쓴맛, 신맛, 감칠맛, 지방맛)을 감지한다. 이 중 단맛, 쓴맛, 감칠맛, 지방맛은 맛 세포 표면에 있는 단백질 수용체를 통해 감지되고, 짠맛과 신맛은 맛 세포 세포막 속의 이온 채널로 이루어진 짠맛 수용체와 신맛 수용체에 의해 감지된다. 입안과 혀 윗면에는 이러한 맛 세포가 넓게 분포되어 있다. 맛 세포들은 기계적 마모와 뜨거운 음식에 지속적으로 노출되기 때문에 9~15일 주기로 쉼 없이 교체된다. 약 100개의 맛 세포가 모여 하나의 맛봉오리를 이루고, 맛봉오리가 모여 혀유두를 이룬다. 혀유두는 우리 눈에 보일 정도로 크기가 큰 돌기로, 혀에 넓게 분포되어 있다. 미각기관은 우리 몸의 기관 중에 완전한 재생이 가능한 몇 안 되는 기관 중 하나이다.

단맛은 인체에 당장 에너지를 공급하는 당류를 감지하는 데 중요하다. 우리는 뇌에 필요한 에너지의 거의 전부를 단당류인 포도당에서 얻는데, 뇌에 쓰이는 포도당이 하루에 약 120그램이나 된다. 쓴맛을 감지하는 능력은 독성이 있는 식물(독성 물질은 아주 쓴맛을 내는 경우가 많다)을 먹지 않도록 조심하기 위해 진화했다. 인간의 몸에서 쓴맛을 느끼는 수용체는 25종인 반면, 단맛을 느끼는 수용체는 겨우 1종이다. 에너지를 얻는 데 필요한 단 음식을 찾아내는 것보다도 독성 물질을 피하는 것이 더 중요하기 때문이었을 것이다. 인간은 단 물질보다 쓴 물질에 약 1,000배 더 민감하다. 우리는 아무리 적은 양이라도 독성이 있는 쓴 물질은 피해야 하고 에너지를 위한 당류는 훨씬 많이 섭취해야 하므로 두 맛에 대한 민감도를 각각 다르게 발전시켜 온 것이다.

소금(염화나트륨)은 몸 안의 체액 수준을 유지하는 데 중요한 물질이므로 짠맛을 느끼는 능력도 우리에게 중요하다. 혀에 감치는 맛인 감칠맛, 다른 표현으로 고기맛에 대한 감각은 우리 몸이 만들어 내지 못하는 필수 아미노산 및 단백질원을 찾아내기 위해 진화했을 것이다. 아미노산은 우리 몸 안에서 여러 중요한 구성 물질(호르몬, DNA 등)을 만들어 내고 추가 에너지원을 공급하는 데 쓰인다. 지방은 장기 에너지를 저장하고, 우리 몸에서 만들어지지 않는 필수 지방산인 리놀렌산과 리놀레산의 원천이 된다. 신맛은 모든 산성 물질의 공통 특성이다. 비타민 C, 즉 아스코르브산은 우리 몸에서 만들어지지 않는 필수 영양이다. 신맛을 느끼는 우리의 감각은 아마도 비타민 C가 든 음식을 찾아내기 위해 진화했을 것이다.

흥미롭게도 인간은 맛보다 냄새에 훨씬 더 민감하다. 우리는 농도가 1조분의 1만 되어도 냄새를 맡을 수 있는 분자가 많으며, 때로는 그보다 훨씬 낮은 농도의 냄새까지 맡을 수 있다. 1조분의 1을 시간으로 환산하면 3만 2,000년 중 1초에 해당한다. 어마어마하게 작은 양이다! 가령 청피망의 냄새를 담당하는 화합물의 경우, 그 순수 농축액 한 방울이면 11만 3,000리터가 넘는 물이 담긴 수영장 전체에 청피망 냄새가 나게 만들 수 있다.

생존의 관점에서 냄새 민감도를 설명하기는 맛 설명만큼 간단하지가 않다. 가령 식물성 단백질과 동물성 단백질이 분해되는 과정에서는 아민amine이라는 휘발성 화합물이 생성되면서 강렬한 냄새를 풍긴다. 썩은 생선 냄새를 떠올리면 된다. 냄새는 인간이 부패한 음식을 먹지 못하도록 진화했을 가능성이 있지만, 사실 그보다 더 그럴듯한 설명은 언어가 발명되기 이전에 인간이 소량의 페로몬을 감지하는 방식으로 의사소통하기 위해서였다는 것이다.

우리 코에는 400여 종의 냄새 수용체가 있다. 냄새 수용체를 만들어 내는 데 관여하는 유전자는 인간의 유전체 중에서 가장 큰 유전자군에 해당한다. 우리는 1만 종이 훌쩍 넘는 아주 다양한 냄새를 감지할 수 있는데, 맛을 구별하는 능력이 DNA에 저장되어 있는 것과는 달리 냄새를 구별하는 능력은 학습을 통해 길러진다. 인간은 밖에서 콧구멍으로 들어오는 일명 '들숨 냄새'orthonasal smell뿐만 아니라, 목구멍에서 코로 넘어오는 일명 '날숨 냄새'retronasal smell도 감지한다. 우리가 음식에서 냄새와 풍미를 느끼는 데 가장 중요한 역할을 하는 인자가 바로 무언가를 씹거나 삼킬 때 맡아지는 날숨 냄새이다.

풍미는 맛과 냄새처럼 코와 입으로 느끼는 감각과는 성격이 다르다. 풍미라는 감각은 맛과 냄새를 담당하는 수용체 세포가 우리 뇌에 전달하는 전기 신호에서 창출된다. 즉 맛과 냄새와 풍미는 각기 다른 감각이다. 뇌는 입과 코에서 전달되는 전기 신호를 여러 다른 중추에서 처리하여 우리 머릿속에 '풍미'라는 이미지를 만들어 낸다. 특정한 음식에 대한 갈망은 뇌의 세 영역에서 형성되는데, 섹스와 중독성 약물과 음악에 대한 갈망 또한 바로 그 영역들에서 만들어진다. 단순히 '에너지와 영양을 얻기 위해서'라고만 설명하기는 어려운, 음식에 대한 우리의 강렬한 욕망은 여기에서 비롯된다.

풍미가 무엇인지 알려 주는 대표적인 예는 우리가 어린 시절에 좋아하게 되어 어른이 되어서까지 탐식하는 '소울 푸드'이다. 우리가 아주 어릴 때 처음 먹은 햄버거, 프렌치프라이, 맥앤

치즈, 피자 같은 패스트푸드를 영원히 사랑하게 되는 이유는 그 음식에 대한 수용체를 더 많이 갖게 되어 시간이 지날수록 그 효과가 증폭되기 때문이다. 그런데 이렇게 사랑하는 음식에 대한 갈망은 맛과 냄새와 풍미를 넘어서는 것이다. 입으로 느끼는 음식의 물리적 느낌인 질감(끈적끈적함, 오독오독함 등), 음식을 씹을 때 나는 소리(감자칩을 씹을 때 나는 바삭바삭한 소리 등), 음식의 온도, 음식의 생김새, 그리고 무엇보다 그 음식과 연관된 추억들이 모두 합쳐져 우리가 사랑하는 음식을 결정한다.

요리가 뇌에 미친 영향

풍미가 뇌가 만드는 이미지라는 사실은 요리가 인간의 뇌 발달에 미친 영향과 관련하여 흥미로운 질문을 던진다. 호모에렉투스는 음식을 불로 익혀 더 많은 에너지와 영양을 취하면서 뇌가 커졌는데, 이때 구운 음식의 그 유혹적인 풍미도 그만큼 중요하게 작용하지 않았을까? 풍미 이미지를 만들기 위해 뇌가 그 많은 정보를 복합적으로 처리하는 과정은 분명 중요한 역할을 했을 것이다. 소울 푸드는 더 많은 맛 수용체와 냄새 수용체를 만들어내고, 그러면 뇌가 더 많은 것을 처리해야 한다. 최근에는 인간의 소화계통에서도 단맛, 감칠맛, 쓴맛을 감지하는 수용체가 발견되었다. 이 수용체들은 포도당 흡수, 인슐린 분비와 같은 다양한 신체 반응에 관여한다. 또 뇌에 메시지를 전달하여 이런저런 식욕 호르몬을 켜기도 하고 끄기도 한다. 그렇다면 이 수용체들의 신경 반응을 처리하느라 뇌가 더 많은 요구를 감당하면서 더 빠르게 발달했으리라는 짐작도 가능하다.

고인류의 식단에서 고기의 비율이 증가한 것도 구운 고기의 맛있는 풍미 덕일지 모른다. 인간이 날고기보다 익힌 고기에서 훨씬 더 강한 감칠맛을 인지한다는 사실도 흥미롭다. 이것이 왜 중요할까? 인간은 익힌 고기를 소화해서 얻은 아미노산을 포도당신생합성이라는 과정을 통해 뇌에 필요한 포도당으로 바꿀 수 있기 때문이다. 평균적으로 단백질 160~200그램에서 포도당 120그램을 얻을 수 있다. 그러나 건강한 사람의 몸은 단백질을 분해하여 얻은 아미노산을 이용해서 포도당을 생산하기보다는 우리 몸의 중요한 구성 물질인 RNA, DNA 신경전달물질 등을 합성한다.

익힌 음식은 날것에 비해 그 안에 들어 있는 단백질과 녹말을 소화하기가 훨씬 더 쉽다. 고기를 몇 시간 동안 가열하면, 씹기 힘든 결합조직에 들어 있는 단백질 콜라겐이 서서히 분해되어 소화하기 쉬운 연한 젤라틴으로 바뀐다. 또한 인간의 몸은 생녹말을 분해하기가 어려운데, 식재료를 물과 함께 가열하면 물기 없던 녹말 입자가 호화라는 과정을 통해 소화하기 쉬운 형태로 바뀐다.

단백질, 녹말, 지방을 분해하여 인체가 더 흡수하기 쉬운 물질로 바꾸어 주는 각종 소화효소가 언제 진화했는지는 분명하지 않지만, 아마도 수백만 년 전, 그러니까 최초의 인류보다도 한참 전에 나타났을 것이다. 소화효소는 단백질, 다당류(녹말 등), 지방 각각의 구조가 요구하는 아주 특수한 조건을 갖춘 입체적인 형태의 복합단백질로, 그러한 물질을 인체에 흡수될 수 있게 분해한다. 프로테아제는 단백질을 그보다 작은 펩타이드와 아미노산으로 해체하고, 아밀라아제는 녹말을 이당류(엿당)와 단당류(포도당)로, 리파아제는 지방을 유리지방산으로 해체한다.

이 소화효소들의 구조는 인간의 진화와 함께 점점 더 효율적인 형태로 발전해 온 것이 틀림없다. 400만~500만 년 전 또는 그전에 살았던 고인류는 주로 식물을 먹으면서(치아 에나멜질의 동위원소 분석으로 알아낸 사실이다) 먼저 녹말을 분해하는 효소들을 가지게 되었고 그다음에 단백질과 지방을 효과적으로 소화하는 효소를 만들어 내기 시작한 것으로 보인다. 식물의 녹말을 포도당으로 소화하는 효소들이 출현한 바로 그때부터 인간의 뇌가 포도당을 주요 에너지원으로 사용하게 되었을 것이다. 그러다 인류가 고기를 점점 더 많이 먹으면서 단백질과 지방을 분해하는 효소들이 더 효과적인 구조를 취하기 시작했으며, 이에 따라 단백질과 지방이 에너지와 영양 공급에서 차지하는 비율이 늘고 뇌가 한층 더 커졌을 것이다.

인류 최초의 요리법

불로 식재료를 익히는 행위는 40만 년 전에 시작됐든 200만 년 전에 시작됐든 상관없이 고인류의 생물학적·사회적 진화에 극히 중요한 역할을 담당했다. 그런데 물리적 증거에 따르면 초기 인류는 요리에 불을 사용하고 관리하는 방식을 수십만 년 동안 바꾸지 않은 것으로 보인다. 이 사실이 매우 놀라운 이유는 인간이 그 기간 동안 상당히 정교한 사냥 도구를 개발했고 지금으로부터 6만 4,000년 전에는 동굴 벽화도 남기기 시작했기 때문이다.

요리 역사의 초기 단계에 나타난 유일한 변형은 식재료를 뜨거운 돌 위에서 익혔던 것으로 보인다. 약 3만 년 전, 유럽 중부에 '땅 오븐'이 나타났다. 이는 땅에 구덩이를 크게 파고 그 바닥을 돌로 깐 다음 불붙인 석탄과 재를 채워 돌을 가열하는 구조물이다. 식재료는 아마도 나뭇잎에 싸서 재 위에 올렸고 그 위를 흙으로 꽁꽁 덮었다. 땅 오븐을 이용하면 음식을 아주 천천히 구울 수 있었다. 이러한 고대 오븐의 안과 주변에서는 커다란 매머드를 포함한 다양한 동물의 뼈가 발견되어 왔다.

땅 오븐은 불로 빠르게 고기를 굽는 방식에서 발전하여 질긴 결합조직의 콜라겐을 젤라틴으로 분해하는 느린 요리법의 등장을 의미한다. 그 과정은 최소 몇 시간이 걸리고 동물의 연령에 따라서, 또 어느 부위 고기냐에 따라서 훨씬 더 오래 걸리는 경우도 많다. 동물들의 어깨나 뒷몸은 근육의 움직임이 더 많기 때문

도판2 고대 중국의 요리용 삼발이 토기(기원전 12세기). 빗살 무늬를 넣어 표면적을 넓힘으로써 열효율을 강화한 것이 특징이다.

에 갈비뼈 옆 안심에 비해 결합조직이 더 많이 들어 있다. 이 질긴 부위를 분해하면 고기를 씹고 소화하기가 더 쉬워진다. 오늘날 바비큐 요리와 마찬가지로 고기를 땅 오븐에 넣고 천천히 가열하면 고기가 아주 연해지고 풍미가 강해진다.

식재료를 뜨거운 돌 위에 얹어 물 없이 익히는 요리법 다음으로 요리 역사 초기에 나타난 굵직한 기술 발전은 습식 요리, 즉 식재료를 물에 넣고 끓이는 요리법이다. 이 방법은 녹말이 많은 덩이뿌리를 익히거나 고기에서 기름을 짜내기에 알맞다. 여러 고고학자가 약 3만 년 전(후기 구석기 시대)부터 비교적 작은 크기의 땅 오븐에 물을 넣고 끓여 고기나 뿌리채소를 익혔을 것으로 추정한다. 물론 다른 의견도 있다. 인간은 그보다 훨씬 앞선 시기부터 불에 타는 재료로 만든 용기를 불에 올려, 또는 뜨거운 재나 돌에 올려 가열했다는 것인데, 안타깝게도 이를 입증할 고고학적 직접 증거는 남아 있지 않다. 하지만 불에 잘 타는 용기라도 안에 든 액체가 증발하면서 열을 제거할 수 있는 한계까지는 불에 직접 가열할 수 있다. 다시 말해 인간은 후기 구석기 시대보다 훨씬 앞선 시기부터 나무껍질이나 목질, 동물 가죽 따위로 용기를 만들어 물을 끓였을 수 있다.

정교한 요리 도구의 등장을 보여 주는 물리적 증거는 약 2만 년 전에 와서야 나타난다. 불에 구운 토기가 그것이다. 과학자들은 정밀한 화학적 도구를 이용하여 일본에서 발견된 토기 파편에 생선, 조개 같은 해양 생물의 지방산이 들어 있음을 밝혀냈다. 즉 열에 강한 이 토기 단지들은 해산물을 삶는 데 쓰였을 가능성이 있다.

이로부터 1만 년이 지나서야 원시적인 형태의 흙 오븐이 등장한다. 요리라는 행위가 인간의 진화에 그토록 근본적인 영향을 미친 것이 사실이라면, 단순히 뜨거운 구덩이에 고기를 굽거나 뜨거운 돌 위에 물을 끓이는 것 이상의 더 정교한 요리법이 증거로 발견되지 않는 이유는 무엇일까? 이에 대한 대답은 제이컵 브로노우스키의 『인간 등정의 발자취』에서 찾을 수 있겠다. 고인류는 수백만 년, 또는 그보다도 오랫동안 수렵과 채집으로 살았다. 끊임없이 먹을 것을 찾아 떠도는 삶이었다. 그들은 늘 야생동물 무리를 뒤따라 이동했다. 브로노우스키는 이렇게 썼다.

"매일 밤은 지난밤과 같은 하루의 끝이고, 매일 아침은 그 전날과 같은 여정의 시작이다." 이것은 생존의 문제였다. 그들로서는 새로운 요리법과 요리 도구를 고안하거나 도입할 시간 자체가 없었다. 설사 그런 걸 발명했다손 치더라도 매일 무거운 요리 도구를 챙기고 운반할 여유가 없었다.

그러다 마지막 빙하기가 끝나기 전인 약 1만 년 전, 마침내 창의성과 혁신이 방랑 생활의 제약을 넘어서기 시작했다. 인간은 점차 따뜻해지는 날씨 때문에 먹을 것이 점점 더 풍부해지고 있다는 사실을 깨달았다. 이제는 부단히 이동하지 않아도 먹을 것을 모을 수 있었다.

인간은 몇 가지 맛을 느낄까?

네 가지 기본 맛(단맛, 짠맛, 신맛, 쓴맛)은 저 옛날의 그리스와 로마 사람들도 알고 있었다. 한때는 각 맛이 입과 혀의 각기 다른 부분에서 감지된다는 주장이 있었지만, 사실과 다르다는 것이 밝혀진 지 오래되었다. 우리는 입 전체로, 목구멍 안쪽으로, 혀 윗면으로 각종 맛을 느낀다. 인간이 느끼는 기본 맛이 네 가지라는 생각이 굳건하던 1900년대 초, 일본 도쿄대학교의 물리화학자 이케다 기쿠나에는 일본 요리에서 독특한 '좋은 맛'(우마미)을 내는 재료인 **다시마**의 맛을 연구하기 시작했다.

그는 1년 동안 철저한 실험을 거듭한 끝에 1908년에 감칠맛의 원천인 해초의 순수 화합물 극소량을 추출하는 데 성공했다. 이어 이 물질의 화학구조가 아미노산의 일종인 글루탐산의 나트륨 화합물과 동일하다는 것도 증명했다. 흥미롭게도 글루탐산은 염류(나트륨, 칼슘) 형태일 때만 감칠맛을 낸다. 이케다는 일본 음식에서 흔하게 느낄 수 있다는 점에서 감칠맛을 다섯 번째 기본 맛으로 선언했다. 그러나 해초를 요리에 별로 쓰지 않는 다른 문화권에서는 이 선언을 받아들이지 않았고, 감칠맛은 20세기가 다 가도록 다섯 번째 기본 맛으로 인정받지 못했다.

1913년에는 이케다의 제자인 고다마 신타로가 일본 요리에 흔히 쓰이는 재료인 가다랑어포의 감칠맛을 연구했다. 그는 가다랑어포

도판 3 글루탐산나트륨(일명 MSG)의 발견자로 알려진 화학자 이케다 기쿠나에

의 감칠맛이 이노신일인산이라는 **뉴클레오티드**nucleotide에서 비롯된다는 사실을 발견했다. 후대의 다른 연구에서는 화학적으로 이와 유사한 다른 뉴클레오티드가 표고버섯의 감칠맛을 담당한다는 것이 밝혀졌다. 이후 참치, 말린 정어리, 소고기, 돼지고기, 닭고기, 파르메산 치즈, 토마토, 버섯, 대두 발효 제품(간장 등) 같은 동물성 식품과 식물성 식품 모두에서 감칠맛을 내는 여러 종류의 뉴클레오티드가 발견되었다.

1967년에는 글루탐산나트륨에 또 다른 아미노산인 아스파르트산을 조합하면 두 물질이 따로따로 내는 감칠맛보다 20배나 강한 감칠맛을 낼 수 있다는 사실이 밝혀졌다. 그야말로 '시너지 효과'라는 말이 딱 맞는 사례이다. 가령 토마토소스와 파르메산 치즈를, 또는 소고기와 버섯을 함께 요리하면 따로 요리할 때보다 훨씬 더 강한 감칠맛이 난다.

이러한 발견을 바탕으로 요리사들은 글루탐산나트륨과 뉴클레오티드가 모두 들어가도록 식재료를 조합함으로써 감칠맛을 극대화할 수 있게 되었다. 또한 감칠맛이 제5의 기본 맛으로 더 널리 인정받기 시작했다. 1998~2000년 분자생물학자들이 우리 입안의 맛 세포 표면에 글루탐산나트륨을 감지하는 별도의 단백질 수용체가 존재한다는 사실을 발견함으로써 감칠맛은 마침내 제5의 기본 맛이 되었다.

생선, 육류, 치즈, 대두 등 단백질이 풍부한 식재료는 숙성과 발효를 거치면서 글루탐산나트륨과 뉴클레오티드 모두를 생성하여 강렬한 감칠맛을 내는 경우가 많다. 대표적인 예가 발효한 안초비, 숙성한 파르메산 치즈, 건식 숙성한 소고기, 발효한 간장이다. 이런 재료들은 오늘날 세계 전역에서 요리의 감칠맛을 강화하는 데 널리 쓰이고 있다. 발효는 단백질을 펩타이드와 감칠맛의 원천인 아미노산으로 분해한다. 콩류, 밀, 육류, 가금류, 달걀, 치즈나 우유 같은 유제품에 가장 많이 들어 있는 아미노산이 바로 글루탐산과 아스파르트산이다. 발효는 뉴클레오티드 또한 만들어 내는데, 특히 안초비 같은 생선에 대해 그렇다. 지금으로부터 2,000여 년 전인 고대 로마에서도 작은 물고기를 소금에 몇 달씩 절여서 **가룸**garum이라는 소스를 만들었다. 로마인은 가룸을 무척 좋아하여 여러 요리에 사용했지만, 기본 맛은 네 가지라는 생각에 집착해 가룸의 맛을 제5의 기본 맛으로 인정하지 않았다.

아주 최근까지도 인간이 느끼는 맛은 오직 다섯 가지라는 믿음이 대세였다. 그러나 맛이라는 감각이 생존 메커니즘으로서 진화했다는 사실에 입각하여 인간이 다른 맛들도 느낄지 모른다는 가능성이 제기되었다. 그러한 면에서 '지방의 맛'이 존재한다고 보는 것은 지극히 타당하다. 지방은 우리 몸에 장기 에너지를 저장할 뿐만 아니라 건강한 식단에 필요한 필수 지방산인 리놀레산과 리놀렌산을 공급하는 중요한 화합물이기 때문이다. 먼저 2012년 CD36으로 명명된 7번 염색체상의 유전자가 입안에서 중간 길이 사슬 및 긴 길이 사슬 지방산을 감지하는 맛 수용체 단백질의 생산에 관여한다는 사실이 확인되었다. 이어 2015년 퍼듀대학교 연구진은 정밀하게 설계한 맛 테스트를 통해 지방의 맛(더 정확히는 유리지방산의 맛)이 제6의 기본 맛임을 입증했다. 이들은 이 맛을 **올레오구스투스**oleogustus(라틴어로 올레오oleo는 '기름진'을, 구스투스gustus는 '맛'을 뜻한다)라고 명명했다. 어쩌면 우리는 앞으로도 더 많은 기본 맛을 찾아낼지도 모르지만 현시점에서 인간이 감지한다고 인정되는 맛은 단맛, 짠맛, 신맛, 쓴맛, 감칠맛, 지방맛, 이렇게 여섯 가지이다.

녹말의 세계

녹말은 우리가 먹는 음식에 가장 흔하게 들어 있는 탄수화물 중 하나이다. 모든 식물은 광합성을 통해 이산화탄소와 물을 재료로 포도당을 생산한다. 이렇게 만들어진 포도당 분자가 수천 개씩 모여 하나로 연결되면 녹말이라는 중합체 탄수화물이 형성되며, 녹말은 에너지원으로 쓰일 때까지 식물 세포 안에 저장된다. 이는 다량의 포도당을 최소한의 공간에 저장하는 효율적인 방법이다. 포유동물 또한 녹말과 비슷한 구조를 가진 **글리코겐**glycogen이라는 거대 중합체로 포도당을 저장한다.

그러나 녹말과 글리코겐은 한 가지 중요한 차이가 있다. 식물은 포도당을 두 가지 형태로 저장한다는 것이다. 하나는 클립을 사슬처럼 길게 연결한 모양에 크기가 비교적 작은 분자인 **아밀로오스**amylose이고, 또 하나는 나무줄기에 길고 작은 가지가 붙은 모양에 크기가 훨씬 큰 분자인 **아밀로펙틴**amylopectin이다. 대부분의 식물에서 아밀로오스와 아밀로펙틴의 중량 비율은 약 1대 4이다. 일부 식물은 아밀로오스가 거의 없는 녹말을 만들어 내는데, 이를 흔히 찰녹말이라고 부른다(3장의 「차진 감자와 포슬포슬한 감자의 차이」 참조). 반면에 포유동물은 정확한 이유는 알 수 없지만 가지가 많은 형태의 분자만을 생산하고 직선 형태의 작은 분자는 생산하지 않는 방향으로 진화했다.

식물이 만드는 아밀로오스와 아밀로펙틴 분자들은 현미경적으로 작은 미립자인 **녹말 입자**를 형성한 뒤에 에너지가 필요해질 때까지 세포 안에 저장된다. 아밀로펙틴 분자는 조직화된 결정 구조를 가진 층과 무정형의 비결정 구조를 가진 층을 번갈아 형성하고, 아밀로오스 분자는 그 전체에 무작위로 분산되어 있다. 아밀로오스의 선형 분자와 아밀로펙틴의 긴 가지 끝은 혼자서, 또는 여럿이 얽혀서 나선 구조를 이루는데, 이 나선 구조가 빽빽하게 모인 부분에 정형적 결정 구조가 나타나는 것이다. 녹말 입자의 크기와 형태는 식물마다 다르고 같은 종류의 식물에서는 똑같이 나타난다. 〈도판 4〉는 감자 세포에서 다른 성분들을 제거하고 녹말 입자만을 찍은 현미경사진이다. 감자는 우리가 흔히 먹는 채소 가운데 녹말 입자가 가장 크고, 세포 한 개당 녹말 입자의 수가 많은 편이다.

녹말 입자를 물에 넣고 가열하면 마치 풍선에 공기를 불어넣을 때처럼 입자가 물을 흡수하며 부풀기 시작한다. 물의 온도가 올라가면서 녹말 입자가 계속 물을 흡수하다가 결국 최대 부피와 최대 점도에 도달하는데, (녹말이 풀처럼 변한다고 해서-옮긴이) 이 한계점을 **호화 온도**라고 한다. 이 온도는 옥수수, 밀, 감자, 쌀, 사탕수수 등 녹말의 종류에 따라 상당한 차이가 있다. 녹말 입자 내 아밀로오스와 아밀로펙틴 비율에 의해 결정되기 때문이다. 아밀로오스 비율이 높을수록 부푸는 속도가 느려져 호화 온도가 높아진다. 쌀 녹말이 좋은 예이다. 길이가 짧은 쌀과 중간인 쌀과 긴 쌀은 아밀로오스 대 아밀로펙틴의 비율이 각기 다르다. 긴 쌀은 아밀로오스가 22~28퍼센트 들어 있고, 중간 쌀은 16~18퍼

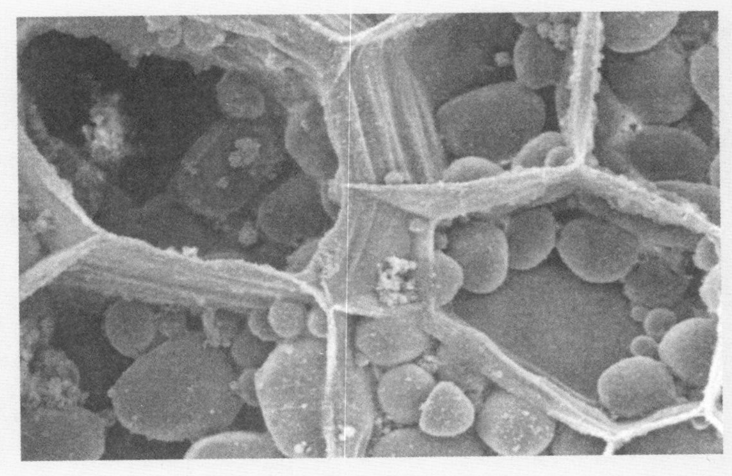

도판 4 감자 세포의 주사전자현미경 사진. 세포 속의 큰 녹말 입자가 세포벽에 갇혀 있는 모습을 보여 준다. 세포액 등 세포 내 다른 성분은 제거한 상태에서 촬영했다.

센트 들어 있으며, 짧은 쌀은 15퍼센트 미만이 들어 있거나 거의 들어 있지 않다(마지막 경우가 찰녹말이다). 긴 쌀에 속하는 품종은 호화 온도가 70도가 넘는 반면, 차진 짧은 쌀 품종은 62도에서 호화된다. 쌀 녹말의 호화 온도는 익혔을 때의 질감에 지대한 영향을 미친다. 긴 쌀로 지은 밥은 보슬보슬하지만, 짧은 쌀로 지은 밥은 끈끈하다. 왜냐하면 짧은 쌀의 녹말 입자는 훨씬 낮은 온도에서 폭발하듯 호화하면서 녹말 분자를 내보내기 때문에 쌀알이 서로 들러붙는 반면, 긴 쌀의 녹말 입자는 더 오랫동안 원래의 형태를 유지하기 때문이다.

〈도판 5〉는 순수한 옥수수 녹말 입자가 가열 중에 물을 흡수하며 부푸는 모습을 나타낸 것이다. 옥수수 녹말 입자는 60도에서 부풀기 시작하고, 95도에 이르면 다 부풀어서 원래 형태를 알아보기 어렵다. 이

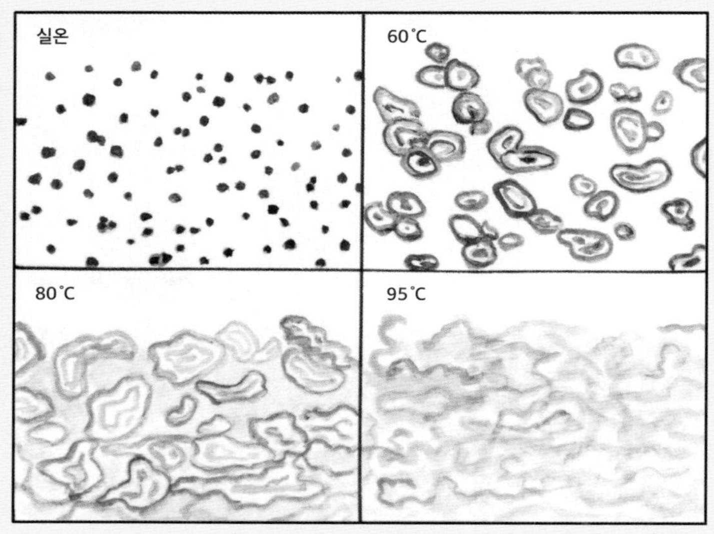

(도판 5) 옥수수 녹말 입자의 호화 과정. 비조리 상태의 녹말을 실온의 물에서 가열하기 시작해(왼쪽 위) 95도에 이르면(오른쪽 아래) 거의 모든 입자가 파괴되어 물 안에 퍼진 상태가 된다. 호화된 녹말의 최대 점도(두께)는 80도에서 나타나고, 95도로 가열하면 다시 점도가 크게 줄어든다.

렇게 입자가 터지면 아밀로오스와 아밀로펙틴이 밖으로 방출되어 분자 그물망을 형성해 물을 가둔 뒤 다시 식으면서 겔 상태로 굳는다. 바로 이 원리 때문에 옥수수 녹말이 그레이비나 소스에 점도를 더해 주고, 냉장하면 소스를 단단한 겔 상태로 만든다.

빵이 시간이 지나면 딱딱해지고 마르는 것도 녹말 분자의 변화 때문이다. 갓 구운 빵은 중량 가운데 약 35퍼센트가 물이고, 밀 녹말 입자가 호화되어 부푼 상태로 존재한다. 이 시점에서 녹말과 단백질 분자들은 물을 포함한 유연한 상태라 어느 정도 자리를 옮길 수 있다. 그래서 갓 구운 빵은 푹신하고 부드럽다. 하지만 며칠이 지나면 빵이 딱딱해지고, 겉보기엔 바싹 마른다. 수분이 많이 증발해서 그런 거라고 생각하는 사람이 많지만 사실은 그렇지 않다.

아밀로오스 분자의 나선 구조는 시간이 경과하면 마치 상자 속에 든 연필처럼 빽빽해지면서 결정 구조를 이루는데, 이 결정 영역에 물 분자가 갇힌다. 그래서 빵이 말라 보일 뿐이지 수분은 거의 그대로이다. 빵이 딱딱해지는 것도 이 결정 구조 때문이다. 아밀로펙틴의 긴 가지 끝도 비슷하게 변화하지만, 이쪽의 결정 영역은 아밀로오스의 긴 사슬이 만드는 결정 영역보다 짧고 약한 데다 조금만 가열하면 원래대로 돌아온다. 그래서 오래되어 마르고 딱딱해진 빵을 전자레인지에 살짝 데우면 아밀로펙틴으로 이루어진 비교적 불안정한 결정 영역이 파괴되면서 물 분자를 내보내 (일시적으로나마) 빵이 다시 푹신하고 촉촉해진다.

호화된 녹말 입자가 시간이 지나면서 결정 영역을 이루는 과정을 **노화**retrogradation라고 한다. 녹말 분자는 실온에서 노화(결정화)하고, 냉장고에서는 그보다 훨씬 빠른 속도로 노화한다. 그러니 빵을 신선하게 유지하겠다고 냉장고에 보관하면 안 된다. 다행히 냉장고에 들어갔던 빵도 전자레인지에서 살짝 데우면 되살아날 수 있다. 이와 달리 빵을 냉동 보관하는 것은 가능하다. 물 분자가 얼면 녹말 분자도 그 자리에 고정되어 노화가 불가능해진다. 얼린 빵을 해동하면 다시 푹신하고 촉촉한 빵이 된다.

식재료 속 녹말에 관해 마지막으로 짚어야 할 이야기가 있다. 대부분의 녹말, 특히 열을 가해 호화한 녹말은 포도당으로 빠르게 소화된 뒤 신체에 빠르게 흡수되면서 혈중 포도당 수치와 인슐린 수치를 높인다. 음식을 먹은 뒤 정해진 시간 동안 흡수되는 포도당 양을 그 음식의 **혈당지수**라고 한다. 혈당지수가 높은 음식을 먹을수록 혈액 안에 더 많은 인슐린이 빠르게 분비되고, 이는 지방 세포 안에 저장되는 지방의 양에 영향을 미친다. 노화 녹말은 소화효소에 의해 거의 소화되지 않은 채 그 대부분이 대장에 도달하며, 이것을 장내세균이 소화하여 **짧은 사슬 지방산**인 뷰티르산, 프로피온산 등을 만들어 낸다. 대장 안쪽을 감싼 세포들은 이 짧은 사슬 지방산에서 에너지를 얻는다. 소화에 저항한다고 하여 **저항성 녹말**이라고도 하는 노화 녹말은 일종의 프리바이오틱스(박테리아의 성장을 자극해 인체에 유리한 영향을 주는 물질-옮긴이)로 대장 세포에 유익하다.

이처럼 포도당으로 분해되지 않는 노화 녹말 또는 저항성 녹말을 많이 함유한 음식은 쌀, 감자, 갓 구운 흰 빵 등 가열 조리한 고녹말 음식보다 칼로리가 적다. 노화 녹말의 양은 아밀로오스 함유량에 따라 달라진다. 콩류는 아밀로오스가 특히 많이 든 저항성 녹말 식재료로, 콩을 건강식품이라고 말하는 이유도 여기에 있다. 저항성 녹말이 필요하다면 콩을 많이 드시라!

밥을 먹으면 벌어지는 일

인간의 면역 체계는 단백질이나 복합다당류처럼 크기가 큰 외부 분자들이 몸에 들어오지 못하게 하는 방어막으로서 진화했다. 우리가 먹는 음식의 약 95~98퍼센트(중량 기준)는 물, 탄수화물, 단백질, 지방, 이렇게 네 가지 다량영양소로 이루어져 있다. 물과 단순당(단당류와 이당류) 이외의 다량영양소는 모두 아주 큰 분자들이라 소장에서 소화효소들(대부분 췌장에서 만들어진다)에 의해 원래보다 훨씬 작은 분자로 분해되기 전에는 인체에 흡수되지 않는다. 소화효소에 의해 분해된 분자들만이 위장 안쪽을 덮고 있는 세포막을 통과할 수 있다. 다시 말해 우리가 먹은 음식이 우리 몸에 쓰이려면 소화계통에서 작은 분자들로 소화되어야만 한다. 가령 녹말 같은 복합다당류는 더 단순한 당류로 분해되어야 하고, 단백질은 아미노산과 펩타이드(두 개 또는 세 개의 아미노산이 연결된 화합물)로 분해되어야 하며, 지방은 지방산과 글리세롤로 분해되어야 한다.

음식의 소화는 입에서 시작된다. 녹말의 일부가 입안에서 단순당으로 소화된다. 위에서는 영양분 흡수가 거의 일어나지 않으며 대부분의 음식은 소장에서 소화된다. 당류, 아미노산 같은 단순한 수용성 분자는 곧바로 문맥계로 들어가 간을 통과한다(여기서 상당량이 대사된다). 지방산을 비롯해 콜레스테롤, 지용성 비타민 같은 지용성 지질은 림프계로 들어갔다가 곧바로 심장으로 향한다.

소장은 위에서부터 십이지장, 공장, 회장의 세 부분으로 구성된다. 총 길이는 약 3~5미터이고, 표면의 수많은 주름과 융모 때문에 표면적이 매우 넓다. 같은 굵기와 길이의 원통과 비교하면 약 600배 넓은 표면적으로 영양분을 흡수한다. 우리가 한 끼를 먹었을 때 음식의 소화되지 않는 부분이 입에서 소장을 거쳐 대장으로 들어가는 데는 약 4시간이 걸리고, 먹은 지 8시간이면 섭취한 음식 전부가 대장에 도착한다.

소장에서도 소화·흡수되지 않은 잔여 음식물은 대장에 이르러 수십억 개의 유익한 세균에 의해 대사된다. 소장의 회장에 있던 음식물은 대장의 상행결장으로 들어간 뒤, 횡행결장을 거쳐 마지막으로 하행결장에 이르러 대변으로 배출된다. 대장에서 잔여 음식물의 이동과 대사는 소장에 비해 훨씬 느리게 진행되어, 배변되기까지 일주일 혹은 그 이상이 걸리기도 한다. 세균이 잔여 음식물의 대부분을 발효시키는 장소는 상행결장이고, 물과 수용성 염류는 하행결장에서 흡수된다. 하행결장에서 형성되는 대변의 중량 가운데 60퍼센트가 죽은 세균의 세포이다.

소화되지 않은 채 대장에 들어오는 음식물은 주로 인체가 소화하지 못하는 식이섬유(대부분 복합다당류)이고, 그중 1~10퍼센트는 소장에서 소화되지 않는 저항성 녹말이다. 저항성 녹말은 통곡물과 콩류에 많이 들어 있고, 단백질과 결합함으로써 소화에 저항하든가 아니면 소장 내 소화효소의 접근을 막는 결정 구조를 가지고 있다. 통밀을 밀가루로 빻는 등 곡물을 곱게 갈면 단백질-녹말 결합이 풀어지면서 훨씬 더 많은 녹말이 소장에서 소화 가능한 상태로 바뀐다. 또 곡물과 콩류를 가열하면 녹말의 결정 구조 대부분이 사라져서 소화가 훨씬 더 쉬워진다.

대장에 도착하는 저항성 녹말은 거의 대부분 장내세균에 의해 짧은 사슬 지방산(탄소 원자 2~4개)으로 대사되어, 대장을 감싼 세포들에게 필요한 에너지의 약 60퍼센트를 공급한다. 이 과정에서 세균은 소화되지 않는 가용성 식이섬유와 저항성 녹말로부터 수소, 메탄, 이산화탄소를 만들어 내는데, 이 때문에 불쾌한 가스와 팽만이 발생할 수 있다. 모든 인간은 생녹말을 잘 소화하지 못한다. 그러나 덩이뿌리처럼 녹말이 풍부한 식재료는 열을 가하면 에너지에 필요한 더 많은 영양분을 제공했고, 고인류가 섭취하기에 더 알맞은 상태가 되었다.

단백질의 '1일 권장 섭취량'은 몸무게 70킬로그램 성인 기준 약 56그램이다. 오늘날 서양의 전형적인 식단에는 권장량의 두 배에 달하는 단백질이 들어 있는데도 그 전부가 효율적으로 소화·흡수된다. 호모 에렉투스 같은 고인류의 단백질 소화 능력치는 알 수 없지만, 단백질을 효율적으로 소화하는 데 필요한 효소(총칭하여 프로테아제)는 약 200만 년 전 그들이 나타나기 이전부터 이미 전부 인체에 들어 있었을 것이다.

완두콩, 강낭콩, 렌틸콩, 밀, 메밀, 쌀겨 등에는 **트립신 억제제**라는 작은 단백질이 들어 있다. 어쩌면 이 물질이 단백질을 완전히 소화하는 능력에 영향을 미치거나 단백질의 영양 수준을 떨어뜨렸을 수도 있다. 다행히 단백질은 가열하면 소화하기가 쉬워지고, 트립신 억제제는 뜨거운 물로 가열하면 비활성화된다. 그래서 물로 끓이는 요리가 언제 시작되었는가가 중요해진다. 그 답을 알면 요리가 초기 인류의 진화에 어떤 영향을 미쳤는지를 더 잘 알 수 있을 것이다.

조개 소스 링귀네 파스타

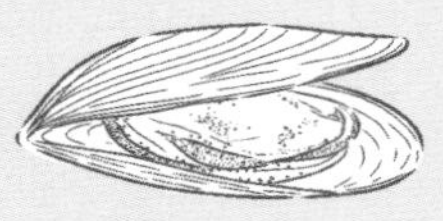

재료(2인분)

링귀네 또는 스파게티 170그램

다진 조갯살 통조림 2개(184그램)

생조개 12개

양파 잘게 썬 것 1개

드라이 베르무트 1/4컵

이탈리안 파슬리 다진 것 1/4컵

올리브유 2큰술

레몬즙 1큰술

마늘 다진 것 1작은술

파르메산 치즈 적당량

Tip. 다진 조갯살 통조림을 3개 쓰면 4인분을 만들 수 있다.

그동안 나는 이 파스타를 엄청나게 많이 만들었는데 할 때마다 똑같이 맛있었다. 그 비결은 조개 소스의 강렬한 풍미에 있다. 다진 조갯살 통조림을 이용하면 요리를 빠르고 간단하게 할 수 있을 뿐 아니라 놀라운 풍미를 얻을 수 있다. 조개 소스의 강렬한 맛과 향을 담당하는 화합물은 지금까지 인간이 가장 낮은 농도에서도 감지할 수 있는 물질로 기록되어 있다. 1,000조분의 1에서도 감지되기 때문이다. 이를 시간으로 환산하면 지구 나이(45억년) 중 2분 30초에 해당한다. 이 물질의 화학적 명칭은 '피롤리디놀-[1,2-e]-4H-2,4-다이메틸-1,3,5-디티아진'이다. 황 함유 화합물이 대개 그렇듯, 조개와 새우를 삶을 때 미량으로 생성되는 이 물질은 강렬한 냄새를 풍긴다. 조갯살 통조림을 여는 순간 그 안에 담긴 즙에서 이 화합물의 독특한 냄새가 밀려온다.

나는 작은 생조개를 몇 개 준비해서 요리를 장식하는 걸 좋아한다. 하지만 생조개는 요리의 풍미를 강화하는 것과는 별 상관이 없다. 그보다는 먹음직스러워 보이는 효과와 껍데기에서 조갯살을 발라 먹는 재미를 준다. 따라서 슈퍼마켓에 조개가 없거나 준비하기가 귀찮으면 생조개는 생략해도 괜찮은 재료이다.

만드는 법

1. 생조개를 찬물에 넣었다가 1시간 뒤에 물을 뺀다.
2. 약 25센티미터 되는 스테인리스 팬을 달군 뒤, 올리브유와 양파를 넣고 양파가 갈변하지는 않을 정도로 5분간 약불에서 익힌다.
3. 마늘을 넣고 1분 더 익히다가 잠시 불을 끈다. 뜨거운 팬에서는 베르무트가 튈 수 있어 1분간 팬을 식힌다. 베르무트를 넣고 베르무트가 거의 다 증발할 때까지 익힌다.
4. 다진 조갯살 통조림을 즙까지 다 붓고 국물이 1/3컵 정도 남을 때까지 센불에 조리한다.
5. 팬에 생조개를 골고루 놓고 파슬리를 뿌린 뒤, 뚜껑을 덮고 조개껍데기가 전부 열릴 때까지 가열한다.
6. 껍데기가 열린 조개를 젓가락으로 꺼내어 그릇 둘레에 여섯 개씩 고르게 놓는다. 조개 소스에 후추를 갈아 넣은 뒤 불을 끄고 식힌다.
7. 소스를 만드는 동안 큰 냄비에 물을 붓고 소금을 약간 넣은 뒤 끓인다.
8. 끓는 물에 링귀네를 넣고 알 덴테로 삶는다. 필요하면 소스에 넣을 수 있도록 면수 1/2컵을 따른다.
9. 파스타를 체로 걸렀다가 다시 냄비에 넣고 조개 소스를 붓는다. 레몬즙을 넣고 섞는다. 필요하면 면수를 소량 더해 소스를 원하는 점도로 만든다.

10. 이때는 소스가 링귀네를 완전히 감싸는 정도가 좋다. 지나치게 묽거나 되직해선 안 된다(보통은 면수 1/3컵 정도로 충분하다).

11. 링귀네와 소스를 그릇에 담고 파르메산 치즈를 갈아 넣는다.

2 게임체인저 농경의 등장

(1만 2,000년 전~1499년)

농업, 판도를 뒤집다

도판1 대 피터르 브뤼헐의 〈수확하는 사람들〉(1565년)

마지막 빙하기가 끝나고 신석기 시대가 시작된 1만 2,000년 전, 모든 것이 달라졌다. 말 그대로 모든 것이 말이다! 농업혁명이 시작되었다. 방랑 생활을 하던 인간은 이제 한곳에 정착하여 마을을 이루기 시작했다. 무엇이 이 변화를 만들어 냈을까? 인간은 빙하기가 끝난 뒤 나타난 새로운 야생식물종(에머 밀, 두줄보리 등)의 종자를 모으고 저장하고 심어서 다음 철에 수확할 수 있게 되었다. 이 변화가 가장 먼저 나타난 곳은 '비옥한 초승달', 즉 오늘날의 요르단, 시리아, 레바논, 이라크, 이스라엘, 이란에 걸쳐 있는 땅이다. 단 3주 만에 충분한 식량을 수확하여 남은 1년을 버틸 수 있게 되다니! 이처럼 한 번에 많은 양의 식량을 수확할 수 있게 되자 최초의 농부들은 더 이상 여기저기 돌아다닐 수 없었다. 그 많은 식량을 저장하고 보호하기 위해 움직이지 않는 구조물을 지어야 했고, 그 결과 영구 정착지가 형성되었다.

농업혁명은 이후 수천 년에 걸쳐 세계 다른 지역으로 퍼져나갔다. 1930년대 러시아의 니콜라이 바빌로프와 1940년대 미국의 로버트 브레이드우드의 선구적인 연구 덕분에 이제 우리는 그 수천 년 동안 세계 일곱 개 지역에서 그 지역 고유의 동식물을 가축화·작물화했다는 사실을 안다. 안타깝게도 바빌로프의 연구는 1940년 그의 혁명적인 진화론을 탐탁지 않게 여긴 스탈린 정부가 그를 투옥하면서 때 이르게 끝나고 말았다.

고대의 지역별 동식물 순화

지역	길들인 동식물 종류	시기
비옥한 초승달 지대	밀, 보리, 염소, 양, 소	1만~8,000년 전
중국 남부	쌀, 돼지	8,500년 전
중국 북부	닭, 수수	7,800년 전
중앙아메리카	옥수수, 콩	7,500년 전
남아메리카	감자	5,000년 전
사하라 사막 이남 아프리카	사탕수수	5,000년 전
북아메리카	해바라기	4,500년 전

출처: B. D. Smith, *The Emergence of Agriculture* (New York: Scientific American Library, 1995)

빙하기가 끝나 가던 1만 2,000년 전, 비옥한 초승달 지대에서는 야생 밀과 보리를 다량으로 수확하고 있었지만, 식물이나 동물을 순화했다는 증거는 아직 발견되지 않는다. '순화'란 숲과 들판에서 야생의 동식물을 얻는 것이 아니라 식량을 얻기 위해 동식물을 계획적으로 기르는 것을 뜻한다. 동식물 순화에 관한 최초의 증거는 지금으로부터 1만~9,700년 전, 요르단 골짜기 남부의 고대 정착지인 예리코 근처에서 나타났다. 300년이라는 비교적 짧은 이 기간에 밀, 보리 같은 식물의 종자가 점점 커졌고 동물의 뼈는 점점 작아졌다. 고고학자들이 발견한 이 변화는 다음과 같이 설명된다. 이 지역 사람들은 경작할 식물을 선택할 때 양분이 많아 빨리 자라는 큰 종자를 선택했다. 큰 종자에서 나는 작물은 야생 식물보다 빨리 자라고, 산출량도 더 많고, 결국에는 전보다 더 큰 종자를 맺었다. 이들은 밀을 선택할 때도 낟알이 흩날리기 쉬운 야생종과 달리 낟알이 말단에 모여 그대로 붙어 있는 종류를 선호했다. 낟알을 몸체에 붙들고 있는 짧은 줄기인 꽃대는 시간이 갈수록 점점 짧아지고 굵어졌다. DNA 분석을 통해 확인된 대로, 순화된 종과 야생종의 이러한 물리적 차이들은 식물의 유전체에서 비롯된다.

이 모든 변화는 인간이 더 탐나는 특성을 가진 식물을 선택한 결과였다. 고대에 순화된 식물종들이야말로 최초의 인위적 유전자 변형 식물인 것이다. 마찬가지로 인간은 염소와 양을 고를 때도 비좁은 우리와 주인이 먹다 남긴 음식이라는 생활 조건에 잘 적응하는 유순한 종을 선택했다. 그래서 염소와 양은 점점 몸집이 작아졌다. 요컨대 순화된 동식물이 보인 물리적 변화들은 인간이 식량을 생산하기 시작한 시점에 최초로 나타났다.

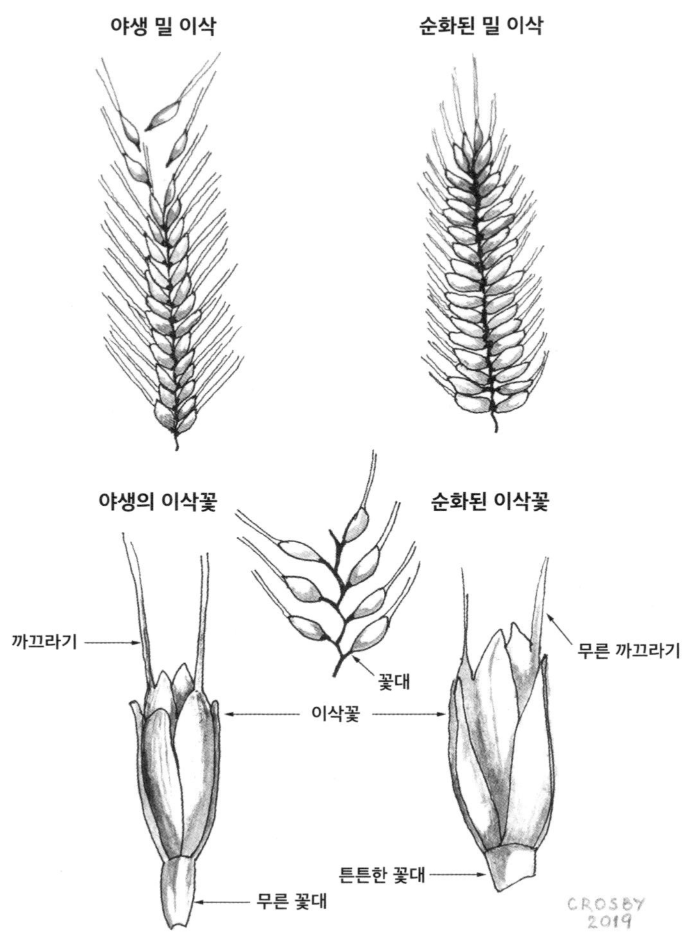

도판 2 야생 밀과 순화된 밀의 비교. 낟알(이삭꽃)을 붙들고 있는 꽃대 크기가 현저히 다르다. 순화된 밀은 꽃대가 더 커서 낟알이 바람에 덜 흩날린다.

농경이 시작된 이후 수천 년간 나타난 새로운 음식과 요리법을 보면 이 시기가 인간의 발전에 얼마나 결정적이었는가를 알 수 있다. 인간은 떠돌기를 그만두고 안전한 장소에 정착하기 시작하면서 비로소 기술을 비롯한 여러 분야에서 중요한 발전을 이룰 수 있었다. 불과 수천 년 사이에 작은 농촌이 큰 영구 정착지로, 그다음엔 작은 도시로 성장했다. 가장 오래된 영구 정착지로 추정되는 예리코는 우리에게 1만~9,700년 전 사이에 나타난 농업 발전의 정밀한 기록을 제공한다. 수렵과 채집을 하던 사람들이 대략 1만 1,000년 전, 물을 안정적으로 얻고자 오아시스를 곁에 둔 예리코에 정착하기 시작했다.

고고학자들이 가장 오래전에 파묻힌 지층에서 0.1헥타르 넓이의 땅을 발굴했을 때 거기에는 순화된 동식물의 뼈나 종자가 전혀 들어 있지 않았다. 그런데 그 위쪽 9,700년 전의 지층에서 순화된 식물종인 에머 밀과 보리의 종자가 처음으로 나타났다. 이 최초의 농경 정착지는 약 2.5헥타르 넓이였고 그 땅에서 약 300명이 진흙 벽돌로 집을 짓고 살았다. 8,000년 전에 이르면 3.2~4헥타르 넓이에 인구가 약 3,000명에 달하는 영구 농경 정착지가 형성되었다. 바로 이 시기 전후로 에머 밀이 야생 밀과 혼종되어 발효 빵을 만드는 데 필요한 글루텐 단백질 함유량이 높은 빵 밀이 나타났다. 바로 그 밀이 지금까지도 세계 여러 지역에서 재배되고 사용되고 있다.

세계 다른 지역에서도 이와 비슷한 변화가 나타나고 있었다. 중국에서는 양쯔강의 원류 근처에 있는 후베이성 팽두산에서 8,400~7,800년 전에 쌀 농경이 이루어졌다는 증거가 발견되었다. 또한 같은 마을에서 발견된 중국 최초의 주거 시설은 탄소

방사성동위원소 분석 결과 8,455~7,815년 전으로 확인되어, 예리코와 거의 같은 시기에 이곳에도 영구 정착지가 형성되었음을 말해 주었다. 중국 북서부의 황허강 유역에 있는 페이리강에서는 9,000년 전부터 7,500년 전 사이 어느 시점엔가 사람들이 수렵 채집에서 농경으로 생활 방식을 바꾸고 수수를 재배하기 시작했다. 이들은 녹말이 풍부한 수수를 돌절구에 빻은 가루로 여러 종류의 음식을 만들었다. 우리의 관점에서 가장 흥미로운 것은 최근 중국 칭하이성 라자에서 토기 사발에 담긴 형태로 발견된 최초의 국수이다. 마치 누군가 갓 뽑은 국수로 식사를 하려는데 갑자기 홍수나 지진 같은 자연재해가 덮친 것처럼 보인다. 이 길고 가는 면은 이탈리아에서 발견된 더 일반적인 밀로 만든 면보다 2,000년은 더 오래된 것이다.

인류 역사상 가장 위대한 기술 발전

많은 인류학자가 입을 모으듯이 계획적인 식량 생산의 시작이야말로 인류 역사상 가장 위대한 기술 발전인지도 모른다. 왜? 농업이 시작된 후 겨우 5,000~7,000년 사이에 세계 인구가 약 300만 명에서 1억 명으로 폭발했기 때문이다! 이 짧은 기간 동안 지구 전체 인구는 그 전 400만~500만 년 동안 존재했던 인구를 다 합친 수의 거의 35배까지 증가했다. 영구 정착은 인간에게 안전을 보장했고 아이 낳을 시간을 늘려 주었다. 또한 동식물의 순화를 통해 고기와 유제품이 안정적으로 공급되기 시작하자 인간은 더 많은 에너지와 더 좋은 영양분을 얻을 수 있었고 혁신을 궁리할 시간이 더 많아졌다. 새로운 음식과 요리법을 발명할 여유가 생긴 것이다. 농업 발전은 혁신을 촉진했으며, 그 과정에서 관측 가능한 사실에 기초해 새로운 지식을 습득하기 위한 최초의 과학적 원리들이 수립되었다.

최초의 지상형 흙 오븐이 등장한 것도 이때였다. 사람들은 빵 밀을 빻은 가루에 물을 섞어 만든 반죽을 흙 오븐에 구워 빵을 만들기 시작했다. 물론 순화된 밀을 쓰기 한참 전에도 야생 식물의 씨앗을 빻은 가루에 물을 섞어 만든 반죽을 뜨거운 돌 위에 굽는 방법이 쓰였을 것으로 짐작된다. 제빵법의 발견은 아마도 수많은 시행착오를 거친 끝에 도달했을 대단한 성과이다. 빵을 만들어 내고, 맛보고, 개선하는 과정에서 인간은 처음으로 과학적 접근법을 채택하여 새로운 종류의 음식을 창조했다.

인간이 순화한 거의 최초의 야생 식물이 밀이었다는 사실은 거의 기적처럼 느껴진다. 발효 빵을 만드는 데 필요한 글루텐 단백질을 충분히 함유한 유일한 곡물이 바로 밀이기 때문이다. 다른 곡물의 단백질은 밀만큼 효과적이지 않다. 또한 밀로 빵을 만들기 위해선 단단한 밀알을 빻아 고운 가루를 만들 수 있는 무거운 돌 도구가 발명되어야 했다. 이렇게 해서 밀을 비롯한 곡물이 인간의 식생활에서 중요한 요소가 되었고, 농경 이전 시대와 비교했을 때 식단이 순화된 동식물 위주로 더 좁아졌다. 인간의 식생활에서 곡물이 차지하는 비율이 증가한 결과, 장기적으로 무엇이 변화했는가는 아직도 연구와 논쟁의 대상이다.

지금으로부터 5,000년 전, 고대 이집트 사람들이 처음으로

도판3 고대 그리스 오븐 형상(기원전 5세기)

효모를 이용해 발효 빵을 만들었다. 그 무렵 효모로 술을 만드는 방법을 발견했는데 그 기술을 빵에 적용한 것이다. 그리스 사람들은 이집트의 기술을 빌려 와서 밀가루와 빵 반죽과 빵을 만드는 방법을 크게 개선했다. 이들은 효모 발효 빵이 부푸는 것을 방해하는 밀기울을 체를 써서 제거하여 흰 밀가루를 만들었고, 밀을 빻아 세몰리나 빵을 만드는 방법도 발명했다. 그리스인은 약 70가지의 빵을 만들 줄 알았으며 음식 중에 빵의 비율이 가장 높

았다고 한다. 음식을 전면부로 넣는 흙 오븐을 발명하여 빵을 구운 것도 그리스 사람들이었다. 이 도구는 오늘날 피자를 구울 때 쓰는 장작 오븐과 비슷하게 생겼다.

이에 뒤질세라 이집트 사람들도 흙 오븐을 한층 개선하여 4,500~3,800년 전에 진흙 벽돌 오븐을 만들었다. 그리스식 흙 오븐은 덮개가 반구형으로 둥글었던 반면, 이집트식 오븐은 판판한 경우가 많았다. 이 덮개 위에 단지나 냄비를 올려 가열하는 방법이 고안되었고, 이것이 발전하여 3,000년 전 최초의 요리용 화로, 오늘날의 용어로 레인지가 탄생했다. 화로는 벽돌 오븐보다 크기가 훨씬 작고, 불붙인 석탄으로 가열하고, 자리를 옮길 수 있으며, 난방과 요리 양쪽에 다 쓰였던 것으로 보인다. 남아 있는 가장 오래된 화로는 진흙으로 만들어진 것이지만, 곧 청동기 시대가 시작되면서 더 튼튼한 청동제 화로가 나타났다.

요리, 날개를 달다

그다음에 나타난 요리 혁신도 이집트 사람들의 공으로 알려져 있다. 이들은 지금으로부터 최소 3,000년 전, 야자나무 열매에서 기름을 추출하는 법을 터득한 뒤에 팜유로 식재료를 튀기기 시작했다. 그리하여 요리법은 건식 굽기에서 물에 삶기를 거쳐 지방과 기름에 튀기기로 발전했다. 동물성 지방으로 요리하는 방법은 그보다 훨씬 전부터 사용되었을 가능성이 있지만, 확실한 증거는 없다.

끓는 물은 해수면 높이에서 섭씨 100도를 계속 유지한다. 증기는 끓는 물보다 열에너지가 다섯 배 많긴 해도 온도는 똑같이 100도를 유지한다. 물의 끓는점은 음식을 가열할 수 있는 최고 온도를 100도로 제한하는 반면에 고체인 동물성 지방과 액체인 기름은 그보다 훨씬 높은 온도인 약 170도까지 올라갈 수 있고, 그 때문에 새로운 종류의 음식과 풍미를 만들어 낼 수 있다. 삶는 요리에서 풍미를 만드는 화학은 물 없이 기름으로 튀기는 요리의 풍미 화학과 전혀 다르다. 삶은 소고기의 맛과 기름에 살짝 튀긴 소고기(소테)의 맛이 너무도 다르고, 삶은 감자의 맛과 튀긴 감자(프렌치프라이)의 맛이 너무도 다른 이유가 여기에 있다. 끓는 기름은 산화를 일으키며 독특한 풍미를 만들어 내는데, 식재료가 수분을 일부 잃는 대신 이 풍미를 흡수하게 된다. 물 없이 불로 굽는 법, 물에 삶는 법, 기름에 튀기는 법은 서로 구별되는 독특한 풍미를 만들어 낸다.

기록에 따르면 이집트인이 요리에 팜유를 도입하고 얼마 되지 않아 그리스인도 요리에 올리브유를 사용하기 시작했다. 올리브나무는 약 5,000년 전에 처음 재배되기 시작했고 곧이어 올리브에서 기름을 추출하는 기술이 발전했다. 고대 그리스인과 이집트인 사이의 경쟁과 기술 교환은 고대 요리 과학의 발전에 아주 이롭게 작용했다.

그러나 식재료를 기름에 튀기는 요리법은 한 가지 문제가 있었다. 적당한 도구 역시 필요하다는 점이다. 앞서 말했듯이 물에 삶는 방법은 증기가 열을 빼내기 때문에 거의 모든 종류의 용기를 사용할 수 있어서 좀 낫다. 그러나 끓는 기름은 증발하지 않아서 용기의 열을 줄이지 못한다. 따라서 벽돌 오븐의 판판한 표면이나 화로 위에서 가열해도 불이 붙지 않는 용기가 필요하다. 입자가 거친 흙으로 만든 단지는 7,000~8,000년 전에 벌써 나타났지만, 이 최초의 도구들은 요리용이 아니라 액체 보관용이었던 듯하다.

그러다 약 3,000년 전쯤 그리스에서 입자가 더 고운 흙을 더 높은 온도에 구운 도기 단지와 냄비를 만들었다는 증거가 발견되었다. 즉 튀기기에도 적당하고 삶기에도 두루 쓸 수 있는 도구가 나타난 것이다. 앞에서 언급했듯이, 동북아시아에 살던 초기 인류는 이보다 1만 5,000여 년 앞서 불에 구운 토기를 만들었다. 이 기술이 지중해 지역까지 전파되는 데 그 정도로 오랜 세월이 걸렸던 것일 수도 있지만, 더 유력한 설명은 근처 비옥한 초승달 지대에서 흙 오븐을 만들던 기술이 불연성 용기를 만드는 기술로 발전했다는 것이다.

도판 4 고대 그리스 도자기(기원전 8세기)

적당한 도구가 발명되자 식재료를 식물성 기름에 튀기는 요리가 큰 인기를 끌기 시작했다. 올리브유와 같은 식물성 기름에는 몸에 좋은 단일불포화지방산(탄소의 이중 결합이 한 개인 지방산)과 항산화 물질이 풍부하게 들어 있기 때문에 이 새로운 요리법은 좋은 변화를 가져왔을 것이다. 올리브유가 널리 쓰이면서 사람들은 몸에 좋은 다가불포화지방산(탄소의 이중 결합이 두 개 이상인 지방산)이 더 많이 들어 있는 다른 씨앗과 열매에서도 기름을 추출하기 시작했을 것이다. 이로써 동물성 포화지방의 비율이 높았던 식단이 비교적 몸에 좋은 식단으로 바뀌었을 것으로 추측된다(팜유는 포화지방산이 매우 높긴 하지만 단일 및 다가불포화지방산도 상당량 함유한다).

인체는 수백만 년에 걸쳐 진화하면서도 우리 몸에 반드시 필요한 다가불포화지방산인 리놀렌산과 리놀레산을 만드는 데 필요한 효소는 결코 만들어 내지 못했다. 다른 이름으로 오메가-6 지방산, 오메가-3 지방산으로도 불리는 이 두 화합물은 우리 몸에서 여러 중요한 역할을 하는 극도로 중요한 물질군인 에이코사노이드eicosanoid의 원료이다. 사실 인간만이 아니라 모든 포유동물에겐 이 두 종류의 지방산을 만드는 데 필요한 효소가 없다. 우리는 식물과 채소의 기름(그리고 식물을 먹는 동물의 지방)으로부터 두 필수 화합물의 원료를 얻는다. 이는 다름 아니라 인간이 인간으로 진화하기 이전의 식단에서 비롯된 결과일 수도 있다. 주로 식물을 먹던 그 시절에는 리놀렌산과 리놀레산을 식물에서 충분히 얻었으므로 두 필수 지방산을 만드는 데 필요한 효소를 가질 필요가 없었던 것이다.

신석기 시대 말과 지금으로부터 약 4,000년 전인 청동기 시대 초, 농업과 식량 및 요리에 거대한 변화가 발생했다. 예일대학교 바빌로니아 컬렉션에는 '아카드 서판'이라고 불리는 진흙 서판이 소장되어 있다. 여기에는 약 3,750년 전에 기록된, 현존하는 가장 오래된 요리 레시피 서판 두 개도 포함된다. 이 서판은 티그리스강과 유프라테스강 사이의 메소포타미아 지역에서 발

도판 5 역사 최초의 레시피 기록이 남아 있는 아카드 서판

견되었다. 이 레시피를 보면 당시에 식재료가 얼마나 풍부하고 다양했는지 알 수 있다. 여기에는 온갖 종류의 육류, 가금류, 생선류, 조개류, 곡류, (뿌리채소를 비롯한) 채소류, 버섯류 및 다양한 종류의 과일, 꿀, 젖, 버터, 동물성 지방, (참기름, 올리브유를 비롯한) 식물성 기름, 여러 종류의 빵, 맥주, 포도주가 등장한다.

서판 하나에는 25가지 스튜 레시피가 들어 있다. 매우 훌륭하고 세련된 이 요리법 가운데 21가지는 고기를 이용한 스튜이고 4가지는 채소 스튜이다. 이 스튜들은 매우 다양한 고기류에 특정한 채소가 들어가고, 흙 단지의 뚜껑을 닫고 천천히 조리하며, 다양한 허브와 향신료 및 맥주와 포도주로 향미를 더한다. 고대 이집트인과 그리스인, 후세의 로마인은 쉽게 구할 수 있는 엄청나게 다양한 식재료를 이용해 지배층을 위한 호화로운 연회를 개최했다.

지금으로부터 대략 2,500년 전 중국에서는 대두를 반죽하여 염장 발효하는 보존법이 발견되었고, 그 후 일본에서는 이 된장으로 만든 간장을 이용해 '쇼유'라고 부르는 일본 간장을 만들어 냈다. 또한 2,700~2,500년 전 중국에서는 철광석에서 주철을 뽑아내는 방법이 발견되었고 그로부터 얼마 지나지 않은 2,200~1,800년 전, 이른바 고대 중국의 황금시대인 한나라(이때 중국 요리의 역사가 시작되었다) 대에 처음으로 뜨거운 참기름에 식재료를 튀기기 위한 주철 웍이 나타났다. 그 직후에는 고온의 웍에 식재료를 재빨리 볶는 요리법이 고안되었다.

중국의 요리사 아일린 인페이 로에 따르면 이 방법의 핵심은 식재료를 딱 알맞은 정도로 익히고 그 이상으로 넘어가지 않는 것이다. 볶기는 "빠르게 진행되는 과정으로, 하면 재료가 절대로 지나치게 익지 않고 그 조직이 파괴되지 않으며 맛이 강렬하고 분명하게 유지된다". 이를 해내기 위해서는 모든 식재료를 한 입 크기로 썰어서 필요한 그 순간에 웍에 들어갈 수 있게 준비해 두어야 한다. 아시아 요리의 독보적인 역사는 바로 이 요리법에서 시작되었다고 해도 과언이 아니다.

마침내 과학이 부활하다

우리는 드디어 고대 그리스 학자들이 과학적 방법으로 물질의 본질에 관한 이론을 수립하기 시작한 시점에 이르렀다. 과학적 방법이란 가설을 세우고 시험을 설계하고 관찰 가능한 사실을 바탕으로 답을 도출하는 것을 말한다. 물질의 본질에 관한 이론들 없이 요리를 과학적으로 사고하기는 불가능하다.

지금으로부터 약 2,600년 전 밀레투스의 탈레스가 가장 먼저 그런 이론을 내놓았다. 그는 우주 전체의 작동을 설명하는 데 골몰했고, 그중 하나인 물질의 상태를 '원소'라는 개념으로 설명했다(다만 지금 우리가 주기율표에서 보는 원소와는 다른 개념이다). 탈레스 학파는 흙, 물, 공기, 불, 이 네 원소가 각각 고체, 액체, 기체, 열을 나타낸다고 보았다. 이에 따르면 네 원소는 서로 교환 가능하여 가령 물은 얼면 고체인 흙으로 전환될 수 있고 불의 열을 얻어 증기를 내뿜으면 기체인 공기가 될 수 있다.

약 2,300년 전에는 아리스토텔레스가 다양한 이론을 종합하여 하나의 체계적인 개념으로 정리했다. 그에 따르면 우리가 보고 만질 수 있는 모든 것은 물질과 형태의 조합에서 비롯된다. 모든 형태는 뜨거움과 차가움, 습함과 건조함이라는 상반되는 성질을 가지고 있고, 이 성질의 조합이 네 원소의 성질을 결정한다. 따라서 네 원소는 교환 가능하다. 그보다 약 100년 앞선 데모크리토스의 원자론에서 출발한 아리스토텔레스는 모든 물질의 기본 재료인 '화합물'이 네 원소를 구성한다고 상상했다. 놀랍지 않은가! 아리스토텔레스와 데모크리토스는 원자의 존재가 증명되기 한참 전에 원자라는 개념을 떠올린 것이다.

원자론 개념은 1805년에 가서야 존 돌턴에 의해 정밀하게 증명되었다. 1803년 「순수의 전조」의 그 아름다운 도입부를 썼을 때, 윌리엄 블레이크는 "모래 한 알"과 "한 송이 들꽃"을 포함한 세상 만물이 '화합물'이라는 기본 재료로 이루어져 있다는 아리스토텔레스의 개념을 알았을 게 틀림없다. 나아가 그는 이 원자들이 너무도 작아서 "손바닥 안에" 무한이 들어간다고 상상했다.

아리스토텔레스의 과학 이론은 이후 수백 년간 지대한 영향력으로 사람들의 과학적 사고를 지배했다. 이는 어떤 의미에서는 대단한 진보였지만 또 다른 의미에서는 새로운 발상을 제한하고 많은 학자를 오도하는 결과를 낳았다. 물질이 서로 교환될 수 있는 게 사실이라면, 평범한 금속을 가지고 가장 귀한 금속인 금을 만들어 낼 수 있어야 했다. 여기서 연금술이라는 '과학'이 탄생했다. 연금술사들은 수은과 황을 조합하면 금을 만들 수 있다고 믿었고 그렇게 그들의 여정이 시작되었다. 중세, 즉 5~15세기에 과학은 연금술사가 지배하는 영역이었고, 요리 과학도 동면에 들어갔다.

물론 진정한 의미의 과학적 진보가 전무했던 것은 아니다. 이슬람의 위대한 수학자이자 물리학자인 이븐 알하이삼(965~1040)은 실험법이라는 근대적인 과학적 방법론을 제창했고 인간의 눈이 사물로부터 나오는 원뿔꼴의 광선을 감지하기에 입체감을 느낀다는 사실도 알아냈다. 그러나 요리는 이 시대에 소소한 변화만을 겪었다. 아시아의 향신료가 요리에 쓰이기 시작했고, 식재료를 설탕에 담가 보관하기 시작했으며, 소금이나 식초에 절이거나 수분을 제거하여 식재료를 보존하는 방법이 새롭게 고안된 정도였다. 요리에 이렇다 할 변화가 다시 나타난 것은 16세기에 이르러서였다.

도판 6 이슬람의 위대한 과학자 이븐 알하이삼

물질을 금으로 바꾸려는 시도는 16세기까지 계속되었지만 최후의 연금술사들은 결국 도저히 반박할 수 없는 사실들에 직면했다. 새 시대의 과학자들이 내놓기 시작한 새로운 과학 이론들은 세계의 작동 방식에 대한 기존의 이해를 바꾸어 놓았다. 1661년 로버트 보일은 연소가 불의 근원임을 밝히는 실험을 통해 불이 원소가 아니라 과정임을 증명함으로써 아리스토텔레스의 4원소설을 무너뜨렸다. 1774~1777년에는 조지프 프리스틀리와 칼 빌헬름 셸레가 각각 연소에 관여하는 공기인 산소를 발견했다. 그리고 1789년에는 앙투안 로랑 라부아지에가 산소가 연소에서 하는 일을 입증함으로써 앞의 모든 발견을 하나로 연결했다. 라부아지에가 탄탄하게 설계하고 멋지게 수행한 실험들은 화학을 진정한 학문으로 발전시켰고, 그 결과 지금도 우리는 그를 '근대 화학의 아버지'로 부른다. 안타깝게도 라부아지에의 과학적 공헌은 프랑스혁명기인 1794년 그가 단두대에 처형당하면서 끝났다.

요리 과학의 역사를 돌아볼 때 반드시 언급해야 하는 마지막 요소는 열이다. 1798년까지도 학자들은 열이 물이나 수은과 마찬가지로 물리적인 물질이라고 생각했다. 그런데 바로 그해, 매사추세츠주 출신의 벤저민 톰프슨이라는 영특한 미국인(훗날 유럽으로 건너가 바이에른의 럼퍼드 백작이 된다)이 열이 에너지의 한 종류이지 물리적 물질이 아님을 보여 주는 최초의 실질적인 증거를 제시했다. 바이에른 정부를 위해 대포를 만들던 톰프슨은 물체에 구멍을 낼 때 발생하는 열은 기계적 마찰 때문이지 사람들이 생각하는 대로 물리적 물질일 순 없다고 추론했다.

마침내 과학이 부활했다. 이후 수백 년간의 과학 발전은 도달할 수 있는 최고 경지의 미식을 가능케 할 것이었다. 4장에서 살펴보겠지만, 프랑스 요리는 마리 앙투안 카렘이 창시한 요리법인 '누벨 퀴진'nouvelle cuisine을 통해 그 전기를 맞게 되었는데 그 시점이 라부아지에의 정교한 실험을 통해 프랑스 과학이 전기를 맞이한 직후였던 것은 결코 우연이 아니다.

글루텐의 정체

사람들이 나에게 자주 하는 질문 중 하나가 '글루텐이 뭔가요?'이다.

글루텐이 뭔지 모르는 데는 그럴 만한 이유가 있다. 글루텐이 자연에 존재하지 않는 물질이기 때문이다. 글루텐은 밀가루와 물을 섞었을 때 형성되는 수용성 단백질이다. 단백질은 아미노산으로 이루어진 아주 커다란 분자이다. 밀가루에는 **글루테닌**과 **글리아딘**이라는 두 종류의 단백질이 자연적으로 존재한다. 밀가루에 충분한 양의 물을 더하면 두 단백질이 '냉동 상태'에서 풀려나 유연해지고 자리를 옮길 수 있게 된다. 마른 상태의 딱딱한 스파게티를 물에 넣고 가열하면 유연해지는 것도 이와 비슷한 원리이다.

단백질이 물과 결합하는 과정을 **수화**hydration라고 한다. 물과 밀가루를 섞으면 수화된 단백질이 모여 서로 반응하기 시작한다. 단백질은 화학결합 형성을 통해 말 그대로 한데 엉겨 붙는다. 이러한 화학결합을 **가교**cross-links라고 한다. 가열한 스파게티를 체에 붓고 물을 뺀 상태와 비슷하다. 몇 분이 지나면, 기름을 약간 넣어 스파게티 가닥을 분리하지 않는 이상 가닥들이 서로 달라붙는다. 글루텐의 경우에는 단백질과 단백질 사이에 다양한 종류의 화학결합이 형성되는데, 종류에 따라 결합하는 힘이 다르다(가령 이황화 결합이 이온 결합이나 수소 결합보다 더 강하다).

물과 단백질을 계속 섞으면 단백질 사이사이에 가교가 늘어나서 화학적으로 결합된 거대한 단백질 연결망이 형성된다. 혼합은 전기 믹서로 할 수도 있고 밀가루를 반죽할 때처럼 손으로 할 수도 있다. 밀가루를 물과 혼합하거나 반죽할 때는 수화된 유연한 단백질이 반죽하는 방향대로 늘어나 정렬하면서 단백질 사이사이에 더 많은 가교가 생기게 된다. 반죽은 공기도 끌어들임으로써 강력한 이황화결합이 형성되는 데 일조한다. 반죽을 계속하면 단백질 연결망이 모여 단백질 층을 이룬다. 비유하자면 실(단백질)을 풀어 길게 늘어뜨린 다음 천 조각(연결망)을 짜고 마지막엔 퀼트처럼 천 조각을 한데 이어 커다란 천(단백질 층)을 만들어 내는 것이다.

글루테닌과 글리아딘이 화학적으로 결합하면 글루텐이라는 매우 **탄력 있는** 물질이 형성된다. 글루테닌과 글리아딘 자체에는 글루텐 같은 탄력과 신축성이 없다. 그런데 두 단백질이 화학적으로 결합하면 고무풍선처럼 탄력과 신축성이 있는 글루텐이 만들어지는 것이다. 두 단백질 사이에 결합이 많아질수록 마치 얇고 약한 고무풍선이 두껍고 강한 고무풍선이 되듯 글루텐이 점점 더 강해진다. 또한 오븐에 빵을 구울 때 반죽이 부푸는 현상에서 알 수 있듯이 글루텐은 마치 풍선처럼 기체와 증기로 부풀 수 있다. 어릴 때 부풀린 풍선에 걸쭉한 종이 반죽을 발라 종이탈을 만들던 기억을 떠올려 보라. 종이 반죽이 다 마른 뒤 안에 든 풍선을 터뜨려 제거하면 딱딱한 반구만 남는다. 빵을 구울 때도 이와 마찬가지로 부풀었던 글루텐이 마르면서 탄탄하면서도 유연한 구조가 형성되고 쫄깃한 빵 안에 구멍들이 생긴다(갓 구운 빵은 아직 수분이 중량의 약 35퍼센트나 남아 있기 때문에 녹말이 푹신하고 글루텐이 탄력 있다).

〈도판 7〉은 글루텐이 형성되는 단계를 찍은 고배율 주사전자현미경 사진으로, 밀가루와 물의 혼합으로 글루텐이 형성되는 과정을 눈으로 확인할 수 있다. 각 사진의 오른쪽 아래에 있는 크기 표시는 미크론 기준이다(1미크론은 1미터의 100만분의 1이다).

글루텐의 형성과 강도에는 여러 인자가 영향을 미친다. 가령 글루

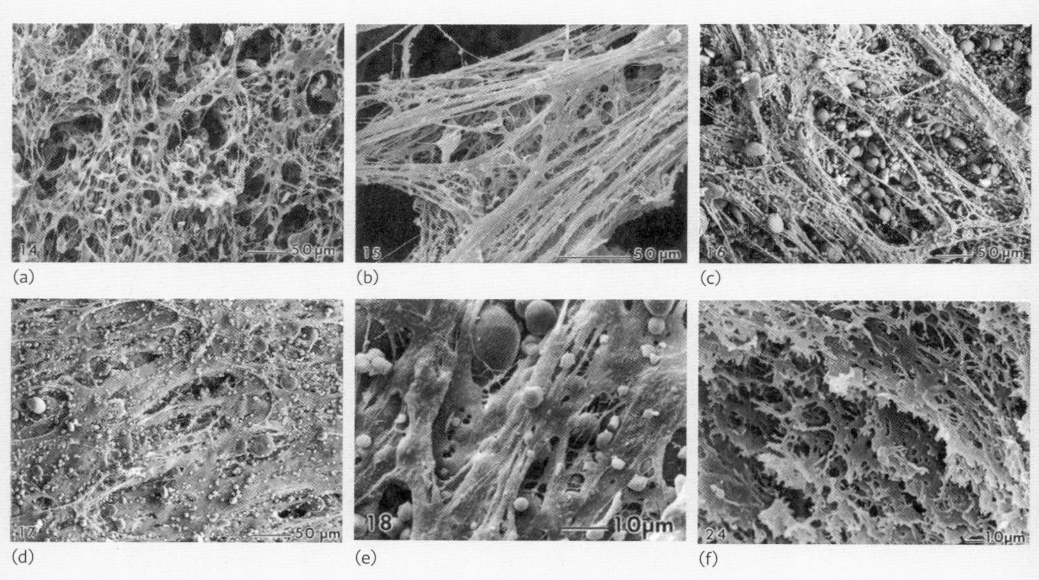

도판 7 (a) 밀가루에 물을 섞은 뒤 혼합하지 않은 상태의 단백질 연결망을 찍은 주사전자현미경 사진. 녹말 입자는 세척하여 제거했다(보통은 녹말 입자가 구멍을 메운다). (b) 밀가루를 반죽하기 시작해 몇 초 후부터 단백질 가닥이 늘어나고 결합하기 시작한다. 녹말 입자는 세척하여 제거했다. (c) 반죽 과정에서 단백질 가닥이 늘어나며 한데 뭉친다. 표면의 녹말 입자는 세척하여 제거했으나 단백질 구조 안에는 녹말 입자가 그대로 갇혀 있다. (d) 최적으로 반죽된 상태의 단백질 연결망. 표면의 녹말 입자는 세척하여 제거했다. (e) 최적으로 반죽된 상태의 단백질 연결망과 녹말 입자를 더 높은 배율로 촬영한 주사전자현미경 사진. 이 반죽을 구우면 녹말 입자가 물을 흡수하여 몇 배나 부풀면서 빈 공간의 대부분을 메우게 된다. (f) 글루텐 층의 단면을 높은 배율로 촬영했다. 겹겹이 쌓인 글루텐 층들이 기체를 머금을 수 있는 유연한 막을 형성하고 있다.

텐이 지나치게 많이 들어 있는 반죽을 구우면 그 결과물(가령 파이 껍질)은 부드럽지 않고 질기다. 글루텐의 형성 정도는 발효 빵이 얼마나 부풀지, 빵 속이 연해질지 쫄깃해질지에도 영향을 미친다. 글루텐은 약할수록 신축성이 좋으며(잘 늘어나며) 잘 오그라들지 않는다. 글루텐 형성에 영향을 미치는 인자 몇 가지를 소개한다.

1. **밀의 종류:** 연질밀은 단백질 함량이 비교적 적고(6~8퍼센트) 글루테닌이 적으며 단백질 크기가 작다. 연질밀에서는 글루텐이 약하게 형성된다. 경질밀은 단백질 함량이 그보다 많고(10~14퍼센트) 글루테닌이 많으며 단백질 크기가 크다. 경질밀에서는 글루텐이 더 강하고 응집력 있고 탄력 있게 형성된다.
2. **물의 양:** 글루텐이 형성되려면 반드시 수화가 일어나야 한다. 글루테닌과 글리아딘은 중량의 두 배에 달하는 물을 흡수한다(수화). 물이 적을수록 단백질 이동성이 줄어들어 글루텐이 적게 형성되지만, 물이 지나치게 많은 경우에도 단백질이 희석되어 반응이 제한되기 때문에 글루텐이 적게 형성된다.
3. **물의 경도:** 경수hard water에 들어 있는 칼슘과 마그네슘은 글루텐을 강화한다. 칼슘과 마그네슘이 0~60ppm 농도로 적게 들어 있는 보스턴의 물은 연수soft water에 속한다.
4. **물의 산성도(pH):** 글루텐이 형성되기에 가장 좋은 산성도는 pH 5~6이다. 그보다 낮거나 높으면 글루텐의 강도가 떨어지고 더 신축성이 좋은(잘 늘어나는) 반죽이 만들어진다. 베이킹소다는 pH를 높임으로써 쿠

키 반죽이 잘 펴지게 하고 빵 속을 더 연한 다공질로 만든다.

5. 발효: 공기 방울을 키우면 글루텐이 강해지면서 응집력과 탄력이 더 해지고 부피가 커지며 빵 속이 부드러워진다.

6. 효소: 밀가루 속에는 단백질을 분해하는 효소가 자연적으로 존재하는데, 이 효소들은 수분이 없을 때는 활동하지 않고 수화가 되어야만 활동하기 시작한다. 효소는 글루텐을 더 작게 분해하기 때문에 반죽이 더 푹신해지고 더 잘 늘어나게 된다. 반죽을 15~30분간 휴지시키면 이 **자가분해** 과정이 진행되면서 효소가 글루텐을 분해하고, 그 결과 반죽에 신축성이 더해지고 부피가 커지며 빵 속에 구멍이 많아진다.

7. 소금: 빵 반죽에는 밀가루 중량의 1.5~2.0퍼센트에 해당하는 소금이 들어간다. 소금은 효소의 활동 속도와 발효 속도를 늦춘다. 또한 글루텐을 강화함으로써 부피가 더 크고 속이 더 부드러운 빵을 만들어 낸다.

8. 지방, 기름, 유화제, 설탕: 이 성분들은 반죽을 연하게 만든다. 지방과 유화제는 단백질의 표면을 덮어 수화와 글루텐 형성을 저해한다(스파게티 표면에 기름을 입히는 것과 비슷하다). 라드나 식물성 기름 등 쇼트닝은 이름 뜻 그대로 글루텐 가닥의 길이를 짧게 줄임으로써 빵을 더 연하게 만든다. 설탕은 물에 대항하여 단백질 수화와 글루텐 형성을 감소시킨다.

물이 없으면 음식도 없다

물은 음식과 요리에서 여러 가지로 아주 중요한 역할을 한다. 물은 음식의 질감에 영향을 미치고(마르고 부서지기 쉬운 질감부터 촉촉하고 푹신한 질감까지), 효소의 활동과 각종 화학반응에 용매로 작용하며, 미생물의 성장을 돕고, 다당류나 단백질처럼 크고 단단한 분자를 유연한 상태로 바꾸어 자리를 옮기고 반응하게 만들며, 음식 안에서 열을 전도한다.

육류, 가금류, 해산물, 과일, 채소에는 약 75퍼센트 혹은 그 이상으로 수분이 아주 많이 들어 있다. 이 같은 신선한 식재료는 구성 성분 중에 물의 비율이 가장 높은 경우가 많다. 유제품과 갓 구운 빵류에도 약 35퍼센트 혹은 그 이상으로 수분이 많이 들어 있다. 수분 함량이 높은 식재료는 세균, 효모, 곰팡이 등 미생물이 증식할 위험이 높다. 반면에 밀가루나 파스타처럼 수분이 없는 식재료는 실온에서 더 오래 보관할 수 있다.

음식 안에 들어 있는 모든 물이 다 같은 물은 아니다. 음식 과학에서는 보통 물을 세 종류로 나눈다. **자유수**, **흡착수**, **결합수**가 그것이다. 자유수는 오렌지의 즙, 사워크림이나 요거트에서 분리되는 물 등 음식에서 물리적으로 짜낼 수 있는 물이다. 흡착수는 다당류나 단백질 같은 분자의 표면에 붙어 있는 물로, 음식에서 쉽게 짜낼 수 없다. 단백질(글루텐 등)과 탄수화물(녹말 등)의 수화에서 말하는 물이 바로 흡착수이다. 결합수는 녹말 결정 등 음식을 이루는 물질 안에 물리적으로 갇혀 있는 물이다(일부 학자들은 물을 자유수와 결합수로만 구분한다). 중요한 점은 자유수와 흡착수는 미생물의 성장을 뒷받침하는 반면, 결합수는 그러지 않는다는 것이다.

음식 과학에서는 미생물 증식이나 효소, 화학반응에 쓰일 수 있는 물의 양을 **수분 활성도**(a_w)라는 척도로 측정한다. 수분 활성도는 동일한 온도에서 순수한 물의 수증기압(P_o)에 대한, 해당 음식 안에 들어 있는 물의 수증기압(P)의 비율이며 0부터 1.0까지의 무차원 수로 표현된다. 수분 활성도를 확인하는 또 하나의 방법은 그 음식과 평형 상태인 대기의 상대습도(RH)를 측정하는 것이다. 수식으로 표현하면 RH(%)=100×a_w이다. 요컨대 수분 활성도는 음식에 들어 있는 자유수와 흡착수의 양, 다시 말해 수증기로 변환될 수 있는 물의 양이다. 아래 표에서 알 수 있듯이 음식의 수분 함량과 수분 활성도는 대략적인 상관관계를 보인다.

음식	수분(%)	수분 활성도
생고기	70	0.98
빵	40	0.95
밀가루	14	0.70
파스타	10	0.45
감자칩	2	0.10

수분 활성도가 0.85 미만인 식재료에서는 세균 증식이 비교적 어

렵다. 이 수치에서는 세균이 증식하는 데 필요한 물이 충분하지 않기 때문이다. 하지만 효모는 수분 활성도가 0.70 정도만 되어도 증식할 수 있고 일부 곰팡이는 그보다 더 낮은 0.60에서도 증식한다. 그래서 이 범위에 속하는 식재료에는 효모와 곰팡이의 증식을 막기 위한 방부제를 쓴다. 토마토소스 등 산성도가 4.6 미만인 산성 식품은 미생물의 증식을 방해한다. 따라서 수분 활성도가 0.85 미만인 산성 식품은 실온에서 오래 보관할 수 있으며, 냉장고에 넣으면 더욱 오래 보관할 수 있다. 낮은 산성도, 낮은 수분 활성도, 낮은 온도 모두가 유해한 병원체의 증식을 막는 데 각각 일조하는 것이다.

수분 활성도는 음식의 질감에도 영향을 미친다. 어떤 식재료에 들어 있는 수분의 양은 그 식재료 속 분자들, 그중에서도 특히 단백질이나 다당류처럼 수분이 있어야만 움직일 수 있는 큰 분자들의 이동성을 결정한다. 단백질과 다당류는 음식의 구조를 만들어 낸다. 이러한 분자들이 딱딱한 음식은 단단한 반면, 분자들이 유연한 음식은 푹신하다. 여기서 물은 일종의 **가소제**(연화제)로서 음식 속 분자들의 **유리전이온도**를 낮추는 역할을 한다. 유리전이온도란 분자들이 어떤 온도를 기준으로 그 이하에서는 유리처럼 딱딱한 구조이다가 그 온도를 넘어서면 유연한 구조로 바뀌는 온도를 말한다. 이는 초콜릿 같은 고체가 액체로 바뀌는 온도인 녹는점과도 비슷하다(다만 초콜릿의 경우엔 물이 아니라 지방 결정이 녹는다).

음식의 수분 활성도와 유리전이온도는 넓은 값의 범위에 걸쳐 일정한 선형 관계를 나타낸다. 즉 수분이 적은 음식은 수분 활성도가 낮고 유리전이온도는 비교적 높다고 보면 된다. 이런 종류의 음식은 실온에서 단단하고 바삭한 특징을 가진다. 이 음식에 수분이 더해지면, 예를 들어 습도가 높은 환경에 놓이면, 수분 활성도가 높아지고 유리전이온도는 낮아져서 음식이 실온에서 더 푹신하고 촉촉해진다. 바꿔 말하면 분자가 유연한 상태에서 딱딱한 상태로 바뀌는 유리전이온도가 이제는 실온보다 낮은 것이다. 같은 이유에서 음식은 냉동고에 들어가면 딱딱하고 단단해진다.

그런데 물(H_2O)처럼 단순한 분자가 음식에서 이토록 중요한 여러 역할을 담당하는 이유는 무엇일까? 그 비결은 **수소 결합**에 있다. 수소 결합이란 물 분자가 다른 물 분자와 결합할 때, 또는 산소와 질소 원자를 가진 분자(단백질, 탄수화물 등)와 결합할 때 취하는 결합 방식이다. 물 분자는 수소 원자 두 개와 산소 원자 한 개가 독특한 구조로 결합되어 있다. 직선 구조(H-O-H)가 아니라 104.5도 각도로 결합된 구조인데, 이는 산소 원자에 들어 있는 비결합 전자들의 척력 때문에 나타나는 현상이다.

하지만 이보다 중요한 것은 산소가 **전기음성도가 강한** 원자라는 사실이다. 즉 산소는 전자를 끌어들이는 힘이 센 반면, 수소는 그렇지 않다. 그래서 물 분자를 이루는 각각의 산소-수소 결합에 관여하는 두 전자는 산소 원자 주위에서 더 많은 시간을 보내면서 산소 원자에는 부분적인 음전하를, 수소 원자에는 부분적인 양전하를 부여한다. 이로 인해 각 물 분자의 수소 원자와 다른 물 분자의 산소 원자 사이에 강한 정전기 인력이 작용하여, 두 개의 물 분자 사이에 수소 결합이 형성된다.

각 물 분자에는 수소 원자가 두 개 들어 있기 때문에 하나의 물 분자는 다른 두 개의 물 분자와 수소 결합을 형성할 수 있고, 그러한 결합이 계속 이어지면 용기 속에 든 모든 물 분자 사이에 무한한 연결망이 생긴다.

물 분자와 물 분자 간의 수소 결합은 비교적 약한 편이다. 물 분자를 이루는 산소와 수소의 화학결합에 비하면 그 힘이 약 5퍼센트에 지나지 않는다. 그러나 물 분자의 '바다' 속에는 엄청나게 많은 수소 결합이 들어 있기 때문에 물을 가열하여 분자들이 서로 떨어져 더 빠르게 움직이게 하려면 꽤 많은 에너지가 필요하다. 예를 들어 물의 온도를 20도 올리는 데 필요한 에너지는 올리브유의 온도를 20도 올리는 데 필요한 에너지의 두 배이다. 증기 형태로 물 분자를 완전히 분리시키는 데는 그 다섯 배의 에너지가 필요하다. 끓는 물의 분자는 증기로 빠져나가면서 그 많은 에너지를 모두 가져가기 때문에 물의 끓는점은 1기압 기준으로 100도를 절대 넘지 않는다. 끓는 물에 열을 더해 봤자 물이 더 뜨거워지는 게 아니라 증기가 더 빨리 생길 뿐이다. 그러나 물이 얼 때는 분자가 빠져나갈 길이 없기 때문에 얼음의 온도는 얼마든지 0도 밑으로 떨어질 수 있다. 냉동고 속 얼음의 온도는 냉동고의 온도와 일치한다.

마지막으로 살펴볼 음식 속 물의 역할은 단백질과 다당류의 특성에 관한 것이다. 앞서 살펴보았듯이 수분 함량이 적은 음식(10~20퍼센트 이하)은 딱딱하고 단단한 반면, 수분 함량이 많은 음식(35퍼센트 이상)은 유연하고 푹신하다. 단백질에는 질소 원자가 들어 있고 다당류에는 산소 원자가 들어 있다. 질소와 산소 모두 전기음성도가 강하기 때문에 물 분자의 수소 원자와 수소 결합을 형성하며, 그 결과 단백질과 다당류의 표면에 물 분자가 흡착된다. 흡착된 물 분자로 인해 유리전이온도가 낮아지면 단백질과 다당류 분자는 실온 또는 그 이상에서 더 유연해진다. 수분 없는 밀가루의 경우, 글루텐을 만드는 단백질인 글리아딘과 글루테닌은 실온에서는 딱딱하고 경직되어 있다. 여기에 물을 더하면 두 단백질이 실온에서도 유연해지고 이리저리 움직이며 그러다 서로 결합하여 글루텐을 형성한다. 이 혼합물을 반죽하면 할수록 단백질이 더 활발하게 움직이면서 더 많은 가교를 만들어 탄탄한 글루텐 연결망을 형성한다.

녹말의 다당류 분자인 아밀로오스와 아밀로펙틴도 마찬가지이다. 녹말에 물을 더하면 물이 녹말 분자와 수소 결합을 형성하기 시작한다. 녹말은 수분 함량이 35퍼센트 이상, 그리고 유리전이온도가 실온 이상이다. 따라서 녹말 입자가 물을 흡수해서 부풀게 하려면 열을 가해 온도를 유리전이온도까지 끌어올려야 한다. 이 온도가 바로 녹말의 **호화 온도**이다. 건조 파스타를 물에 삶으면 글루텐이 수화되고, 녹말 입자가 물을 흡수하며, 유리전이온도가 내려간다. 그래서 파스타가 단단하고 부서지기 쉬운 상태에서 유연하고 쫄깃한 상태로 바뀐다.

온도와 열은 같지 않다

온도란 어떤 물질에 들어 있는 모든 분자의 평균 운동에너지의 양이다. 즉 모든 분자의 운동에너지의 평균값이기 때문에 어떤 물질의 온도는 그 안에 들어 있는 분자의 총 개수와는 관계가 없다. 반면에 열은 어떤 물질에 들어 있는 모든 분자의 총 운동에너지의 양이다. 그러므로 열은 분자의 개수와 관계가 있다. 열은 에너지의 한 종류인 반면, 온도는 어떤 물질의 뜨거운 정도를 나타내는 척도이고 온도계로 측정된다. 이처럼 온도와 열은 동일한 개념이 아니다.

운동에너지(E_k)는 분자(또는 특정한 단위 물체)의 질량(m)의 절반에 그 속도(v)의 제곱을 곱한 것과 같다. 수식으로 표현하면 $E_k=\frac{1}{2}mv^2$. 이처럼 분자의 운동에너지는 그 분자의 질량과 속도 모두와 관계가 있다. 그런데 속도가 제곱이므로 질량보다는 속도와 훨씬 더 큰 관계가 있다. v^2이 m보다 숫자가 훨씬 커지기 때문이다. 이런 의미에서 온도는 어떤 물질 안에서 모든 분자가 움직이고 있는 속도의 평균값이라고 말할 수 있다. 그래서 온도를 간단히 '분자의 속도'라고 정의하는 경우가 많다.

열과 온도를 구별하는 예를 들어 보겠다. 붉게 달아오른 작은 못은 따뜻한 물이 담긴 커다란 사발보다 훨씬 뜨겁다. 그러나 열은 뜨거운 못보다 따뜻한 물에 더 많이 들어 있다. 못이 물보다 온도가 더 높은 이유는 온도가 온도계에 기록되는 물질의 뜨거운 정도이기 때문이다. 한편, 열은 물질에 든 분자의 모든 운동에너지의 총합이다. 작은 못보다 사발 안의 물에 더 많은 분자가 들어 있기 때문에(물의 무게가 작은 못보다 훨씬 무겁다) 물은 움직이는 그 모든 분자 안에 더 많은 에너지를 가지고 있다. 반면에 못에 든 모든 분자의 평균 에너지가 물 분자의 평균 에너지보다 크기 때문에 온도는 못이 더 높다.

요리 과학에서는 열과 온도를 구분하는 것이 중요하다. 요리 프로그램 〈아메리카스 테스트 키친〉에서 간단한 시험을 통해 이 차이를 설명한 적이 있다. 똑같은 부피의 올리브유와 물을 넣은 용기를 수비드용 수조에 넣고 75도로 가열한 뒤 각각에 날달걀을 넣었다. 물에 넣은 달걀은 흰자가 금세 흰색으로 불투명해졌는데, 이는 단백질이 변성·응고되고 있다는 뜻이었다. 올리브유에 넣은 달걀의 흰자는 변화 없이 여전히 투명했다.

물이 올리브유보다 달걀을 빨리 익히는 이유는 75도에 이르는 데 더 많은 에너지가 필요하기 때문이다. 어떤 물질의 온도를 올리는 데 필요한 에너지의 양을 그 물질의 **열용량**이라고 한다. 열용량은 물질마다 다르다. 물의 열용량은 올리브유의 열용량의 약 2.1배이다. 물의 온도를 75도로 높이는 데 들어간 그 많은 에너지가 음식을 더 빨리 익히는 것이다.

열용량과 조리에 관한 더 많은 정보는 3장 별면의 「위대한 요리사는 ○○○을 안다」 및 《쿡스 일러스트레이티드》 2012년 3·4월 호에 실린 「왜 기름에서 음식이 더 천천히 익을까」에서 찾아보길 바란다.

도판 8 (a) 냄비에 올리브유를 부어 75도로 가열한 뒤 날달걀을 넣고 몇 초 후 찍은 사진. 달걀 단백질이 아직 응고되지 않은 투명한 상태이다. (b) 냄비에 물을 부어 마찬가지로 75도로 가열한 뒤 날달걀을 넣고 똑같은 시간이 흐른 후 찍은 사진. 달걀 단백질이 불투명하게 응고되기 시작했다. 이처럼 달걀은 같은 온도일 때 올리브유보다 물에서 더 빨리 익는다.

Recipe 2

해선장 바비큐 소스 돼지갈비

재료(2인분)

돼지 등갈빗살 700그램

해선장 1/4컵

청주 3작은술

땅콩기름 2작은술

간장 1작은술

케첩 1작은술

쌀식초 1작은술

마늘 다진 것 1/2작은술

참기름 약간

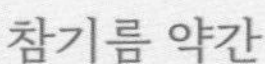

Bone-in pork spareribs with hoisin barbeque sauce

나는 중국식 요리 몇 가지를 매우 좋아한다. 특히 재료의 특성상 감칠맛부터 단맛, 짠맛, 톡 쏘는 맛과 풍부한 향까지 온갖 복잡한 풍미를 동시에 느낄 수 있어서 좋다. 물론 나는 중국을 여행하며 진짜 중국 요리를 경험해 봤기 때문에 내가 집에서 만드는 중국 요리가 그렇게 훌륭하지 않다는 것을 잘 안다.

중국 요리에서 가장 많이 쓰이는 육류는 돼지고기이기 때문에 강력한 감칠맛을 내는 소스로 돼지고기를 요리하는 다양한 방법이 있다. 그중 해선장 바비큐 소스는 바비큐 전문 요리사 스티브 레이클렌이 수년 전에 개발한 것이다. 여기서는 뼈에 붙은 돼지갈비를 요리하지만, 이 소스는 돼지의 다른 부위 고기에도 어울리며, 닭고기, 심지어 소고기에도 잘 어울린다. 돼지갈비를 바비큐 소스에 재워 최소 6시간 냉장고에 넣어 놨다가 요리해야 한다는 부분 외에는 너무도 쉬운 레시피이다. 해선장 소스의 기원에 대해서는 정확히 알려진 바가 없지만, 중국 상하이 지역 요리에 가장 많이 쓰는 소스이다. 사실 나는 미국식 바비큐보다도 해선장 소스 바비큐 돼지갈비를 더 좋아한다.

중국 요리에서 한 가지 유의할 점은 간장 베이스 재료에 나트륨 함유량이 매우 높을 수 있고 이 레시피처럼 설탕이 아주 많이 들어갈 때도 있다는 것이다. 미국에서 많이 판매되는 한 브랜드의 해선장 소스에는 소스 2큰술에 나트륨이 약 1그램, 설탕이 약 20그램 들어가 있다. 소금 무게의 약 40퍼센트가 나트륨이므로(염화나트륨 분자 1개에는 나트륨 원자 1개와 염소 원자 1개가 들어 있다) 나트륨 1그램은 소금 2.54그램과 같다. 해선장 소스 2큰술에는 소금이 거의 1/2작은술 들어 있다는 뜻이다. 미국 농무부가 권장하는 1일 나트륨 섭취량은 최대 2.3그램(소금 5.8그램=1작은술)이며 고혈압 위험군의 경우엔 그보다 낮다. 그러므로 간장 베이스 재료는 반드시 상품에 붙은 영양성분표를 참고하길 바란다. 모든 음식은 아예 먹지 않기보다는 적당한 양과 적당한 빈도로 먹는 것이 좋다.

이 돼지갈비 요리에는 양념하여 수분 없이 익힌 스파이시 스트링빈스, 자스마티 쌀, 다진 마늘과 함께 땅콩기름에 살짝 볶은 청경채가 잘 어울린다. 스트링빈스를 2인분 준비하려면 땅콩기름을 약간 두른 팬에 재료 2컵 분량을 넣고 뚜껑을 덮은 채 중간불에서 약 5분간 가열한다. 그러면 색이 갈색으로 변하지만 재료는 아직 단단한 상태이다. 잠깐 불을 끄고 간장 1큰술, 사오싱주 1큰술, 시판 고추장 1작은술(매운맛을 줄이려면 그보다 적게 넣는다)을 섞은 양념을 넣는다. 스트링빈스에 양념을 잘 묻혀 준다. 팬 뚜껑을 닫고 중간불에서 5분 더 가열하면 재료가 부드럽게 익는다.

만드는 법

1. 먼저 해선장 바비큐 소스를 준비한다.
2. 작은 소스팬에 땅콩기름과 마늘을 넣고 마늘이 살짝 갈변할 때까지 1~2분 정도 중간불에 익힌다(마늘이 지나치게 갈색으로 변하면 쓴맛이 나므로 주의한다).
3. 해선장 소스, 간장, 청주, 케첩, 쌀식초를 넣고 소스가 25퍼센트가량 줄어 걸쭉해지기 시작할 때까지 가열한다.
4. 소스를 식힌 뒤 참기름을 넣고 섞는다.
5. 큰 오븐용 냄비에 식힌 해선장 소스 1/4을 붓는다. 소스 위에 돼지갈비를 올리고 나머지 소스를 돼지갈비 위에 골고루 끼얹는다.
6. 비닐랩을 씌운 뒤 냉장고에 최소 6시간 보관한다. 냉장고에서 돼지갈비를 꺼내어 약 20분간 실온에 둔다.
7. 비닐랩을 벗기고 알루미늄포일을 씌우는 동안 오븐을 165도로 예열한다. 냄비를 오븐의 가운데 칸에 넣고 1시간 30분 동안 굽는다.
8. 포일을 벗긴 뒤 30분 더 구워 소스를 졸인다(오븐에 굽는 시간이 총 2시간을 넘으면 고기가 마르므로 주의한다).
9. 냄비에서 돼지고기를 꺼내 그릇에 담는다.

Drogery
COCK EXCVD CVM PRIVILEGIO
RI RES FERRE ET POST OPERARI
CARI VILIS SED DENIQ3 RARI
CERTA VILIS SED VBIQ3 REPERTA
QVATVOR INSERT
NVLLA MINERALI
SED TALIS QVA

3 ‘근대 과학’이 쏘아 올린 ‘요리 예술’

(1500~1799년)

과학의 르네상스

누구보다 먼저 탄탄한 실험을 설계하고 정밀하게 수행한 로버트 보일, 앙투안 로랑 라부아지에 같은 과학자들의 공헌을 토대로 16세기 이후 유럽에서는 물리학, 화학, 생물학 등 현재 과학을 대표하는 분과들이 발전하기 시작했다. 그러나 이러한 순수 과학 분야와 달리 요리 과학cooking science에는 지식의 기초로 삼을 만한 학술적 연구 역사가 존재하지 않는다. 그나마 음식 과학food science이 학문으로 정립된 것도 비교적 최근의 일이다. 음식을 과학적으로 연구하는 정식 학과는 1918년 월터 체노웨스 박사가 이끄는 매사추세츠대학교 애머스트 캠퍼스에 처음 생겼다. 이 학교의 식품학과는 미국 최초였음은 물론 세계 전체에서도 가장 이른 사례에 속할 것이다.

도판1 대 피터르 브뤼헐의 〈연금술사〉(1558년). ‘과학’을 흉내 내는 연금술사들의 활동과 얼굴 표정이 눈에 띈다.

요리 과학은 물리학, 화학, 생물학, 공학, 영양학, 그리고 당연히 음식 과학을 바탕으로 하는 응용 과학이다. 요리 과학을 전문으로 하는 대학 학과는 아주 최근까지도 없었다. 그나마 가장 가까운 분야는 음식의 역사와 문화를 연구하고 '분자 요리학'으로 알려진 작금의 요리 기술을 탐색하는 '요리학'gastronomy이었다. 현재 요리학과는 네덜란드 바헤닝언대학교와 미국 보스턴대학교 등에 개설되어 있다. 요리 과학 연구를 발표하는 학술지가 등장한 지도 얼마 되지 않았다. 《요리 과학 기술 저널》은 2005년에 창간되었고, 2012년에는 심사를 거쳐 논문을 게재하는 《국제 요리학 및 음식 과학 저널》이 창간되었다. 이탈리아의 파르마대학교 보건학과는 요리가 음식 영양에 미치는 영향을 광범위하게 연구하여 발표했다(6장 참조).

미국 요리학교the Culinary Institute of America는 요리 예술의 과학화를 위해 2015년 요리 과학과를 신설했다. 요리 과학 지식이 요식업계에 도움이 된다는 판단에서였다. 가령 같은 식재료라도 경작하고 저장하는 방법에 따라 물, 당류, 녹말의 비율이 달라지는데, 여기에 요리 과학을 적용하면 구성 성분이 다른 재료를 써도 품질을 일정하게 유지할 수 있다. 최근 내가 방문한 어느 식품 가공업체에서는 감자 샐러드의 경우, 매사추세츠주에서 자란 감자를 쓸 때와 메인주에서 자란 감자를 쓸 때 요리의 변수들을 다르게 설정한다고 설명했다. 이들은 요리 과학을 응용함으로써 어떤 감자를 쓰든 동일한 품질의 식품을 생산할 수 있게 된 것이다.

다시 6세기를 거슬러 올라 요리 과학의 발전사를 계속 살펴보자. 근대 초기 과학에서는 어떤 이론들이 나오기 시작했으며 그것이 요리에는 어떻게 적용되었을까?

앞에서 살펴보았듯이 연금술은 지금으로부터 2,000년 전 고대 이집트의 알렉산드리아에서 태동하여 극동 지역까지 퍼져나갔고 중세를 거쳐 18세기 초반에 이를 때까지 유럽인의 과학

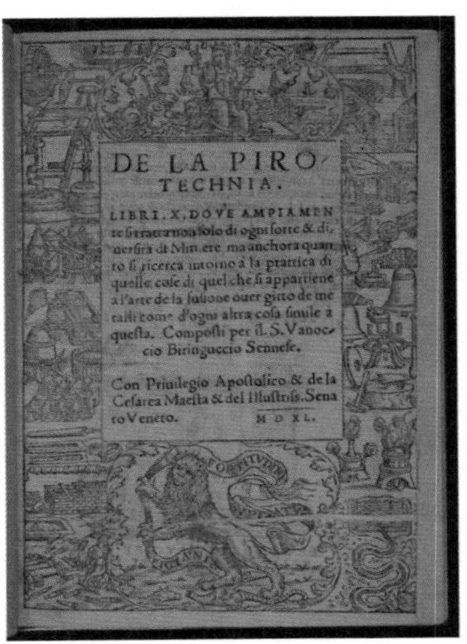
DE LA PIRO
TECHNIA.
LIBRI. X. DOVE AMPIAMEN
te si tratta non solo di ogni sorte & di,
uersità di Minere, ma anchora quan
to si ricerca intorno à la prattica di
quelle cose di quel che si appartiene
a l'arte de la fusione ouer gitto de me
talli come d'ogni altra cosa simile a
questa. Composti per il S. Vanoc
cio Biringuccio Sennese.
Con Priuilegio Apostolico & de la
Cesarea Maestà & del Illustriss. Sena
to Veneto. M D XL.

도판2 반노초 비링구초의 저서 『화공술』

적 사고를 지배했다. 연금술에 가장 먼저 이의를 제기한 학자 중 한 사람은 이탈리아의 야금학자인 반노초 비링구초(1480~1539)였다. 그는 음식과 요리에 대한 글을 쓰지는 않았지만 그가 사망한 직후인 1540년에 (라틴어가 아니라) 이탈리아어로 출간된 저서 『화공술』에서 다음과 같이 연금술을 강하게 비판하며 화학과 과학을 새롭게 사고할 가능성을 열었다.

> 이러한 이유로 내가 여러분에게 권고하는바, 우리가 할 수 있는 가장 좋은 일은 연금술이 아니라 원광에서 얻은 자연의 금과 은으로 돌아가는 것으로, 연금술에서 얻은 금과 은이란 것은 존재하지 않을 뿐만 아니라 사실 그 누구도 목격한 바 없

> 는데도 많은 사람이 그것을 보았다고 주장합니다. 왜냐하면 내가 설명했듯이 그 원리들은 밝혀지지 않았기 때문입니다. 또한 제1원리를 이해하지 못하는 사람이 그 마지막을 이해할 능력은 더더욱 없기 때문입니다.

연금술의 마지막 운명을 아는 우리에겐 비링구초의 말이 극히 논리적이고 통찰력 있게 느껴진다. 그러나 연금술이 과학으로 널리 인정받던 시대에 사람들은 그의 비판을 어떻게 받아들였을까? 그를 이단자로 조롱했을까, 아니면 선구자로 칭송했을까?

요리 과학의 역사에서 기억해야 할 또 한 사람은 벨기에의 화학자이자 의학박사였던 얀 밥티스트 판 헬몬트(1577~1644)이다. 그는 1635~1640년경 발효 중인 포도즙에서 발생하는 기체를 '포도주 가스', 혹은 '가스 실베스터'라고 부르면서 '가스(기체)'라는 신조어를 만들어 냈다. 헬몬트는 이 기체가 숯을 태울 때 발생하는 기체와 동일하며 그 특성이 공기와는 분명히 다르다는 사실을 발견했지만 그 물질이 이산화탄소라는 것까지는 알지 못했다. 한편 헬몬트는 소화 작용을 연구하여 음식물이 체내에서 '발효물'에 의해 소화된다고 처음으로 주장했으니, 이것이 오늘날 우리가 말하는 소화효소이다. 비록 그는 연금술을 신봉하여 물과 공기만이 진정한 원소라고 믿었지만, 그가 내놓은 독창적인 과학적 아이디어 몇 가지는 오늘날까지도 진리로 여겨지고 있다.

그다음에 등장한 중요한 과학자는 스무 편이 넘는 과학 논

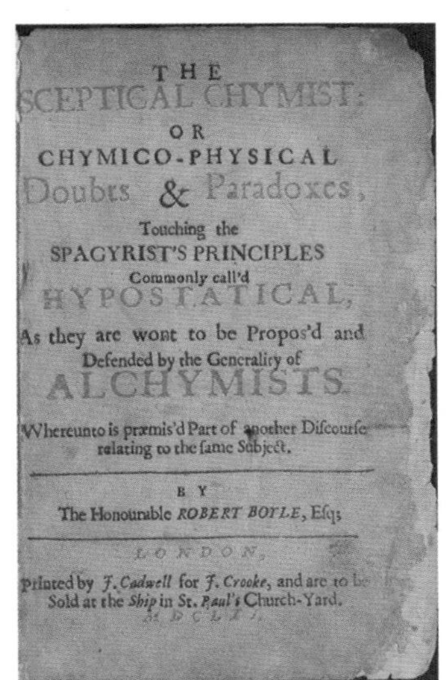
THE
SCEPTICAL CHYMIST:
OR
CHYMICO-PHYSICAL
Doubts & Paradoxes,
Touching the
SPAGYRIST'S PRINCIPLES
Commonly call'd
HYPOSTATICAL,
As they are wont to be Propos'd and
Defended by the Generality of
ALCHYMISTS.
Whereunto is præmis'd Part of another Discourse
relating to the same Subject.

BY
The Honourable ROBERT BOYLE, Esq;

LONDON,
Printed by J. Cadwell for J. Crooke, and are to be
Sold at the Ship in St. Paul's Church-Yard.
MDCLXI.

도판3 로버트 보일의 『의심 많은 화학자』

문과 저서를 발표했고 그중에서도 1661년에 출간된 『의심 많은 화학자』로 잘 알려진 로버트 보일(1627~1691)이다. 그는 원소들의 본질과 공기가 연소에서 담당하는 역할에 대한 연구 대부분을 옥스퍼드대학교에서 그의 충실한 조수인 로버트 훅(1635~1703)과 함께 진행했다. 『의심 많은 화학자』에서 보일은 원소를 "다른 어떤 물체로도 만들어지지 않은 순수한 물체"라고 정의하며 아리스토텔레스의 4원소설(흙, 공기, 물, 불)에 이의를 제기했는데 이는 오늘날 우리가 주기율표에 들어 있는 구리, 황 등 순수한 원소를 정의하는 방법과 일치한다.

1650년, 보일은 독일인 오토 폰 게리케(1602~1686)가 밀폐된 용기 속 공기를 제거하는 펌프를 설계하고 공기압과 진공을 실험했다는 소식을 들었다. 1660년에 그는 공기가 연소에서 담당하는 역할을 연구하고자 게리케의 공기 펌프를 본떠 밀봉한 유리 용기에서 공기를 제거할 수 있는 펌프를 설계했다. 1672년 논문 「불과 공기의 관계에 관한 새로운 실험」에서 보일은 공기가 있는 조건과 없는 조건 양쪽에서 황 등 다양한 물질을 태우는 여러 실험을 설명했다. 그는 면밀한 실험을 통해 연소에는 반드시 공기가 필요하며 불은 4원소에 속하지 않음을 증명했다. 수천 년 전 아리스토텔레스가 수립했던 과학 원리가 마침내 흔들리면서 과학의 새로운 르네상스가 시작되었다.

우리가 아는 그 '요리'의 시작

보일은 공기와 압력도 실험하여 '보일의 법칙', 즉 공기를 비롯한 기체의 압력과 부피는 서로 반비례한다(기체의 부피를 압축하면 기체의 압력이 증가한다)는 법칙을 발견했다. 1662년에 발표된 이 연구는 수년 뒤 프랑스의 젊은 물리학자이자 수학자인 드니 파팽(1647~1713)의 관심을 사로잡았다.

파팽은 1675년에 런던으로 건너와 보일을 만났고, 그와 마음이 잘 통하여 1676년부터 3년간 영국에 머물며 함께 연구했다. 파팽은 보일의 법칙을 응용하여 부피가 고정된 밀폐 용기에 물을 넣고 가열하면 물의 압력이 높아져 끓는점을 100도 이상으로 끌어올릴 수 있다는 사실을 발견했다. 그러나 중금속 용기라도 온도가 너무 높아지면 증기의 압력을 견디지 못하고 폭발했다. 이에 파팽은 저울추를 이용하여 밸브를 열고 압력을 배출함으로써 용기가 폭발하지 않게 하는 최초의 안전밸브를 고안했다.

또한 이 기발한 발명품을 바탕으로 물의 일반적인 끓는점보다 높은 온도에서 음식을 익히는 '증기 솥', 즉 최초의 압력솥

도판 4 드니 파팽이 1680~1681년에 제작한 압력솥. 왼편에 보이는 저울추를 단 긴 막대기가 압력을 배출한다.

을 만들어 1679년 런던왕립학회에 제출했다. 파팽의 증기 솥은 지방이 많은 저렴한 고기 부위와 뼈를 물에 넣고 삶아 맛있는 스튜를 만드는 데 쓰였다고 한다. 파팽은 런던을 떠나 독일로 향했으며 1690년에는 최초의 피스톤 방식 증기기관 모형을 제작하여 노를 저어 움직이는 배에 동력을 공급하는 데 사용했다. 안타깝게도 운명은 파팽에게 그리 친절하지 않았다. 그는 가난에 시달리다 수명이 다해 1713년 빈민 묘지에 묻혔다.

보일의 시대에 새롭게 닻을 올린 실험 과학은 17세기부터 프랑스 요리에 지대한 영향을 미치기 시작했다. 프랑수아 피에르

드 라 바렌(1615~1678)이라는 모험심 넘치는 요리사는 1651년 프랑스 요리에 관한 최초의 중요한 저작인 『프랑스 요리사』를 발표했다. 이 책에는 프랑스어로 '주방의 재산'이라는 불리는 육수를 만드는 방법이 처음으로 언급되어 있는데, 라 바렌은 버섯의 못 쓰는 부분을 버리지 말고 육수의 기본 재료로 활용하라고 권했다. 그는 영리하게도 달걀흰자를 이용해 육수를 정제했다. 육수를 탁하게 만드는 성분인 고기의 불용성 단백질을 달걀흰자의 알부민 단백질에 흡착시키는 원리였다.

라 바렌은 육수를 만드는 이 방법을 활용해 우유가 주재료인 베샤멜소스(정제가 필요하지 않다)의 레시피, 빵가루 대신 돼지비계로 점도를 높이는 루roux의 레시피도 내놓았다. 그 자신은 몰랐지만 최초의 유화 소스를 고안한 것이었다. 베샤멜소스의 경우, 루의 녹말과 우유의 단백질이 만나 안정된 상태의 에멀션을 형성한다. 또한 라 바렌은 달걀노른자를 유화제로 써서 안정시키는 올랑데즈 소스를 처음으로 개발하여 아스파라거스를 요리했다. 그의 영향력으로 육수는 여러 환상적인 소스의 기본이 되었고 이를 통해 마리앙투안 카렘(1784~1833)을 비롯한 18~19세기 프랑스 요리사들은 세계에서 가장 훌륭한 요리를 선보일 수 있었다.

퐁파두르 부인의 개인 요리사이자 1742년 세 권짜리 요리책 『코뮈의 선물』을 출간한 프랑수아 마랭 같은 당대의 유명 요리사들은 요리가 일종의 화학이며 스스로를 화학자로 생각하기까지 했다. 과학을 요리의 나침반으로 삼은 이 요리사들에 대해서는 나중에 프랑스혁명 직전 프랑스 과학의 전성기가 펼쳐질 때 앙투안 로랑 라부아지에와 함께 더 깊게 다루기로 한다.

공기에 산소라는 순수한 원소가 들어 있으며 그것이 연소에 필요한 바로 그 기체라는 사실, 그리고 연소에서 발생하는 열은 물질이 아니라 에너지의 한 종류라는 사실이 밝혀지기까지는 보일의 실험 이후 100여 년이 더 걸렸다. 그리고 그제야 진정한 요리가 시작되었다! 열 없이는 진정한 의미의 요리(열을 가하여 음식을 만드는 행위)가 성립할 수 없기 때문이다. 산소의 발견을 둘러싼 흥미로운 이야기에는 공기 중에 생명을 존재하게 하는 물질이 있다는 사실을 각각 발견한 두 과학자가 등장한다.

1772년에 최초로 산소를 분리해 낸 사람은 스웨덴의 약제사이자 화학자인 칼 빌헬름 셸레(1742~1786)였지만, 그는 자신이 발견한 그것이 무엇인지 전혀 몰랐다. 스톡홀름 근처에 있던 자신의 약방에서 산화수은, 질산칼슘, 탄산은 등 여러 종류의 무기화합물을 가열하여 산소를 얻어 내고는 이 기체 안에서 촛불이 밝게 잘 탄다고 하여 그것을 '불 공기'라고 불렀다. 이 기체에 '산소'라는 이름이 붙은 것은 수년 뒤 이 기체의 정확한 화학구조가 밝혀졌을 때였다. 안타깝게도 셸레는 이 중요한 발견을 서둘러 발표할 필요를 느끼지 못했다. 게다가 1775년에 출판업자에게 넘긴 원고가 1777년에야 책으로 출간되었는데, 일이 이렇게 늦어진 이유를 우리로서는 알 수 없다.

도판 5 산소에 관해 최초로 글을 쓴 조지프 프리스틀리

비슷한 시기인 1774년 8월 1일, 조지프 프리스틀리(1733~1804)도 영국 버밍엄시에 있는 자신의 연구실에서 산화수은을 가열하여 산소를 분리해 냈다. 그 역시 그것이 산소라는 사실은 전혀 몰랐고, 그 안에 촛불을 넣으면 밝고 강하게 타오르며 쥐를 넣어도 잘 지낸다는 사실을 알았을 뿐이다. 특히 쥐가 그 기체만으로 잘 지내는 것을 보고 프리스틀리는 이 '특별한 공기'가 생명에 반드시 필요한 요소일지 모른다고 추론했다. 그는 곧 이 연구 내용을 『여러 종류의 기체에 관한 실험과 관찰』이라는 세 권짜리 책으로 발표했다. 그 첫 권은 1774년에, 나머지는 1775년과 1777년에 각각 출간되었다. 그래서 현재 프리스틀리는 산소 분리에 관해 처음 글을 쓴 사람으로, 셸레는 처음 산소를 분리한 사

람으로 인정받고 있다.

독학으로 화학을 연구한 프리스틀리는 프랑스혁명을 지지했고 분리주의 신학자로서 잉글랜드에 유니테리언파 기독교를 창설하기도 했다. 그는 대범한 자기주장 때문에 버밍엄 주민들과 마찰을 빚었고 결국 방화로 집과 교회를 잃었다. 1791년 프리스틀리는 미국으로 건너가 벤저민 프랭클린, 토머스 제퍼슨 같은 인사들과 교유했다. 워싱턴 D.C.의 스미스소니언협회에는 그때 모습으로 재건한 프리스틀리의 연구실이 전시되어 있다.

요리의 기반을 닦은 과학자들

『여러 종류의 기체에 관한 실험과 관찰』의 첫 권을 출간한 직후인 1774년 10월, 프리스틀리는 파리에 가서 프랑스의 젊고 총명한 화학자 앙투안 로랑 라부아지에(1743~1794)를 만났다. 프리스틀리가 분리한 '특별한 공기' 속에서 불이 활활 잘 타고 쥐도 잘 지내더라는 이야기를 들은 라부아지에는 흥미를 느꼈지만 붉은색 고체인 산화수은을 가열해서 특별한 공기를 얻는 원리는 이해하지 못했다. 공기 중에서 강한 불꽃으로 금속을 가열할 때 늘어나는 무게를 정밀하게 측정했던 보일의 실험은 그도 잘 알고 있었다. 보일은 이 늘어난 무게가 금속과 불꽃의 결합에서 비롯된다고 생각했다. 당시에는 불이 물질의 일종으로 여겨졌기 때문이다. 셸레와 프리스틀리의 질적 연구에서는 산화수은에서 발생하는 기체의 무게까지 측정하지는 않았다. 여기서 라부아지에는 대단한 통찰력을 발휘했다. 공기 중에서 금속을 가열했을 때 무게가 늘어나는 원인이 금속과 그 특별한 공기(라부아지에의 용어로는 '순수한 공기')의 결합 때문이라고 추측한 것이다. 후에 그는 이 순수한 공기를 '산소'라고 명명했다. 탄소와 수소의 이름도 그가 지어 주었다.

라부아지에는 자신의 가설을 시험하기 위해 그 유명한 실험을 고안했고 그로써 '화학의 아버지'로 등극했다. 파리 외곽에 있는 프랑스왕립학회에서 실험을 수행하려면 강력한 열원이 필요했는데, 그가 찾아낸 것은 바로 '불태우는 유리', 즉 태양에너지를 집중시켜 강력한 열원을 만들어 낼 수 있는 대형 돋보기였다. 라부아지에는 이 열원을 가지고 고체인 산화수은을 액체 상태의 수은과, 프리스틀리와 셸레가 발견한 순수한 공기(산소)로 분리했다. 그는 산소를 포획할 수 있게 증류기라고 불리는 밀폐된 장치로 실험함으로써 산소의 정확한 부피 및 산화수은과 액체 수은 각각의 정확한 질량을 측정해 냈다.

이어 실험을 역으로 수행하여 액체 수은과 순수한 공기를 합친 무게와 그로부터 만들어지는 산화수은의 무게가 앞의 실험에서와 똑같다는 사실을 밝혀냈다. 화학반응에서 각 물질의 무게가 어느 방향에서나 동일하다는 사실, 다시 말해 물질은 생겨나거나 사라지지 않는다는 사실을 처음으로 입증한 것이다. 이

도판 6 앙투안 로랑 라부아지에와 그의 아내 마리안 피에레테 폴즈

것이 바로 물질 보존의 법칙이다. 이 놀라운 발견은 1777년《왕립학회 회보》에 실렸다. 나아가 라부아지에는 연소 과정을 지배하는 불변하는 자연법칙들을 정립하여 1783년 같은 회보에 논문으로 발표했다. 이처럼 연소가 에너지를 발생시키는 산화라는 화학적 과정이라는 사실이, 보일로부터 시작하여 100여 년 후 라부아지에에 이르러 완전히 밝혀졌다.

라부아지에는 비교적 짧았던 생애 동안 화학의 여러 측면에 관심을 가졌다. 그가 발견한 물질 보존의 법칙은 발효 과정에 대한 이해로도 이어졌다. 라부아지에는 발효를 다음과 같이 설명했다.

이 작용(발효)은 화학이 우리에게 내놓는 가장 놀랍고도 비범한 현상 중 하나이다. 우리는 여기서 형성되는 유리 기체(이산화탄소)와 인화성 주정(알코올)이 어디에서 나오고 그 달콤한 물질인 산화 식물(당류)이 어떻게 해서 하나는 불이 잘 붙고(알코올) 하나는 불이 거의 붙지 않는(이산화탄소) 두 가지 다른 물질로 변형되는지 그 연유를 반드시 탐구해야 한다.

이에 대한 라부아지에 자신의 답은 다음과 같다.

화학에서 하는 실험은 언제나 바로 이 원칙에 입각한다. 즉 우리는 탐구되는 물질의 원리들과 분석으로 얻어지는 원리들이 진정으로 동등하다고 가정해야 한다. 가령 포도의 과즙이 탄산 기체(이산화탄소)와 알코올을 만들어 낼 때, 나는 포도즙=알코올+탄산 기체(이산화탄소는 물에 녹으면 탄산을 형성한다)라고 말할 수 있을 것이다.

발효된 포도즙이 알코올+이산화탄소와 동일하다는 이 등식이야말로 근대 화학 최초의 반응식이다. 프리스틀리, 파팽, 바빌로프가 그러했듯 라부아지에도 가혹한 운명을 맞이했다. 26세에 왕립학회 회원으로 선출된 그는 같은 해에 왕실 정부의 세금 징수부에서 일하기 시작했다. 그런데 그 후 프랑스 혁명이 일어났고 1793년 11월 혁명 정부는 세금 징수부를 폐지하고 전직

징세원을 전부 체포하라고 명령했다. 라부아지에는 인민에 대한 범죄로 유죄를 선고받았고 이듬해 5월 8일 50세의 나이로 단두대에서 처형당했다. 1795년 말, 혁명 정부는 라부아지에의 아내에게 그가 "억울하게 유죄를 선고받았기에" 공식적으로 혐의를 벗었다고 알렸다. 그가 25년을 더 살았더라면 과학에 얼마나 더 많은 공헌을 했을지 우리는 상상만 할 수 있을 뿐이다. 선구적인 과학자들, 특히 지식과 사회 변화에 중요한 업적을 남기는 이들의 삶은 이처럼 고달플 때가 많았다.

불과 연소는 빛과 열을 발생시키는 화학적 과정이라는 지식이 거의 200만 년 만에 수립되자 마침내 열의 참된 본질이 무엇인지 설명할 수 있게 되었다. 가장 먼저 럼퍼드 백작(1753~1814)이 1798년에 설명을 내놓았다. 그때까지 열은 무게 없는 유체인 '열소'caloric로 여겨졌고 라부아지에 같은 탁월한 과학자들도 그렇게 생각했다. 본명이 벤저민 톰프슨인 럼퍼드 백작은 매사추세츠주 워번에서 태어났다. 어려서부터 과학에, 특히 수학과 물리학에 재능을 보였고 케임브리지에 있는 집에서 16킬로미터 거리인 하버드대학교까지 걸어가 강의를 듣곤 했다. 그는 열아홉 살 때 꽤 부유한 집안의, 그보다 한참 나이가 많은 새라 워커라는 여자와 결혼한 뒤 뉴햄프셔주 럼퍼드(훗날의 콩코드이며 현재 뉴햄프셔의 주도)로 이사했다. 미국 독립전쟁 초반에 톰프슨은 영국 편에 섰고 영국군을 위해 첩보 활동까지 했다. 1776년 영국군이 보스턴에서 철수하자 톰프슨은 아내와 딸을 두고 혼자 영국

도판7 열의 본질을 최초로 설명한 벤저민 톰프슨

으로 도망쳤다. 그는 1779년 영국 왕립학회 회원이 되었고 1784년에 기사 작위를 받았으며 이듬해에는 독일 바이에른 지방으로 건너갔다. 그곳에서 그는 군사령관으로 활동했고, 백작 작위를 받았을 때는 뉴햄프셔의 고향 도시 이름을 따서 '럼퍼드 백작'으로 이름을 바꾸었다.

럼퍼드 백작이 맡은 일 중 하나는 단단한 금속으로 된 대포에 구멍 뚫는 작업을 감독하는 것이었다. 그는 금속에 구멍을 뚫을 때 그 마찰 때문에 고열이 발생하는 것을 보고 그 열이 금속에서 방출된 일종의 물질인 열소라고 생각했다. 그런데 뭉툭한 드릴로는 금속에 구멍이 잘 뚫리지 않는데도 예리한 새 드릴을 쓸 때와 같은 양의 열이 발생하는 것이 눈에 띄었다. 금속에 구멍이

나지 않는데 어째서 열소가 방출되는 것일까? 1798년 그는 마침내 열이 움직이는 물질이 아니라 마찰에서 발생하는 일종의 에너지라고 추측했다. 다시 말해 열이 물질 그 자체가 아니라 물질이 움직임으로써 생겨 나는 에너지(역학적 에너지)라고 생각했으며, 물이나 철 같은 고체의 비열, 즉 어떤 물질 1그램의 온도를 1도만큼 올리는 데 필요한 열량을 재는 방법도 알아냈다.

같은 해, 럼퍼드 백작은 영국으로 돌아와 열 연구를 계속해 나갔다. 1799년에는 파리를 방문하여 죽은 앙투안 로랑 라부아지에의 아내인 마리앤 라부아지에를 만났고 두 사람은 1804년에 결혼했다(럼퍼드의 첫 번째 부인은 그에 앞서 미국에서 세상을 떠났다). 마리앤은 전 남편의 연구를 도운 경험이 있어 럼퍼드의 열 연구에도 도움을 주었지만, 그 점을 빼면 두 사람은 행복한 한 쌍이 아니었다.

럼퍼드는 더 많은 열을 발산하는 '럼퍼드 벽난로'를 발명했을 뿐만 아니라 신식 요리용 화로, 드립식 커피포트, 중탕 냄비도 고안했다. 저온에서 가열하는 수비드 요리법도 럼퍼드가 1799년에 창안했다고 알려져 있다. 그는 원래 감자를 건조하려고 개발했던 기계에 양의 어깨 고기를 넣고 밤새 가열했는데, 나중에 글에 적기를 양고기가 완벽하게 요리되어 극히 부드럽고 촉촉하고 풍미가 아주 강했다고 했다. 우리가 새롭다고 생각하는 요리법은 사실 이렇게 오래된 것이다. 럼퍼드는 열 연구에서 알아낸 지식을 활용하여 요리와 주방 일에 유용한 여러 가지 발명품을 만들었다.

그는 이렇게 재능 넘치는 유력 인사였고 과학자, 군인, 정치가로서 다양한 업적을 세웠지만 1814년 8월 말 파리 도심에서 겨우 몇 킬로미터 떨어진 오퇴유 마을에서 열린 그의 장례식에는 몇 사람 찾아오지 않았다.

18세기 중후반, 지구 반대편 중국에서도 과학이 비슷하게 발전하고 있었다. 소수의 부유한 지배층과 그보다 훨씬 많은 가난한 사람들 간의 현격한 차이는 유럽이나 중국이나 마찬가지였다. 길게 이어진 청나라 시대(1636~1912)에 중국 인구는 17세기 중반 1억 5,000만 명에서 19세기 중반 4억 5,000만 명으로 불어났다. 이 많은 인구가 먹을 식량이 너무도 부족했던 탓에 나라 전체에 대기근이 발생했다. 청나라 정부는 극심한 빈부 격차를 완화하기 위해 감자, 고구마, 옥수수 등 중국 토종이 아닌 고녹말 식물을 재배하도록 장려했고, 실제로 그러한 식재료가 중국의 농부들에게 인기를 끌기 시작했다.

부유한 지배층은 음식과 요리를 미술과 문학에 버금가는 예술로 여겼고, 뛰어난 요리사는 부와 명예 모두를 누릴 수 있었다. 유럽에서와 마찬가지로 중국에서도 최고의 요리사들은 황제의 궁전에서 활동했고 그다음 등급 요리사는 부유한 권력층의 개인 요리사가 되었다. 개인 요리사 중에는 여성도 많았다. 세 번째 등급 요리사는 사업가들이 찾는 식당 또는 이런저런 연회에 음식을 공급하는 업체에서 일했다.

중국은 유럽과 달리 12세기부터 상업적인 음식점이 발달하기 시작해 지금까지 음식과 요리의 역사에서 큰 역할을 담당해 왔다. 세계에서 가장 오래된 식당으로 알려진 '마유칭 버킷 치킨 하우스'는 1153년 카이펑에 처음 문을 열었다. 이곳만의 특별한 메뉴는 중국식 '버킷 치킨'인데, KFC의 '치킨 버킷'과는 관계가 없다. 당시 중국에서 외식을 할 수 있었던 계층은 노점상, 찻집, 크고 작은 식당에서 음식을 자주 사 먹었다. 건륭제(재위 기간 1735~1795) 황실에서 일하며 특히 쑤저우 요리를 즐겨 내놓았던 장동관 같은 요리사는 요즘의 스타 셰프만큼 인기가 많고 유명했다. 시인이자 화가였으며 중국의 브리야사바랭(18세기 프랑스 법률가·정치가·저술가이며, 미식가의 시조라 불린다-옮긴이)으로 불리는 요리 평론가 위안 메이(1716~1798)는 1796년 『쑤이위안 식단』이라는 유명한 요리 책을 집필했다.

중국에서는 18세기를 거치며 요리의 위상이 높아졌던 반면, 과학의 위상과 발전상은 그에 못 미쳤다. 당시 중국의 과학은 대체로 예수회나 개신교 선교사들을 통해 수입된 것이었고 그런 이유로 천문학과 수학이 주를 이루었다. (화약을 제외한) 화학과 물리학 지식 면에서나 기본적인 기계류, 산업적 생산, 농업의 기계화 등의 기술 진보 면에서는 유럽이 중국을 앞서고 있었다. 다만 중국은 비단과 도자기 제조, 유럽인이 좋아하는 차의 대량 생산에서 독보적인 기술을 보유하고 있었다. 이 시기에 중국이 요리에 필요한 기본 과학을 발견하거나 발전시켰다고 볼 수 있는

도판 8 중국 난징 근처 양쯔강에서 식재료를 거래하는 풍경

증거는 존재하지 않는다. 그 이유는 요리가 과학이 아니라 가장 고급한 예술로 여겨졌기 때문일 것이다. 그건 인도에서도 마찬가지였다. 중국과 인도는 향신료와 양념을 사용하는 방식 등 요리 스타일이 전혀 달랐지만, 약 6,500년 전 멕시코에서 처음 재배되기 시작한 매운 고추가 1670년경 중국 해안 지방에 들어오고 1750년경 남서부의 쓰촨까지 보급되면서 매운 고추를 사용하는 요리가 인도와 중국 양쪽에서 발전했다.

차진 감자와 포슬포슬한 감자의 차이

감자를 굽거나 으깨는 요리에는 러셋 버뱅크 같은 포슬포슬한 고녹말 감자가 잘 어울리고, 삶아서 감자 샐러드를 만드는 데는 레드 블리스 같은 차진 저녹말 감자가 잘 어울린다는 사실은 널리 알려져 있다. 차진 감자와 포슬포슬한 감자가 요리에 다르게 적용되는 이유에 대해서는 많은 글들이 나와 있는데, 그 전부가 요리 과학에서 밝혀낸 감자의 종별 특성을 정확히 반영하지는 않는다. 그렇다면 요리 과학에서는 어떤 이야기를 하는지 들어 보자.

먼저 차진 감자와 포슬포슬한 감자의 정의를 살펴보자. 아이오와 주립대학교의 교수였던 다이앤 맥콤버에 따르면, 가열한 차진 감자는 촉촉하고 무르고 부드러운 느낌을 주는 반면에 가열한 포슬포슬한 감자는 단단하고 건조하고 입에서 입자와 같은 감각을 일으킨다. 또한 차진 감자는 껍질이 얇고 밀도가 낮으며 녹말 함량이 적고(수분 함유 중량 기준으로 약 16퍼센트) 수분이 많다. 포슬포슬한 감자는 껍질이 두껍고 밀도가 높으며 녹말 함량이 많고(수분 함유 중량 기준으로 약 22퍼센트) 수분이 적다.

분자 수준에서 살펴보면 차진 감자 속 녹말은 거의 전부가 **아밀로펙틴**amylopectin이라는 가지 달린 큰 분자로 이루어져 있는 반면, 포슬포슬한 감자 속 녹말은 아밀로펙틴 분자가 74퍼센트가량, 그보다 크기가 훨씬 작고 직선형인 **아밀로오스**amylose 분자가 나머지 26퍼센트가량을 차지한다. 둘 다 다당류에 속하며 포도당 저장고 역할을 한다.

맥콤버 교수의 연구에 따르면, 고녹말인 러셋 버뱅크 감자는 증기로 쪘을 때 감자 세포가 "호화된 녹말로 꽉 찬 상태"가 되는 반면, 저녹말 감자 품종은 "30~50퍼센트만"이 부푼 녹말 입자로 채워진다. 핵자기 공명 분광기를 이용해 비교하면, 러셋 버뱅크 감자는 더 많은 녹말 입자가 더 많은 수분을 흡수하는 모습이 관찰되는 데 비해, 저녹말인 차진 감자는 더 적은 녹말 입자가 더 적은 수분을 흡수하여 더 많은 자유수분을 남기는 모습을 볼 수 있다. 포슬포슬한 감자는 건조하게 여겨지고 차진 감자는 촉촉하게 여겨지는 이유가 여기에 있다. 우리가 차진 감자를 먹을 때는 호화된 녹말에 결합되지 않은 수분이 밖으로 빠져나오는 것이다.

맥콤버 교수가 주사전자현미경으로 관찰한 바에 따르면, 포슬포슬한 감자와 차진 감자 모두 증기로 쪘을 때 세포가 붕괴되지 않고 그대로 유지된다. 그런데 칼슘과 마그네슘의 이온 농도는 차진 폰티악 감자보다 포슬포슬한 러셋 버뱅크 감자에서 더 높다(칼슘과 마그네슘 이온은 세포벽에 들어 있는 다당류인 펙틴을 강화하고, 더욱 중요하게는 세포들을 하나로 뭉치는 풀 역할을 한다). 이러한 관찰 내용은 포슬포슬한 감자는 증기로 쪘을 때 세포가 하나하나 흩어지는 대신 '입자성 덩어리'를 형성하면서 차진 감자에 비해 더 거친 질감을 형성한다는 기존 연구 결과와 일맥상통한다.

(도판 9) 다양한 감자 종. 왼쪽부터 유콘 골드, 레드 블리스, 러셋 버뱅크

맥콤버의 연구는 차진 감자와 포슬포슬한 감자의 질감 차이를 상세하게 설명하고 있지만, 두 감자가 요리에서 다른 특성을 보이는 이유를 전부 설명하지는 못한다. 이 질문에 답을 구하기 위해 2011년 내가 몸담은 프레이밍햄 주립대학교의 음식 분석 수업에서 조지프 바지넷이라는 학생이 브룩필드 엔지니어링사의 질감 분석기를 이용하여 감자 세 종의 요리적 특성 차이를 측정했다. 이 연구에서 우리는 포슬포슬한 고녹말 감자인 러셋 버뱅크 종, 차진 저녹말 감자인 레드 블리스 종, 그리고 녹말 함량이 그 둘 사이이며 두 감자의 중간 특성을 가지는 감자인 유콘 골드 종을 실험 대상으로 삼았다. 먼저 작은 원통형으로 자른 각 종의 감자 조각들을 끓는 정제수에 넣고 10분간 가열한 다음, 얼음물에 넣어 그 이상 익지 않게 했다. 이어 질감 분석기에 감자 조각의 단면보다 넓은 원판을 장착하고 각 조각을 40퍼센트 압축하는 데 필요한 힘을 기록했는데, 이는 우리가 여러 조건을 실험한 끝에 찾아낸 가장 신뢰할 수 있는 방법이었다. 이 실험의 결과는 〈도판 10〉과 같다(각 종에 대해 아홉 번 실험을 반복했다).

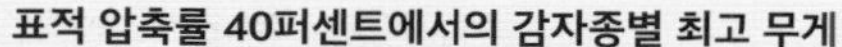

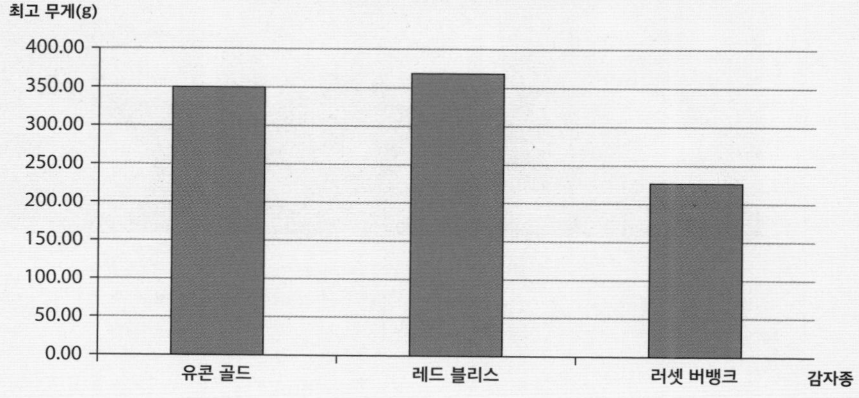

도판10 동일한 조건하에 가열한 감자 세 종을 압축하는 데 필요한 힘을 질감 분석기를 이용하여 측정한 결과, 러셋 버뱅크의 수치가 가장 낮고 유콘 골드와 레드 블리스는 비슷하다.

물에 삶은 감자 조각을 압축하는 데 가장 작은 힘이 드는 감자종은 포슬포슬한 러셋 버뱅크였다. 유콘 골드와 레드 블리스는 엇비슷한 양의 힘이 필요했는데, 중간 종인 유콘 골드를 압축할 때 약간 작은 힘이 필요했다. 이처럼 포슬포슬한 감자의 세포 구조가 끓는 물에 더 쉽게 분해된다는 관찰 결과는, 굽거나 으깨는 요리에는 포슬포슬한 감자가 더 잘 어울린다는 사실을 보여 준다. 차진 감자인 레드 블리스와 중간 감자인 유콘 골드는 삶았을 때도 형태를 잘 유지하기에 감자 샐러드를 만드는 데 어울린다. 유콘 골드 종은 포슬포슬한 감자보다는 차진 감자에 더 가깝다는 사실도 알 수 있다. 하지만 이 연구는 시중에 판매되고 있는 수많은 감자 중 딱 한 알씩을 실험한 것이다. 잘 알려져 있듯이 감자는 같은 종이라 하더라도 밀도와 녹말 함량에 상당한 차이가 있다.

네덜란드 바헤닝언대학교의 농업기술연구소가 진행한 연구도 우리의 결과를 뒷받침한다. 감자를 물에 삶았을 때 포슬포슬한 감자는 차진 감자에 비해 더 많은 펙틴을 밖으로 내보낸다. 그리고 투과전자현미경으로 관찰해 보면 포슬포슬한 감자는 차진 감자에 비해 더 많은 펙틴을 내보내면서 세포벽이 약해지고 세포끼리 서로 뭉치는 경향을 보였다(이것이 맥콤버가 말한 '덩어리'이다). 이 결과는 가열한 포슬포슬한 감자를 압축하는 데는 비교적 작은 힘이 필요하기 때문에 굽거나 으깨는 요리에 어울리며 질감이 더 거칠고 물기가 적다는 우리의 관찰 결과와 일맥상통한다.

바헤닝언 농업기술연구소가 최근에 발표한 또 다른 연구에서는 포슬포슬한 감자, 차진 감자, 중간 감자의 건조 물질dry matter 함량이 각 종의 요리적 특성에 지대한 영향을 미치며, 건조 물질이 각 종의 녹말 함량과 직접적인 관계가 있다는 사실이 밝혀졌다. 즉 어떤 감자종의 요리적 특성에 가장 큰 영향을 미치는 인자는 그 감자 속 녹말 함량이라는 것이다. 앞서 살펴보았듯이 포슬포슬한 감자는 녹말 함량이 더 높을 뿐만 아니라 녹말의 구성도 다르다(아밀로오스와 아밀로펙틴이 섞여 있다). 가열 시 포슬포슬한 감자는 차진 감자에 비해 녹말 입자가 더 빠르게 부풀고 호화된다. 이처럼 다량의 녹말 입자가 부풀면서 가하는 더 큰 압력은 열과 더불어 감자 세포 사이사이의 펙틴을 분해함으로써 세포가 더 빠른 속도로 부풀고 터지고 분리되고 뭉치게 만든다.

매시트 포테이토를 만드는 데 러셋 감자가 잘 어울리는 이유를 알아내기 위해 이처럼 많은 연구가 이루어졌다. 우리가 다 아는 사실인데 말이다!

육수의 탄생

요리의 풍미를 담당하는 육수의 최초 레시피는 프랑스 요리사 프랑수아 피에르 드 라 바렌(1618~1678)이 1651년에 쓴 요리책『프랑스 요리사』에 등장한다. 이 검소한 요리사는 흠이 있는 못 쓰는 버섯을 버리는 대신 육수를 만드는 데 활용하는 방법을 알려 준다. 기본적인 육수 레시피는 그로부터 150여 년 후 프랑스의 위대한 요리사 마리 앙투안 카렘(1784~1833)의 손에서 완성되어 오늘날에 이른다. 고기를 찬물에 넣고 뭉근히 가열하여 단백질이 지나치게 응고되지 않게 하면서 맑게 졸이는 방법이다. 이들 덕분에 프랑스 요리사들은 굉장한 육수를 만들어 왔다.

카렘의 레시피는 추출, 여과, 응축, 세 단계로 나눌 수 있다. 추출 단계에서는 물이나 와인으로 재료의 풍미 분자를 추출한다. 여과 단계에서는 응고된 단백질, 지방, 불용성 재료를 제거하여 맑은 육수를 만든다. 마지막 응축 단계에서는 수분을 일부 증발시켜 풍미를 농축·강화한다. 이 단계 하나하나가 육수의 풍미에 영향을 미친다. 추출 단계에서는 재료의 종류에 따라 추출되는 풍미 분자가 달라지고, 가열하는 시간과 온도에 따라 휘발성 냄새 화합물이 사라지는 정도와 새로운 풍미 분자가 형성되는 정도가 달라진다. 여과 단계에서는 육수의 맑은 정도가 결정되는 동시에 응고된 단백질(찌꺼기)과 산패한 지방에서 나는 불필요한

쓴맛이 제거된다. 응축 단계에서는 풍미가 농축되는 동시에 더 많은 풍미 분자가 형성된다. 추출과 응축처럼 열이 가해지는 단계에서는 풍미가 결정되는 것은 물론, 고기와 뼈의 결합조직에 들어 있는 젤라틴이 밖으로 빠져나온다. 젤라틴은 육수에 점도와 매끈한 식감을 더해 준다.

육수에 쓰이는 전통적인 재료는 고기(또는 생선), 뼈, 채소이다. 채소 중에는 양파, 당근, 셀러리가 흔히 쓰인다. 고기, 뼈, 채소를 찬물에 넣어 바로 추출 단계를 시작할 수도 있고, 추출에 앞서 재료를 오븐에 구워 풍미를 강화할 수도 있다. 이 단계에서는 고기, 뼈, 채소에 들어 있는 맛과 냄새 분자를 추출한다. 에너지를 저장하는 화합물인 아데노신 삼인산(ATP)에서 비휘발성 뉴클레오티드가 생성되고, 단백질이 분해되어 비휘발성 펩타이드와 그보다 더 작은 아미노산이 생성되며, 양파나 당근에서는 비휘발성 당류가 생성된다. 모두 비휘발성이기 때문에 우리 코로는 이 분자들의 냄새를 전혀 맡을 수 없지만, 모두 물에 녹는 가용성 분자이기 때문에 육수에 추출되어 맛을 낼 수 있다.

펩타이드와 아미노산은 다시 뉴클레오티드와 결합하여 강력한 감칠맛을 내고, 글리신이라는 아미노산과 당류는 단맛을 낸다. 재료를 오븐에서 수분 없이 가열하면 우리가 냄새를 맡을 수 있는 휘발성 냄새 분자들도 방출된다. 펩타이드와 아미노산은 특정한 종류의 당류와 반응하여 강력한 휘발성 냄새 분자를 생성하는데 이를 마이야르 반응이라고 부른다(5장에서 더 자세히 다루겠다). 이러한 냄새 분자로는 캐러멜과 비슷한 4-하이드록시-2,5-다이메틸-3(2H)-푸라논, 팝콘 냄새가 나는 2-아세틸-1-피롤린, 고기 냄새가 나는 황 함유 3-(메틸티오)프로판올 등이 있다.

지방이 산화되면 튀긴 냄새를 내는 화합물인 2,4-데카디에날, 2,6-노나디에날이 생성된다. 이 두 화합물은 지방에는 녹지만 물에는 녹지 않는다. 물에 넣고 오랜 시간 뭉근히 가열하는 추출 단계에서 양파(또는 리크)는 황을 함유한 수용성 화합물인 3-메르캅토-2-메틸펜탄-1-올(MMP)을 만들어 낸다. 2011년 독일의 한 연구진은 이 화합물의 강력한 고기 냄새가 앞서 말한 2,4-데카디에날과 더불어 육수의 풍미에 가장 큰 영향을 미친다는 사실을 밝혀냈다. 그러나 MMP는 양파의 원래 상태가 아니라 잘게 다진 상태에서만 형성된다. 그러니 육수에는 반드시 다진 양파를 넣자!

육수를 몇 시간 동안 뭉근히 가열한 다음, 두 번째 여과 단계에서는 표면에 떠오른 단백질 찌꺼기를 걷어 내고 충분히 맑아질 정도로 육수를 여과한다. 마지막 단계는 응축이다. 대부분의 요리책에서는 육수를 가열하는 **시간**을 특정하기보다는 육수의 **부피**를 얼마만큼 줄여서 수용성, 비휘발성 맛 분자를 농축해야 하는지를 설명한다. 이 단계에서는 휘발성 냄새 분자가 증기와 함께 일부 소실되는 동시에 새로운 냄새 분자가 서서히 형성된다. 특히 MMP라는 중요한 화합물이 일정량 형성되는 데 수 시간이 걸린다. 한편 단백질은 계속 분해되어 새로운 펩타이드와 아미노산을, 특히 감칠맛을 담당하는 글루탐산을 만들어 내고, 아데노신삼인산도 계속 분해되어 뉴클레오티드를 만들어 낸다. 이 사실이 매우 중요한 이유는 최근 덴마크 연구진이 밝혀낸 대로 육수의 풍미는 응축된 부피만이 아니라 가열 시간에 따라서도 달라지기 때문이다.

이 두 가지 인자는 직접적인 연관성이 없다. 육수는 열의 양(센불이냐 약불이냐)에 따라 빠르게 응축되기도 하고 느리게 응축되기도 한다. 빠르게 응축하는 경우, 냄새 분자는 증발하는 반면에 새로운 풍미 분자가 형성될 시간이 없다. MMP, 2,4-데카디에날 같은 화합물은 형성되는 데 어느 정도 시간이 필요하므로, 더 긴 시간에 걸쳐 더 뭉근하게 가열해야 이 중요한 분자들을 더 많이 끌어낼 수 있다. 미국 요리학교 연구진은 단백질로부터 펩타이드와 아미노산이, 아데노신삼인산으로부터 뉴클레오티드가 형성되는 최적의 온도와 시간을 알아냈다. 온도는 85도, 시간은 최소 60분이다. 육수의 풍미는 가열 시간에 따라 바뀌는 것이 확실하니 육수를 졸일 때는 약불에서 오래 가열하는 것이 좋겠다.

풍미 분자만이 아니라 젤라틴도 아주 느리게 형성된다. 즉 고기와 뼈의 결합조직에 들어 있는 콜라겐은 비교적 낮은 온도에서 몇 시간 동안 가열해야 젤라틴으로 분해된다. 물이 뭉근히 가열되는 85도 전후에서 6시간 동안 가열해야 일정량의 젤라틴이 형성된다. 따라서 육수를 만들 때는 추출 단계와 응축 단계에 최소 6~8시간을 할애해야 MMP 같은 중요한 풍미 분자와 젤라틴이 제대로 형성된다. 16~20시간 동안 가열하는 경우도 많은데, 그 정도로 오래 끓여야 하는가는 의문이다. 어쨌든 맛있는 데미글라스 소스를 만들려면 뭉근히 가열하여 처음 부피의 25~50퍼센트로 졸인 육수가 필요하다. 빠르게 부피만 줄여서는 그 맛을 낼 수 없다.

이 밖에도 중요한 인자가 몇 가지 있다. 추출 단계는 찬물에서 시작해야 한다. 찬물에서부터 천천히 응고되어 위로 떠오른 찌꺼기는 걷어 내기가 쉽고 여과하기도 쉽다. 뜨거운 물에서부터 가열하여 팔팔 끓이면 응고된 단백질이 잘게 부서져서 제거하기가 어렵고, 그 결과 육수가 탁해진다. 또한 송아지고기 육수와 소고기 육수 모두에 흔히 송아지뼈가 들어간다. 동물의 나이가 많을수록 뼈의 결합조직에 들어 있는 콜라겐의 가교 결합 정도가 강하다. 송아지뼈 속 콜라겐의 가교 결합은 소뼈에 비해 훨씬 약하다. 가교 결합이 약한 콜라겐은 더 빨리, 더 많이 젤라틴으로 분해되기 때문에 송아지뼈가 더 많은 젤라틴을 만들어 낸다.

물과 기름은 섞인다?: 에멀션과 유화

물과 기름이 섞이지 않는다는 건 상식이다. 물과 기름을 섞으면 곧 분리되어 물은 아래로 가라앉고 기름은 위로 뜬다. 아주 힘차게 섞는 경우에는 둘 중 한쪽이 작은 방울로 분해되어 다른 쪽 안에 분산된다. 그러나 이 분산 상태도 오래 지속되지는 않고 곧 원래대로 분리된다.

물과 기름을 힘차게 섞으면 다음 둘 중 하나가 된다. 첫째, 기름이 작은 방울로 분해되어 물의 연속상 안에 분산된다. 둘째, 물이 작은 방울로 분해되어 기름의 연속상 안에 분산된다. 앞의 유형을 수중유 에멀션(O/W)이라고 부르고, 뒤의 유형을 유중수 에멀션(W/O)이라고 부른다.

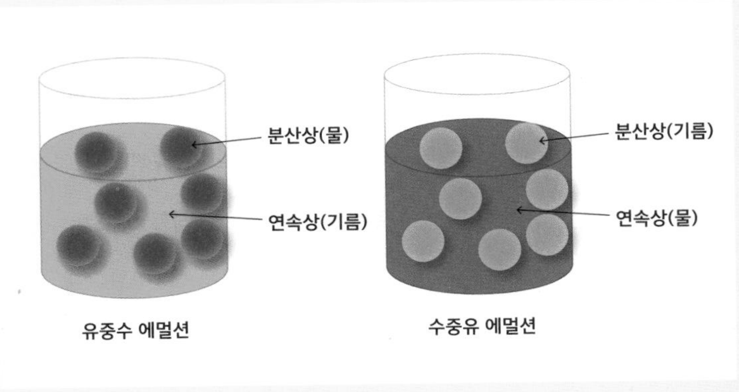

유중수 에멀션(W/O)과 수중유 에멀션(O/W)

수중유 에멀션과 유중수 에멀션을 구분하는 것이 중요한 이유는 우리의 입이 분산상은 느끼지 못하고 연속상만을 느끼기 때문이다. 마요네즈가 좋은 예이다. 마요네즈는 기름과 식초가 4대 1 비율로 이루어져 있고 여기에 머스터드, 소금 같은 조미료와 달걀이 소량으로 들어 있다. 마요네즈의 놀라운 점은 기름의 양이 식초의 네 배인데도 기름이 미세한 방울로 식초 연속상에 분산(수중유 에멀션)되어 있다는 데 있다. 그래서 마요네즈를 먹어도 입에서 기름진 느낌이 나지 않는다. 입은 물에 가까운 식초의 연속상만을 느끼고 기름의 분산상은 느끼지 못하기 때문이다.

이번에는 기름과 식초를 4대 1 비율로 힘차게 섞어 만드는 비네그레트 소스에 대해 생각해 보자. 여기서는 식초가 작은 방울로 분해되어 기름의 연속상에 분산된다(유중수 에멀션). 식초에 기름을 조금씩 넣으면서 아주 힘차게 섞으면 유중수 에멀션이 충분히 오래 유지되기 때문에 샐러드 소스로까지 쓸 수 있다. 유중수 에멀션인 비네그레트 소스는 마요네즈보다 훨씬 더 기름지게 느껴진다. 또 다른 예로 버터도 유중수 에멀션이다. 버터 역시 입 안에서 물기가 아니라 기름기가 강하게 느껴진다. 그렇다면 기름과 식초의 비율이 동일한데도 왜 마요네즈는 수중유 에멀션으로 존재하고 비네그레트 소스는 유중수 에멀션으로 존재할까? 사실 그 이유는 무척 단순하다. 마요네즈에 들어 있는 달걀과 머스터드가 기름 방울을 안정시키는 **유화제**로 작용하기 때문이다.

유화제란 한쪽 물질(작은 방울)이 다른 물질 안에 잘 분산되도록 돕는 물질이다. 비네그레트 소스에는 유화제가 들어 있지 않기 때문에

도판12 생각보다 복잡한 물과 기름의 관계

기름과 식초 중 부피가 더 작은 식초가 그보다 부피가 훨씬 큰 기름 연속상 안에 방울로 분산된다. 이처럼 유화제가 없는 경우, 양이 많은 쪽 액체가 연속상을 형성하는 것이 보통이다.

달걀노른자에는 지방단백질과 레시틴 등의 인지질이 들어 있다. 이런 성분들이 기름 방울의 표면을 감싸서 방울들이 서로 합쳐지거나 연속상을 형성하지 못하게 막는다. 이는 기름의 부피가 식초의 네 배인 경우에도 마찬가지이다. 그러나 모든 유화제가 기름 방울을 안정시키는 것은 아니다. 어떤 유화제는 식초 방울을 안정시킨다. 이런 차이는 유화제 각각의 특성에서 비롯된다.

일반적으로 말해, 유화제를 녹일 수 있는 물질이 연속상이 된다. 가령 어떤 유화제가 식초보다 기름에 잘 녹는 물질이라면 둘의 비율에 상관없이 기름이 연속상을 형성한다. 반대로 수용성인 유화제는 식초를 연속상으로 안정시킨다. 가정에서 쓰는 유화제는 종류가 비교적 적어 달걀노른자, 머스터드, 우유의 성분인 카세인 정도이다. 달걀노른자와 머스터드는 기름 방울이 식초 속에 분산된 상태를 안정시키는 데 쓰인다. 그래서 기름과 식초가 3대 1 비율로 든 혼합물에 달걀노른자가 든 마요네즈를 조금 넣으면 꽤 안정적인 유중수 에멀션이 된다.

식품 가공업계에서 쓰는 유화제는 수용성과 지용성을 합쳐 수십 가지이다. 유화제의 용해도는 **친수성-친유성 밸런스**(HLB)라는 단위로 표현된다. 이름 그대로 친수성 물질은 물과 친하고 친유성 물질은 기름과 친하다. HLB 값은 0부터 20까지이다. HLB 값이 높은 유화제(예컨대 스테아릴젖산나트륨)는 친수성이고 수용성이다. HLB 값이 낮은 유화제(예컨대 모노스테아르산글리세롤)는 지용성이다. HLB 값이 3~6인 유화제는 유중수 에멀션을 안정시키고, 11~15인 유화제는 수중유 에멀션을 안정시킨다. HLB 값이 중간(8~10)인 물질은 유화제로서는 효과가 떨어지는 대신, 고체상 위에 액체상을 펴 바르는 데(가령 코코아 파우더에 물을 섞을 때) 도움을 주는 습윤제로 효과적이다.

지금까지 유화제로 안정시킨 에멀션에 대해 알아보았다. 유화제는 작은 방울 표면에 보호막을 형성함으로써 물과 기름이 분리되지 않게 해 준다. 그런데 에멀션을 안정시키는 방법이 하나 더 있다. 녹말, 밀가루, 껌류 등 증점제 또한 에멀션을 안정시키는데, 분산된 방울 표면에 보호막을 만들지 않기 때문에 유화제는 아니다. 증점제는 물의 점도를 높인다. 유중수 에멀션의 점도를 녹말로 높이면(녹말과 물의 혼합물은 가열해야만 점도가 높아진다) 녹말-물의 높은 점도 덕분에 기름 방울이 움직이거나 서로 합쳐지지 않고 연속상 안에 안정된다. 이와 비슷한 예가 떠오르는가? 수프나 소스, 그레이비를 만들 때 옥수수 녹말이나 밀가루를 넣어 점도를 높이면 지방이 수중유 에멀션으로 안정된다. 수중유 에멀션에 속하는 소스는 크림처럼 매끈하고 부드럽지만 물이 연속상을 이루기 때문에 기름지지가 않다. 슈퍼마켓에 진열된 샐러드드레싱 중 질감이 크림 같은, 매우 안정적인 에멀션이 있으면 뒷면의 라벨을 한번 살펴보라. 녹말이 들어 있을 것이다.

안정된 에멀션은 물과 기름 중 어느 쪽이 연속상인지 눈으로 구별하기가 어려울 수 있다. 맛을 보면 어느 정도 짐작할 수 있다. 하지만 연속상을 알아내는 가장 확실한 방법은 전기 전도도를 측정하는 것이다. 식초(그리고 약간의 소금)가 연속상인 에멀션은 저전압 전류를 전도하는 반면, 기름이 연속상인 에멀션은 그러지 않는다. 재미 삼아서, 물과 기름을 각각 다른 비율로 섞고 각기 다른 종류의 유화제를 쓰거나 혹은 전혀 쓰지 않은 에멀션의 전기 전도도를 측정해 보라.

위대한 요리사는 OOO을 안다

토머스 켈러는 요리가 무엇인지 잘 아는 위대한 요리사이다. 그러니 그가 바닷가재를 포도주나 크림이 아니라 버터에 익히기로 했을 때, 그에겐 분명한 이유가 있었을 것이다(『프렌치 런드리 요리책』, 1999년). 아마도 바닷가재를 버터에 요리하면 감미롭고 촉촉하고 너무도 부드러워진다는 이유이지 않았을까? 풍미와 질감이 완벽하게 조화를 이루니까!

버터에 익힌 바닷가재는 과학의 산물이고, 이 원리를 알면 우리도 켈러처럼 새로운 요리를 만들어 낼 수 있다. 그런데 그게 우리의 직관과는 좀 어긋난다. 핵심은 버터와 포도주의 **열용량** 차이이다. 포도주

도판 13 버터에 익힌 바닷가재 라비올리

든 버터든 어떤 물질을 가열하면 물질의 온도가 올라간다. 수학으로 표현하면 물질의 열량을 상승한 온도로 나눈 값이 그 물질의 열용량이다(열용량=열량÷온도 변화). 여기서 열량은 칼로리(cal)로, 온도 상승 폭은 섭씨(°C)로 표현한다.

버터와 포도주의 열용량은 다르다. 포도주의 온도를 10도 올리는 데는 버터보다 많은 열량이 필요하다. 그런데 포도주와 버터는 구성 성분이 다양한 혼합물이라 열용량이 달라질 수 있는 반면, 물과 올리브유는 비교적 순수한 물질이라 열용량을 정확하게 측정할 수 있다. 그러니 여기서는 버터와 포도주 대신 물과 올리브유를 예로 들어서 열용량 차이를 설명하겠다. 물의 열용량은 올리브유의 약 2.1배이다. 다시 말해 물의 온도를 10도 올리는 데 필요한 열량이 같은 양의 올리브유의 온도를 10도 올리는 데 필요한 열량의 2.1배이다.

왜일까? 온도는 분자들이 움직이는 속도를 나타내는 값이다. 물 분자는 정전기 인력 때문에 서로를 강하게 끌어당기고, 이로 인해 물 분자들 사이에 비교적 약한 결합인 수소 결합이 형성된다. 이 결합을 깨뜨려 물 분자가 더 빠르게 움직이게 하려면 상당한 에너지가 필요하다. 올리브유 분자는 서로를 끌어당기는 힘이 훨씬 약하므로 분자를 서로 떨어뜨려 더 빨리 움직이게 하는 데 그보다 적은 에너지가 필요하다.

물(또는 포도주)을 70도로 가열하기 위해서는 올리브유(또는 버터)를 같은 온도로 가열하는 데 필요한 에너지의 약 두 배가 필요하다. 그런데 이 사실이 바닷가재를 버터에 익히는 것과 무슨 관계가 있을까? 70도로 가열한 물, 포도주에 식재료를 넣으면 그 많은 에너지가 식재료로 전달된다. 반면에 70도로 가열한 올리브유, 버터에 식재료를 넣으면 그 절반밖에 안 되는 에너지가 식재료로 전달되므로 요리가 더 천천히, 더 완만하게 진행된다.

우리의 직관은 이와 다르다. 사람들은 기름이 물보다 뜨겁다고 생각한다. 식재료가 물에서보다 올리브유에서 더 완만하게 익는다는 사실을 잘 모른다. 기름은 식재료를 튀기는 온도인 170~190도로 가열할 수 있는 반면, 물은 끓는점인 100도 이상으로 온도가 올라가지 않는다는 사실 때문에 기름이 물보다 뜨겁다고만 생각하는 것이다. 그러나 똑같이 70도로 가열한 기름과 물에 바닷가재를 익히는 경우, 물이 바닷가재에 전달하는 에너지는 기름의 두 배이다. 요컨대 기름과 물을 동일한 온도로 가열했을 때 식재료에 전달되는 에너지의 양이 다른 것이다.

아직도 이해가 안 가는 사람이 있다면, 다음과 같이 간단한 실험을 해 보면 된다. 작은 냄비 두 개에 각각 물과 기름을 넣고 55도로 가열한다(그 이상은 안 된다!). 이제 각 냄비에 양손의 검지를 동시에 넣는다. 어느 쪽이 더 뜨겁게 느껴지는가?(〈아메리카스 테스트 키친〉에서도 이 실험을 해서 그 결과를 《쿡스 일러스트레이티드》(2012년 3·4월호 30쪽)에 실었으니 한번 읽어 보길 바란다.) 올리브유보다 물이 훨씬 더 뜨겁게 느껴진다는 사실에 놀랄 사람도 있을 것이다. 정확히 같은 온도에서 물은 올리브유의 두 배에 달하는 열에너지를 가진다(열과 온도, 열용량에 대해서는 2장의 「온도와 열은 같지 않다」 참조).

요리에 쓰이는 각 물질의 열용량을 알면 특정한 온도에서 식재료를 장시간 가열하는 수비드 요리법을 이해하고 적용할 수 있다. 켈러가 버터에 익힌 바닷가재라는 멋진 레시피를 개발한 데 이어 수비드 요리만으로 책 한 권을 쓴 데는 그런 이유가 있었다(『압력을 받아: 수비드로 요리하기』, 2008년). 위대한 요리사는 '열용량'을 잘 안다.

리치 브라운 그레이비

재료(4컵)

칠면조 목뼈, 내장(모래주머니, 심장, 간)

양파 잘게 썬 것 1개

당근 편으로 둥글게 썬 것 1개

셀러리 줄기 다진 것 1개와 이파리 약간

중력분 밀가루 2큰술

그레이비 마스터 1큰술

소금 약간

Christine's rich brown gravy

나에게 추수감사절 만찬에 없어선 안 되는 것은 가족과 친구, 그리고 크리스틴의 리치 브라운 그레이비이다. 내 아내 크리스틴은 같은 레시피로 수십 년간 그레이비를 만들어 왔는데, 그 오랜 세월 동안 나는 그보다 더 맛있는 리치 브라운 그레이비를 먹어 본 적이 없다. 이 소스는 칠면조구이, 매시트 포테이토와 완벽하게 어울릴 뿐 아니라 먹다 남은 음식에 끼얹으면 완전히 새로운 맛을 선사하므로 넉넉하게 만들어 두면 좋다.

이 레시피의 비결은 집에서 직접 만드는 칠면조 육수에 있다. 육수를 몇 시간 동안 뭉근히 끓이면 잘게 썬 양파가 그레이비의 풍부하고 구수한 풍미를 강화한다. 양파를 통째로 또는 4등분으로 넣는다거나 몇 시간 동안(2~4시간이 가장 좋다) 뭉근히 끓이지 않는 레시피는 풍미가 떨어진다. 육수를 끓인 다음에는 밀가루와 지방으로 만든 루roux로 점도를 높인다. 루에서는 밀가루의 녹말이 열에 의해 호화되어 걸쭉해지고, 이것이 지방과 물의 에멀션을 매끄러운 질감으로 안정화한다.

양파를 잘게 썰면 세포가 무수히 파괴되면서 알리나아제라는 효소가 방출된다. 알리나아제는 이소알린이라는 양파 속 화합물과 반응하여 최루성 화합물인 프로페인티알 황산화물(PSO)을 빠르게 생성한다. 잘게 썬 양파를 물에 넣고 몇 시간 동안 뭉근히 가열하면 프로페인티알 황산화물이 3-메르캅토-2-메틸펜탄-1-올(MMP)이라는 새로운 수용성 화합물로 서서히 변한다. 소고기나 돼지고기, 채소에 잘게 썬 양파를 넣고 만드는 브라운 그레이비는 약 50가지의 풍미를 가지는 것으로 확인되었는데, 아주 적은 양으로 형성되는 단순한 화합물인 MMP가 그레이비의 구수한 감칠맛에 가장 큰 영향을 미친다는 사실이 밝혀졌다. 양파를 더 잘게 썰수록 프로페인티알 황산화물과 MMP가 더 많이 생성된다. 양파를 통째로 쓰거나 2등분 또는 4등분하여 쓸 때는 프로페인티알 황산화물이 거의 생성되지 않는다. 양파를 썰지 않으면 눈물은 덜 나겠지만 리치 브라운 그레이비 특유의 진하고 구수한 맛도 볼 수 없는 것이다.

이 레시피는 구운 닭고기, 소고기, 돼지고기나 채소에도 똑같이 적용할 수 있다. 구운 닭고기로 그레이비를 만들 때는 복강에 들어 있는 내장을 사용하고, 구운 소고기와 돼지고기는 뼈를 이용한다. 채소 그레이비는 고기 대신에 버섯 같은 감칠맛 풍부한 재료를, 동물성 지방 대신에 식물성 기름을 쓰면 된다.

만드는 법

1. 총 요리 시간은 약 3시간으로, 칠면조를 굽고 식히는 동안 만든다.
2. 칠면조 육수를 만들려면 2리터 용량의 소스팬에 물을 네 컵 붓고 양파, 당근, 셀러리를 넣는다. 칠면조의 목뼈와 내장도 넣고 소금을 친다.
3. 물이 끓으면 뚜껑을 덮지 않은 상태에서 최소 두 시간 동안 뭉근히 끓인다. 육수의 양을 일정하게 유지하기 위해 필요하면 물을 추가한다.
4. 뜨거운 육수를 체에 받쳐 큰 사발이나 1리터짜리 계량컵에 붓고 건더기를 제거한다. 칠면조를 오븐에서 꺼낼 때까지 육수를 식힌다.
5. 구운 칠면조를 꺼낸 뒤 오븐 팬의 육즙을 지방 분리기에 넣는다. 이때 부스러기나 갈변한 찌꺼기는 분리기에 들어가지 않게 유의한다.
6. 지방을 제거한 육즙을 다시 팬에 붓고, 지방 2~3큰술은 루를 만들 용도로 보관한다.
7. 체로 거른 육수를 팬에 넣고 뭉근히 끓인다. 팬에 있는 부스러기와 찌꺼기가 육수 전체에 고르게 퍼지도록 잘 젓는다.

8. 그와 동시에 작은 소스 팬에 루를 만든다. 앞서 분리한 칠면조 지방 2큰술에 밀가루를 섞고 밝은 갈색이 될 때까지 잘 젓는다.
9. 끓는 육수에 루를 넣은 다음, 루가 고르게 분산되고 덩어리가 남지 않도록 젓는다.
10. 그레이비가 숟가락 뒷면을 덮을 만큼 걸쭉해지도록 30~45분간 뭉근히 끓인다.
11. 캐러멜향과 감칠맛이 강한 더 진한 색 브라운 그레이비를 원하는 경우에는 그레이비 마스터를 조금씩 더해 가면서(한 번에 너무 많은 양을 넣지 않도록 주의한다) 원하는 색이 나올 때까지 끓인다.
12. 칠면조의 크기나 오븐 온도 때문에 지방과 육즙이 적게 나온 경우에도 그레이비 마스터로 풍미를 더하면 된다.
13. 취향에 맞게 소금과 후추를 뿌린다.

4 요리 예술이 원자 과학을 만났을 때

(1800~1900년)

과학을 송두리째 흔든 원자론

도판1 윌리엄 헨리 워싱턴이 그린 존 돌턴의 초상화

럼퍼드 백작이 저온 요리법을 실험하고 있던 1799년, 프랑스 화학자 조제프 프루스트(1754~1826)는 화합물에 원소들이 늘 일정한 비율로 들어 있다는 사실을 입증했다. 프루스트의 실험에 주로 쓰인 화합물은 탄산구리로, 그 안에 들어 있는 구리, 탄소, 산소의 비율은 그 화합물이 언제 어떻게 만들어졌는가에 상관없이 늘 같았다. 이른바 일정 성분비의 법칙이 밝혀진 것이다. 존 돌턴(1766~1844)이 1805년에 원자론을 구상하는 데 필요했던 결정적인 증거가 바로 이것이었다. 돌턴의 원자론은 이후 과학을 영원히 바꾸어 놓게 된다. 마침내 모든 물질을, 지구상과 지구 너머에 존재하는 모든 것을 그 가장 기본적인 재료인 원자로 이해할 수 있게 되었다.

돌턴은 잉글랜드 맨체스터에서 기상학자로 일하는 동안 공기 속 기체들의 물리적 특성에 관해 연구하기 시작했고 그러다가 원자론을 구상하게 되었다. 원자론은 모든 원소는 극도로 작은 물질 입자로 이루어져 있다는 가설이다. 돌턴은 그리스어로 '나눌 수 없는'을 뜻하는 아토모스atomos를 어원으로 삼아 이 입자를 아톰atom, 즉 원자라고 불렀다. 하나의 원소(가령 산소)를 구성하는 모든 원자는 무게가 같고 화학적 특성이 동일하다.

돌턴은 이처럼 하나의 원소에 들어 있는 모든 원자의 동일한 무게와 동일한 화학적 특성이 각 원소의 원자끼리 만나 화합물을 형성하는 비율을 결정한다고 추론했다. 예를 들어 이산화탄소(CO_2)에는 반드시 탄소 원자(C) 한 개와 산소 원자(O) 두 개가 들어 있다. 당시에는 '습지 가스'라고 불렸던 메테인(CH_4)에는 반드시 탄소 원자(C) 한 개와 수소 원자(H) 네 개가 들어 있다.

돌턴의 이론 덕분에 원자라는 입자를 토대로 화합물의 구조를 설명할 수 있게 되었다. 어떤 원소의 원자들이 다른 원소의 원자들과 결합하여 새로운 화합물을 형성하는 과정도 예측할 수 있었다. 곧이어 물, 당, 지방, 단백질 등 음식물 속 분자들에 열을 가하면 어떤 반응이 일어나는가도 알 수 있게 되었다. 고기를 불에 구우면 그토록 매혹적인 풍미가 발생하는 이유도, 감자의 녹말을 오븐에 구우면 소화하기 쉽게 부드럽게 변하는 이유도, 채소를 물에 넣고 삶으면 부드러워지는 이유도 모두 돌턴의 원자론으로 설명할 수 있다.

요리의 비밀이 과학을 통해 하나둘 밝혀지면서 요리사들은 맛있는 풍미와 환상적인 질감을 겸비한 새롭고 혁신적인 요리를 만들 수 있게 되었다.『인간 등정의 발자취』에서 제이컵 브로노우스키는 돌턴의 혁명적인 업적을 다음과 같이 아름답게 묘사했다.

> 돌턴은 규칙적인 습관으로 이루어진 사람이었다. 57년 동안 매일 맨체스터 밖을 걸었고 강우량, 온도를 측정했다. 이 지역 기후를 생각하면 너무도 단조로운 작업이었을 것이다. 그 많은 데이터에서 나올 것은 정녕 아무것도 없었다. 그러나 바로 이 탐색으로부터, 이 단순한 분자들을 구성하는 무게에 관한 아이 같은 질문으로부터 현대의 원자론이 나왔다. 바로 이것이 과학의 정수이다. 엉뚱한 질문을 던짐으로써 타당한 답에 이르는 길을 찾아내는 것.

이 책의 서문에서 인용한 윌리엄 블레이크의 "손바닥 안에서 무한을 잡고, 순간 속에서 영원을 잡는다"라는 시구의 의미는 돌턴의 원자론을 통해 비로소 분명해진다. 원자는 엄청나게 작은 입자라서 우리는 아주 최근에야 원자를 시각화할 수 있게 되었다. 우리는 무한에 가까운 엄청나게 많은 수의 원자를 우리 손으로 쉽게 잡을 수 있다(물 한 방울 속에 2×10^{24}개라는 어마어마한 수의 수소와 산소 원자가 들어 있다!). 또한 물질 보존의 법칙에 따라 원자는 새로 만들어지거나 없어지지 않으므로 원자는 영원히 존재한다. 이제는 내 곁에 물리적으로 존재하지 않는 내 증조 할아버지와 할머니가 내쉰 이산화탄소를 구성하는 원자들이 대기 중에, 땅 위의 유기물 속에 여전히 존재하는 것이다.

이보다 더 놀라운 건 노벨 물리학상 수상자 엔리코 페르미(1901~1954)의 명제 '카이사르의 마지막 숨'이다. 페르미는 우리가 공기를 한 번 들이마실 때마다 율리우스 카이사르가 죽기 전 마지막으로 내쉰 공기(산소와 질소, 약간의 이산화탄소로 이루어져 있다)의 분자 중 최소 한 개를 들이마실 확률이 1이라고 계산했다. 공기 한 모금(약 1리터)에는 25×10^{21}개라는 어마어마하게 많은 분자가 들어 있기 때문에, 방금 내가 들이마신 분자 중 적어도 한 개는 카이사르가 마지막으로 내쉰 그 분자라는 것이다.

통계에서 '1에 가까운 확률'은 어떤 일이 일어날 가능성이 아주 높다는 뜻으로, 사실상 그 일이 거의 반드시 일어난다는 것이다. 이렇게 생각하면 우리는 사랑하는 사람이 세상을 떠나도 그들과 영원히 연결되어 있다. 같은 의미에서 인도 태생의 미국 작가 디팩 초프라는 "당신 조상의 향기는 바로 지금 이곳에 남아 있다"라고 말했다. 실로 설득력 있는 생각이다.

통조림의 발명과 비극

요리라는 예술적이고 창조적인 분야는 프랑스혁명 이후 마침내 돌턴, 라부아지에, 보일의 새로운 과학과 접속했다. 인간의 창조 행위 중에서 요리만큼 예술과 과학의 원리를 함께, 구체적으로 보여 주는 것이 또 있을까? 우리가 요리에서 강렬한 매력과 만족감을 느끼는 이유도 여기에 있는 듯하다.

예술과 과학을 요리로 통합한 이 시대의 가장 위대한 요리사가 마리 앙투안 카렘이다. 20세기의 위대한 요리사인 오귀스트 에스코피에는 이렇게 말했다. “카렘이 우리에게 가르쳐 준 요리 과학의 기본 원리들은 요리 자체만큼 오래 계속될 것이다.” 카렘 본인은 이렇게 말했다. “과학을 열심히 하는 요리사에겐 고객이 주는 금화보다도 그가 건네는 찬사가 더 반갑게 마련이다.” 카렘이 만든 페이스트리와 음식은 그의 찬란한 예술성을 분명히 보여 준다. 하지만 그의 성공을 뒷받침한 것은 무엇보다 요리 과학이었다.

카렘은 11세의 나이에 부모로부터 파리 거리에 버려져 불우한 어린 시절을 보냈다. 다행히 16세 때 파리의 한 빵집에 견습 자리를 얻었고, 나폴레옹 정부의 외무부 장관인 샤를 모리스 드 탈레랑페리고르(약칭으로 탈레랑)가 그의 재능을 처음으로 알아봤다. 이 시대 프랑스의 가장 훌륭한 요리사들은 레스토랑 같은 상업 시설이 아니라 부유층의 전속 요리사로 일했다. 프랑스 혁명 이후 식량 부족 사태가 뒤따라 신선한 재료를 구하기 어려워졌고 레스토랑에서 외식할 수 있는 인구가 많지 않았기 때문이다. 카렘은 탈레랑의 요리사로 수년간 일한 뒤 러시아 황제, 로

도판 2 프랑스의 현대 요리 '누벨 퀴진'의 창시자 마리 앙투안 카렘

실드 남작 같은 여러 세력가에게 고용되었다.

이 무렵 그는 자신이 요리사로서 내놓는 그 모든 음식보다 오히려 글쓰기를 통해서 훨씬 더 많은 사람을 만날 수 있다는 믿음으로, 프랑스 요리에 관한 중요한 책을 여러 권 집필했다. 그 덕분에 카렘은 유럽에서 가장 유명한 요리사, 프랑스의 현대 요리 '누벨 퀴진'의 창시자로 등극했다.

프랑스 요리가 카렘의 누벨 퀴진과 함께 전성기를 맞이한 때가, 프랑스 과학이 라부아지에의 정교한 실험과 함께 전성기를 맞이한 직후라는 사실은 우연이 아니다. 카렘의 멋진 요리는 과학의 산물이었다. 카렘이 준비했던 만찬에 관한 글을 읽어 보면 그는 단순함과 간결함의 가치를 중시하는 사람이었다. 그래서 제철 재료를 쓰고, 향신료의 가짓수를 줄이고(보통 파슬리, 타라곤, 처빌이면 충분했다), 소스는 몇 가지 농축액으로 간단하게 만들고, 고기 요리에는 진한 그레이비 대신 고기 자체의 육즙을 활용했다.

카렘의 마지막 저서인 『프랑스 요리의 예술』(1833년)에는 거의 300가지에 이르는 수프와 358가지의 소스가 나와 있다. 새우 꼬리로 만든 새우 페이스트, 안초비 버터를 사용하는 방식을 보면 카렘은 거의 100년 뒤인 1908년 일본의 물리화학자가 발견하게 될 감칠맛의 존재를 이미 알고 있었음이 분명하다. 그는 요리사로 명성을 얻은 뒤로 아주 풍족한 삶을 누렸지만 49세라는 젊은 나이에 아마도 결핵으로 인해 세상을 떠났다.

프랑스혁명기에 나폴레옹 보나파르트(1769~1821)는 유력 정치가이자 군사 지도자가 되었고 나폴레옹전쟁(1799~1815) 중에는 1804년부터 1814년까지 프랑스 황제로 군림했다. 그는 병사들이 잘 먹어야 잘 싸운다는 사실, 안전하고 영양가 높은 음식을 전선에 계속 공급해야만 한다는 사실을 일찌감치 깨달았다. 그러나 나폴레옹 군대가 정복한 땅이 점점 더 넓어질수록 먼 곳까지 오랜 시간 걸려 안전한 식량을 공급하기는 더 어려워졌다. 1795년 프랑스 임시정부는 나폴레옹의 요청으로 1만 2,000프랑이라는 큰 상금을 내걸고 음식이 썩지 않게 하는 보존법을 공모했다. 많은 사람이 탐냈던 이 상은 1810년 양조업자 겸 제과업자 겸 요리사인 니콜라 아페르(1750~1841)에게 돌아갔다.

아페르는 파리에서 약 150킬로미터 떨어진, 프랑스 북동부 샹파뉴 지역의 한복판에 있는 샬롱쉬르마른(1998년에 샬롱앙샹파뉴로 이름이 바뀌었다)에서 태어났다. 1780년 그는 파리로 자리를 옮겨 작은 제과점을 열고 성공을 거두었다. 아페르는 아주 어릴 때부터 실험하면서 식품을 다루는 방법과 보존하는 방법에 관한 방대한 지식을 습득했다.

당시에 통용되던 식품 보존법은 크게 두 종류였다. 하나는 고기와 생선을 소금에 절이거나 연기에 익혀 건조하는 방법이고, 다른 하나는 설탕이나 식초 같은 물질을 첨가해 발효와 부패를 막는 방법이다. 그런데 두 방법 모두 식품의 질감과 풍미를 손상한다는 단점이 있었다. 게다가 두 보존법이 어떤 원리로 작용하는지 아무도 몰랐기 때문에 식품을 아주 오래는 보관할 수 없었다. 공기에 노출되면 음식이 상한다는 사실 정도가 당시에 알려진 전부였다. 진짜 범인은 눈에 거의 보이지 않는 미생물(주로 공기를 통해 움직인다)이라는 사실을 루이 파스퇴르가 발견하기까지는 그로부터 60년이 더 걸렸다.

아페르는 “열은 부패를 멈추는 중요한 특성을 가지고 있다”라는 사실을 경험으로 알고 있었다. “적절한 방식으로 가열하면 음식이 공기에 아무리 심각하게 노출된 뒤에도 완벽히 보존할 수” 있었다. 아페르는 이 지식을 바탕으로 음식을 장기 보관할 방법을 고안하기 시작했다. 그는 10년 넘게 광범위한 시험을 진행한 끝에, 열을 이용하는 동시에 공기 노출을 최소화하는 새

도판3 유리병으로 된 병조림을 최초로 만들어 통조림의 시조로 불리는 니콜라 아페르

로운 보존법을 완성했다.

아페르의 방법은 4단계로 이루어졌다. (1) 식품을 주둥이가 넓은 유리병에 넣는다. (2) 입구를 코르크로 막는다. "밀봉 단계에서 성공 여부가 결정"되므로 반드시 입구를 꼼꼼하게 막아야 한다. (3) 유리병을 끓는 물(수조)에 넣고 식품의 종류에 따라 필요한 시간 동안 가열한다. (4) 정확한 시점에 유리병을 수조에서 꺼낸다. 아페르에 따르면, 밀봉한 유리병(코르크 마개를 끼운 뒤 아교로 틈을 막고 철사로 고정한다)을 끓는 물에 가열하면 식품 안에 있던 공기가 남김없이 사라져 부패가 방지되었다.

이 방법은 여러 면에서 우연의 산물이었다. 첫째, 아페르는 공기가 유리를 투과하지 못한다는 사실을 알고 유리병을 도구로 선택했는데, 아마도 샴페인 병에 관한 지식이 도움이 되었을 것이다. 둘째, 유리병을 쓸 때는 깨지기 쉬운 큰 유리병이 아니라 작은 유리병을 쓸 수밖에 없었다. 작은 유리병은 중심부 온도가 끓는 물의 온도까지 올라가므로 식품을 구석구석 완벽하게 익힐 수 있다. 그 과정에서 식품 속에 숨어 있던 유해한 미생물이 전부 죽어 나간다는 사실은 아페르 본인도 몰랐다. 만일 그가 더 큰 용기를 선택했더라면 식품이 완벽하게 익지 않아 유해한 미생물을

도판 4 니콜라 아페르가 1809년경 사용한 유리병과
피터 듀랜드가 1810년에 개발한 최초의 강통

완전히 제거하지 못했을 것이다. 뒤에서 살펴보겠지만 이 원리를 모르는 어느 허술한 식품 가공업체 때문에 치명적인 사건이 벌어지기도 했다.

아페르는 오랜 세월 실험을 거듭하면서 구운 육류, 가금류, 생선, 스튜, 수프, 소스, 채소, 과일, 디저트 등으로 수십 가지의 보존 식품을 개발했다. 고기 요리는 부분 조리한 뒤 병에 넣고 보통 1~2시간 동안 끓는 물 수조에서 가열했다. 적절한 가열 시간은 시행착오를 통해 알아냈다. 1804년 아페르는 식품을 대량으로 보존할 방법을 알아내기 위해 별도의 시설을 마련한 뒤, 프랑스 해군에 보급할 수 있을 만큼 많은 양의 식품을 자신의 보존법으로 생산할 수 있는지 실험했다. 마침내 1809년, 아페르는 성공적인 실험 결과를 정부에 제출했다. 프랑스 정부는 아페르의 식품 보존법을 승인했고 그 방법을 설명하는 철저한 보고서를 받은 뒤에 1810년 그에게 상금을 수여했다. 아페르가 연구를 시작한 지 14년 만의 결실이었다. 그의 보고서 「모든 종류의 육류와 채소류를 여러 해 동안 보존하는 기술」은 107쪽에 걸쳐 식품을 병조림하는 방법을 자세히 설명하고 추가로 61쪽에 걸쳐 요리법을 소개한다. 1812년 아페르는 상금으로 식품 보존 회사와 작은 공장을 세웠다. 이 사업체는 1933년까지 운영되었다.

아페르의 보존법은 많은 관심을 불러일으켰다. 특히 영국의 발명가 피터 듀랜드는 당시에 막 발명된 금속제 용기가 깨질 위험이 없으니 더 효과적일 것이라고 생각했다. 1810년, 듀랜드는 산성 음식에 더 잘 버티도록 철판에 주석을 입히고 납으로 땜질한 용기에 음식을 보존하는 방법으로 특허를 냈다. 통조림이라는 획기적인 식품 보존법과 우리가 깡통이라고 부르는 용기가 탄생한 것이다.

1812년에는 브라이언 돈킨과 존 홀이 듀랜드의 특허를 구매한 뒤 '돈킨 홀 앤드 갬블'이라는 회사를 차려 통조림이라는 신기술을 상업화하는 데 그럭저럭 성공했다. 이들이 대단한 성공을 거두지 못한 이유는 통조림 공정이 매우 비싸고, 깡통을 여는 데 망치와 끌이 필요하기 때문이었다(깡통 따개는 1855년에 가서야 발명된다). 통조림 식품의 주요 고객은 영국 정부와 프랑스 정부였다. 이제 두 나라는 육해군 병사들에게 안전하고 영양가 높고 맛 좋은 보존 식품을 보급할 수 있게 되었다. 애초에 나폴레옹이 군용 식량을 보존할 방법을 모색했음을 생각하면 통조림은 제

역할을 톡톡히 해낸 셈이다.

19세기 초, 통조림 식품은 비교적 느린 속도로 보급되었다. 그 주된 이유는 부유층과 정부 외에는 그 높은 비용을 감당할 수 있는 소비자가 별로 없었기 때문이다. 깡통을 만드는 데만 해도 십수 가지 단계가 필요했다. 가령 깡통의 이음매 안팎을 납땜해야 했고 봉할 때도 아래위로 납땜해야 했다. 하지만 영국 최고의 통조림 회사 '돈킨 홀 앤드 갬블'의 부유한 고객들은 통조림 식품의 질과 풍미를 너무도 좋아했다. 안전이나 파손 문제로 불평하는 경우도 전혀 없었다. 통조림 제조업의 큰손님이었던 영국 해군은 장기 항해와 원정을 위한 보급 식량을 대량으로 매입하곤 했다.

1845년, 영국 해군은 북서항로를 개척하기 위해 역사상 가장 규모가 크고 가장 돈이 많이 드는 원정에 착수했다. 북극해 항해를 위해 특수 제작된 에러버스호와 테러호가 129명의 병사와 그들이 3년간 먹을 식량을 싣고 출발할 예정이었다. 총사령관 존 프랭클린 제독이 엄선한 장교와 수병(그리고 넵튠이라는 개 한 마리, 잭코라는 당나귀 한 마리)을 지휘했다. 해군의 계산에 따르면 완전 조리하여 깡통에 넣은 수십 종의 육류, 채소, 수프, 소스 통조림 2만 9,500개가 필요했다. 이 중 2만 개는 수프(각각 약 450그램)였고 9,500개는 육류와 채소(각각 450~4,000그램)였다. 출항 예정일은 1845년 5월 19일이었는데 해군은 4월 1일에야 그 엄청난 양을 발주했다. 그 기간에 그 비용으로 임무를 완수하기는 거의 불가능했다. 게다가 해군은 가장 낮은 가격에 입찰한 회사를 선택했다. '돈킨 홀 앤드 갬블' 같은 우수한 업체들은 일찌감치 경쟁에서 나가떨어졌고, 런던 이스트엔드의 지저분한 구역에 있는 스테펀 골드너라는 작고 이름 없고 비위생적인 통조림 공장의 주인에게 낙찰되었다.

골드너가 계약을 따낼 수 있었던 것은 그가 끓는 물 대신(물보다 끓는점이 훨씬 높은) 염화칼슘 농축액을 이용하여 통조림 식품을 120도에서 가열하는 공정으로 특허를 가지고 있었기 때문으로 보인다. 골드너가 생각하기에 자신의 공정을 이용하면 다른 회사들보다 빨리 통조림을 만들 수 있었고, 그러면 낮은 비용으로 주어진 기한 내에 주문량을 소화할 수 있었다. 그는 다른 업체보다 한참 낮은 가격에 입찰했다. 그러나 골드너는 영국 해군을 상대로 돈을 버는 데 눈이 먼 비양심적인 사람이었다. 그는 도축한 지 오래된 데다 무거운 뼈가 들어가서 무척 저렴한 고기와 시들거나 상한 채소를 사용했다. 또 그가 마구잡이로 고용한 서투르고 비위생적인 일꾼들은 캔을 만들고 식품을 가공하는 데 편법을 썼다. 해군 측은 골드너의 핏물투성이 공장을 한 번도 시찰하지 않았던 것 같다. 만약 그랬다면 계약을 파기하고도 남았을 것이다.

골드너는 계약이 성사되고 한 달이 지나도록 통조림을 단 한 개도 납품하지 못했고 해군은 슬슬 걱정이 되기 시작했다(사실은 엄청 당황했을 것이다). 이에 골드너는 깡통의 크기를 6킬로그램짜리로 늘리겠다고, 그러면 통조림을 더 빨리 생산할 수 있다고 주장했고 해군은 그러라고 했다. 이로써 해군이 처음에 지정했던 용량인 450그램보다 훨씬 더 큰 깡통이 쓰이게 되었다. 출항을 딱 48시간 남겨 두고 모든 통조림이 부두로 배달되었다. 해군은 출항 일정을 맞추느라 급급했던 나머지 통조림의 내용물을 확인하지도 않고 물건을 받는 대로 전부 갑판 밑에 실었다. 납품 기한을 맞춘 골드너는 보수 전액을 받았다. 1852년 이후로는 그의 종적을 알 수 없다. 여기까지의 이야기 대부분은 당시의 정부 기록에 자세히 기록되어 있다.

이 원정의 결말은 널리 알려진 대로이다. 배에 올랐던 129명 전원이 사망했다. 추위에 얼어 죽거나 폐렴에 걸려 죽거나 아

도판 5 프랭클린 원정대가 탄 에러버스호(우)와 테러호(좌)

니면 알 수 없는 이유로 죽었다. 식중독이었을 수도 있고, 어쩌면 서로가 서로를 죽였을지도 모른다. 이후 여러 차례 구조대와 수색대가 파견되었다. 프랭클린 원정대는 2년 넘게 빙하에 꼼짝없이 갇혀 있었던 듯하고 결국 병사들은 배를 버리고 얼음과 눈 사이로 탈출로를 찾아 헤맸다. 1984년에는 언 상태로 잘 보존된 수병의 시신 여러 구가 발견되어 앨버타대학교의 오웬 비티 박사가 검시했다. 2014년과 2016년에는 침몰되었던 두 함선이 놀랍도록 좋은 상태로 발견되었다.

1984년에 발견된 일부 시신의 조직에서 납이 높은 수치로 검출되었다. 얼마 전까지만 해도 연구진은 병사들이 함선 내에 설치된 식수용 납관이나 통조림을 밀봉한 땜납으로 인해 납중독에 걸려 앓다가 사망한 것으로 추정했다. 그러나 새롭게 발견된 증거까지 종합해 보면 통조림 오염으로 인한 보툴리누스중독으로 사망했을 가능성도 있다(보툴리누스균은 치명적인 신경독소를 분비한다). 한 시신의 내장에서 보툴리누스균의 포자가 발견된 것이다. 이 식중독의 원인은 골드너가 납품 기한을 맞추려고 사용한 대용량 깡통이었을 수 있다. 6킬로그램짜리 깡통에 든 식품을 완전히 익히려면 염화칼슘 수조에서 120도로 가열하더라도 450그램짜리 깡통 속 식품을 가열할 때보다 훨씬 더 긴 시간이 필요하기 때문에(정확한 시간은 식품의 종류에 따라 다르다) 열이 닿지 못한 식품 중심부에 보툴리누스균 포자가 남았을 수 있다. 이 포자는 115~120도에서 3분간 가열해야만 완전히 제거된다.

골드너는 450그램짜리 깡통을 가열하는 시간만큼만 6킬로그램짜리 깡통을 가열했다. 병원균을 죽이는 데 열이 필요하다는 사실을 전혀 몰랐기 때문(그리고 주어진 시간이 너무 짧았기 때문)이었다. 보툴리누스균의 존재는 1897년에야 밝혀졌다. 1845년에는 니콜라 아페르마저도 열이 음식에서 공기를 빼내는 역할을 한다고만 생각했다.

혐기성 미생물인 보툴리누스균은 한번 깡통에 들어가 봉해지면 열에 의해 활성화될 때까지 잘 버틴다. 그러다 열이 가해지면 균이 증식하고 치명적인 신경독소가 분비된다. 통조림을 충분히 높은 온도에서, 또는 충분히 오래 가열해야만 그 안에 들어있을지 모르는 독소를 제거할 수 있는데, 탈출로를 찾아 눈벌판을 헤매던 사람들은 연료가 점점 바닥나자 그러지 못했을 것이다. C형 보툴리누스균은 음식을 80도에서 5분간 가열하면 99퍼센트 파괴된다.

그러나 편법이 불러온 이 비극적인 사건을 제외하면 통조림은 매우 안전한 음식 보존법으로 판명되어 왔다. 1974년 미국식품가공업협회는 1865년에 생산된 여러 개의 통조림을 개봉하여 내용물을 조사했다. 비록 눈에 보이는 모습이나 냄새, 비타민 함량은 기준 미달이었지만 미생물 오염의 흔적은 전혀 없었다. 즉 이 통조림은 별로 먹고 싶게 생기진 않았어도 먹는 데는 아무 문제가 없는 것으로 밝혀졌다.

1820~1860년 사이 프랑스와 독일 양국에서 과학, 그중에서도 음식 화학이 크게 발전했다. 두 나라 과학자 간의 치열하면서도 건설적인 경쟁 덕분이었다. 1830년대 말이면 식물과 동물에 당류, 지방, 질소 화합물(이것도 곧 단백질로 밝혀진다)이 들어 있다는 사실이 밝혀진다. 또한 물과 더불어 바로 이 물질들이 식재료를 구성하는 다량영양소이고, 식재료를 가열할 때 발생하는 변화는 이 물질들과 관계되어 있다는 사실이 밝혀졌다.

오래전 내가 유기화학 박사과정을 밟던 시절엔 학술어로서의 독일어를 유창하게 구사할 줄 알아야만 학위를 딸 수 있었다. 언어에 별 소질이 없는 나 같은 사람에게 학술 독일어는 유독 배우기 어려운 언어였다. 문장 하나가 길게 이어져 한 문단을 이루는 경우도 왕왕 있었고, 여러 개의 단어가 합쳐져 하나의 긴 합성어를 이루는 경우도 많았기 때문이다. 예를 들어 독일어로 7,254는 siebentausendzweihundertvierundfünfzig이다! 기네스북에 올라 있는 독일어에서 가장 긴 단어는 39개의 글자로 된 rechtsschutzversicherungsgesellschaften('법적 보호를 제공하는 보험회사'라는 뜻)이다.

갑자기 학술 독일어의 어려움을 이야기하는 데는 이유가 있다. 1821년, 독일 화학자 프리드리히 아쿰(1769~1838)이 초기의 요리 과학서 중 한 권을 썼는데, 과학이 아니라 모든 학문 분야를 통틀어 이보다 긴 제목을 가진 책은 아마 없을 것 같기 때문이다. 그 책의 이름은 『먹기 좋고 건강한 피클, 식초, 절임, 과일 젤리, 마멀레이드, 기타 가정에서 쓰이는 영양 식품을 조리하기 위한 과학적 원리와 간결한 지침 및 각종 음식의 화학적 구성과 영양적 특성에 관한 지식을 담은 요리 화학서』이다. 다행히도 '요리 화학서'라고 줄여 불러도 된다. 이 책은 이 장황한 제목에도 불구하고 큰 인기를 끌어 아쿰을 가난에서 해방시켜 주었다. 아쿰은 기준 미달의 가공식품을 "그릇에 담긴 죽음"이라고 부르면서 당시 만연한 이 문제를 대중적으로 공론화하는 데 큰 역할을 담당했다.

이에 질세라 1825년 프랑스의 유명한 미식가이자 아마추어 음식 과학자(본업은 변호사)인 앙텔름 브리야사바랭은 세상을 떠나기 겨우 2개월 전에 『맛의 생리학』을 출간했다. 하지만 이 책의 원래 제목은 아쿰의 책에 뒤지지 않는 『맛의 생리학, 혹은 초월적 미식에 관한 명상: 여러 문예 단체의 회원인 한 교수에 의한, 파리의 미식가들을 위한 이론적·역사적·시사적 저작』이다. 요리와 미식 분야에서는 워낙 잘 알려진 인물이고 이 책의 제목이 많은 것을 알려 주고 있으므로 브리야사바랭의 삶에 대해서는 더 자세히 쓰지 않겠다.

독일의 저명한 화학자 유스투스 폰 리비히(1803~1873)도 음식 화학과 요리 과학에 크게 기여했다. 그는 약학, 유기화학, 농화학, 생리화학, 음식 화학은 물론 하수에 관한 화학에 이르기까지 다양한 분야에서 중요한 성과를 거두었다. 그는 엄격한 실험주의자로, 제자들을 시켜 다른 많은 학자들의 연구를 재검증했다. 그가 쓴 여러 책 중에서도 특히 중요한 1847년 저서는 『음식의 화학에 관한 연구』라는 간결한 제목을 가지고 있다. 음식에서 당류, 지방, 단백질을 발견하는 과정에는 프랑스 학자(미셸 슈브뢸, 장 뒤마), 네덜란드 학자(게라르두스 뮐더르), 스웨덴 학자(옌스 베르셀리우스), 독일 학자(프리드리히 뵐러)가 두루 관여했다.

그러나 이러한 성분들이 건강에 미치는 영양학적 가치 등 가장 중요한 발견들은 리비히에 의해 이루어졌다. 그는 호흡이 느린 형태의 연소이며 이 과정에서 음식의 유기물이 산화되어 이산화탄소를 형성하고 그것이 호흡으로 배출된다는 사실, 이 반응에서 생성된 열이 체열의 근원이라는 사실을 입증했다. 또한 "음식의 동화되지 않은 질소는 타지 않거나 산화되지 않은 탄소와 함께 소변이나 고형 배설물로 배출된다"라고 썼다.

리비히의 여러 도전 중에서도 가장 큰 성공을 거둔 것은 가난한 사람들과 병약한 사람들을 위한 저렴하고 영양가 있는 식품으로 '고기 추출물'을 개발한 일이다. 그가 1862년에 설립한 '리비히 고기 추출물 회사'는 동업자 게오르크 기버트의 뛰어난 경영 수완 덕분에 리비히에게 큰 부를 안겨 주었고, 오늘날에도 다국적기업 유니레버의 자회사로 운영되고 있다. 리비히의 '고기 추출물'은 잘게 썬 고기를 그 8~10배 중량에 해당하는 물에 넣고 30분 동안 끓여서 주요한 영양 성분을 완전히 용해시키고, 지방은 제거하고, 증발을 통해 추출물을 농축해서 만든다. 이렇게 하면 15킬로그램의 고기로 450그램의 '진액'을 만들 수 있는데, 다시 물을 부으면 "육수 128인분을 만들기에 충분한 양"이다.

안타깝게도 오늘날 요리학에서 리비히는 그 많은 업적 대신 한 가지 실수로 더 잘 알려져 있다. 그는 고기를 물에 넣고 삶으면 재료 표면의 단백질이 응고되어 육즙과 영양분을 가두는 장벽을 형성한다고 주장했다. 바로 이때부터 요리사들은 뜨거운 팬이나 오븐에 고기를 넣고 표면을 지짐으로써 고기의 육즙이 빠져나오는 것을 막을 수 있다고 생각하게 되었다. 사실 리비히는 자신의 추측을 무수분 가열 요리로까지 확장한 적이 없었다.

1930년 미주리대학교 연구진은 고기를 아주 뜨거운 오븐에 구우면 낮은 온도에서 구웠을 때보다 더 많은 수분이 상실된다는 사실을 입증했다. 실제로 고기를 가열할 때 사라지는 수분의 양은 고기의 내부 온도에 정비례한다. 또한 고기를 액체에 넣고 뭉근히 삶으면 육즙이 더 풍부해진다는 주장도 1970~1980년대에 실험을 통해 반박되었다. 액체에서 전달되는 열로 인해 고기의 근섬유가 수축하기 때문에 오븐에서 수분 없이 구울 때와 마찬가지로 고기에서 수분이 빠져나온다.

리비히 덕분에 발전했으나 잘 알려지지 않은 요리 영역이 하나 더 있다. 그가 가르쳤던 미국인 제자 에벤 노턴 호스포드(1818~1893)는 하버드대학교 화학과 교수가 되었고, 빵을 만들 때 효모 대신 쓸 수 있는 팽창제를 개발해 1856년에 특허를 취득

했다. 이어 로드아일랜드주 럼퍼드에 '럼퍼드 화학 공장'을 세우고 '럼퍼드 베이킹파우더'라는 이름으로 그 제품을 생산하기 시작했다. 리비히도 독일에서 베이킹파우더를 (밀기울을 제거한) 하얀 밀가루로 "빵을 만드는 화학적 방법"으로 소개하면서 독일인 제자 둘이 칼슘염과 마그네슘염에 중탄산나트륨(베이킹소다)을 섞어 만든 베이킹파우더를 유럽 시장에 팔도록 도왔다. 1868년 리비히는 정제 밀가루로 만든 흰 빵은 통밀가루로 만든 빵에 비해 영양 성분이 부실하다는 사실을 발견했다.

프랑스 화학자 루이 파스퇴르(1822~1895)는 1857년 포도주의 발효와 우유의 부패에서 미생물이 담당하는 역할에 관한 놀라운 연구를 발표한 뒤 지금까지 그 발견에 걸맞은 명성을 누리고 있다. 우유나 과일 주스를 특정 온도에서 특정 시간 동안 가열하여 미생물을 제거하는 살균 보존법을 그의 이름을 따서 '파스퇴르법'pasteurization이라고 부른다.

그런데 이만큼 잘 알려져 있진 않지만 과학적으로 이 못지않게 중요한 발견이 그의 연구 인생 초기에 이루어졌으니, 자연적으로 존재하는 유기 분자의 입체적 특징인 카이랄성chirality, 분자 비대칭성의 발견이 그것이다. 결정의 형태, 특히 포도주에서 나오는 타르타르산염 결정의 모양새에 매료되었던 파스퇴르는 타르타르산 암모늄나트륨을 얻기 위해 실험을 거듭하다가 결정들 중 일부가 서로의 거울상인 것을 발견했다. 〈도판 6〉에서 오른편 결정은 왼편 결정의 거울상이다. 우리의 양손이 이와 똑같은 관계이다. 오른손은 왼손의 거울상이다. 그런데 우리는 두 손을 정확히 포갤 수 없다. 오른손을 왼손 위에, 또는 왼손을 오른손 위에 얹으면 두 엄지손가락이 서로의 반대편에 가 있기 때문이다.

이어 파스퇴르는 '오른손' 결정을 물에 녹인 용액은 편광된 빛의 면(편광면)을 오른쪽 즉 시계 방향으로 회전시키고, '왼손' 결정의 수용액은 편광면을 왼쪽으로 회전시킨다는 사실을 확인했다. 다시 말해, 서로 거울상인 결정 쌍은 편광면을 왼쪽 또는 오른쪽으로 회전시키는 광학 활성 물질이었다. 결정을 물에 녹이면 모든 분자가 용액 속에 퍼지므로, 수용액을 통과하는 편광은 결정 때문이 아니라 분자 때문에 회전한다. 타르타르산 암모늄나트륨의 '분자' 구조가 거울상인 것이다. 한쪽 거울상은 오른손처럼 생겼고 다른 쪽은 왼손처럼 생겼다고 생각하면 된다. 파

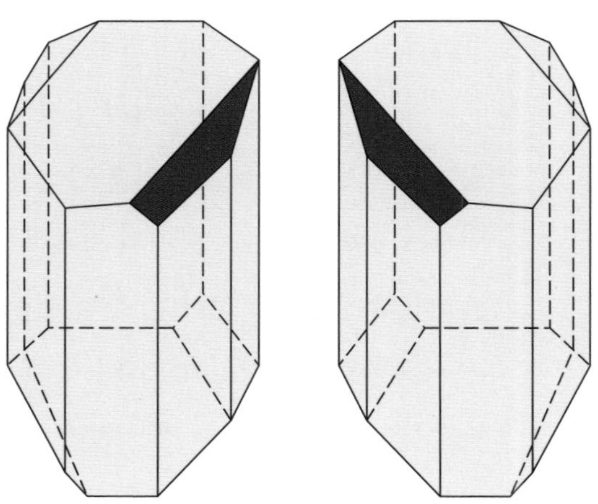

도판 6 루이 파스퇴르가 처음 발견한 타르타르산 암모늄나트륨의 거울상 결정

스티르는 이 멋진 연구 결과를 1848년 5월 프랑스과학아카데미 강연에서 발표했다. 오늘날 우리는 이처럼 편광된 빛의 면을 서로 다른 방향으로 회전시키는 분자를 광학이성질체enantiomer라고 부른다.

이 사실이 음식과 요리의 과학에 왜 중요할까? 광학 활성 분자들은 맛과 냄새가 서로 아주 다를 때가 많다. 왜냐하면 우리 입 안과 코에서 맛과 냄새를 인식하는 단백질 수용체 자체가 광학 활성이라서 광학이성질체 중 어느 한쪽만을 인식하기 때문이다. 가령 글루탐산 모노나트륨의 광학이성질체 중 편광면을 오른쪽으로 회전시키는(우회전성) 분자는 짭짤한 감칠맛이 나는 반면, 편광면을 왼쪽으로 회전시키는(좌회전성) 분자는 아무 맛도 나지 않는다.

냄새와 관련한 광학 활성 분자로는 자연적으로 존재하는 카르본이 있다. 이 물질의 우회전성 분자는 캐러웨이 씨앗 냄새가 나는 반면, 좌회전성 분자는 스피어민트 향기가 난다. 캐러웨이 씨앗 냄새가 나는 이성질체와 스피어민트 향기가 나는 이성질체는 각기 다른 단백질 수용체를 활성화한다. 파스티르의 발견은 우리가 풍미의 화학을 이해하는 데 결정적인 영향을 미쳤다. 이에 대해서는 5장에서 더 자세하게 설명하겠다.

스위스 태생의 유명 요리사 조제프 파브르(1849~1903)도 요리 과학의 발전에 크게 기여했다. 마리 앙투안 카렘의 추종자였던 그는 요리 과학의 중요성을 일찌감치 깨달았던 덕분에 파리 미식계에서 명성을 떨칠 수 있었다. 14세 때 고아가 된 파브르는 스위스의 어느 귀족 가문 주방에 수습생으로 들어가 3년간 일한 뒤 1866년 파리로 건너왔고, 이후에는 정식 요리사로서 프랑스, 독일, 영국의 여러 레스토랑에서 일했다. 1877년에는 요리에 과학을 응용하고자 하는 사람들을 위해 《요리의 과학》이라는 잡지를 창간하여 7년간 성공적으로 발간했다. 이어 1879년에는 요리사 조합을 창설하고 그곳에서 《요리의 예술》이라는 또 하나의 잡지를 창간함으로써 예술과 과학 양쪽을 요리에 접목한 혁신적인 요리사로 자리매김했다. 파브르는 과학을 응용한 새로운 요리가 맛있고 멋있을 뿐만 아니라 건강에도 좋다는 것을 깨닫고 이렇게 썼다. "요리 과학의 목표는 정력과 지적 기능을 북돋우는 음식을 통해 건강을 증진하는 것이다." 파브르는 1895년에 네 권으로 출간한 『요리 실무 종합 사전』으로도 잘 알려져 있다.

19세기 역사에서 마지막으로 살펴볼 인물은 요리 과학 저서를 집필한 최초의 여성인 엘라 이튼 켈로그이다. 그가 1892년에 펴낸 『주방의 과학』은 건강한 음식을 만드는 방법과 레시피를 담고 있다. 켈로그는 1872년 뉴욕주 알프레드대학교를 졸업한 직후, 상이군인의 재활원인 배틀크리크요양소에서 일하기 시작했다. 그리고 그곳에서 만난 남자와 결혼했는데, 그 남자가 바로 그 유명한 시리얼 회사를 만들게 되는 존 하비 켈로그였다. 배틀크리크요양소에서 엘라 켈로그는 요리 학교를 만들어 운영했고 환자를 위한 건강식을 고안했다(이곳은 1906년에 환자를 최대

도판 7 여성으로서 최초로 요리 과학 저서를 집필한 엘라 이튼 켈로그

7,000명까지 수용했다). 1884년 켈로그는 "건강한 요리법의 원리들을 개발"하고자 실험 주방을 열었고 그곳에서의 활동을 토대로 『주방의 과학』을 썼다.

나는 2018년 4월 알프레드대학교의 초빙으로 '주방의 과학'이라는 강연을 하러 갔을 때, 도서관에 소장된 그 책의 초판본을 살펴보는 행운을 누렸다. 파브르의 요리 과학 잡지가 그랬듯이 켈로그의 책은 음식의 영양 구성을 밝히고 건강한 식단을 계획하고 구현하는 방법을 제시함으로써 요리 과학을 새로운 방향으로 발전시켰다. 6장에서 살펴보겠지만, 요리 과학의 가장 중요한 역할 중 하나는 맛과 멋은 물론 건강까지 고려한 음식을 만드

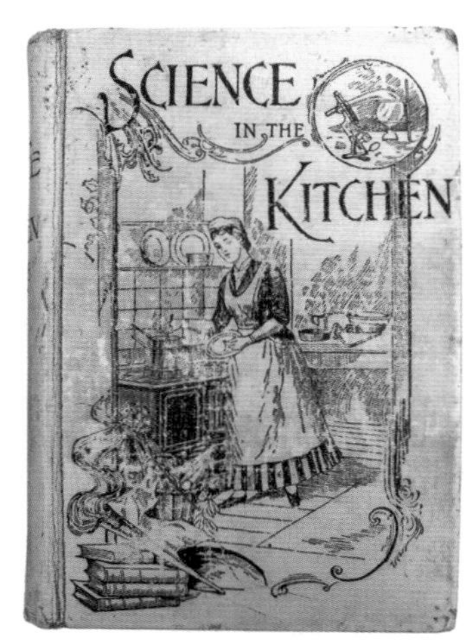

도판 8 『주방의 과학』 초판본 표지(1892년)

는 방법을 사람들에게 가르치는 것이다. 켈로그는 요리 과학이 인간의 건강에 미치는 지대한 영향에 누구보다 먼저 주목한 선구자였다.

1조분의 1분자의 냄새

우리는 연어 1파운드(약 450그램)의 가격이라든가 은행 계좌의 잔고를 표시하는 숫자에는 익숙하지만, 어떤 숫자들은 도무지 이해하기가 어렵다. 게다가 과학계를 비롯해 세상 대부분의 영역에서는 모든 것을 10진법 기준의 미터법(가령 무게는 킬로그램, 거리는 미터)으로 표시하는 반면, 미국에서는 여전히 좀 거추장스러운 단위인 야드파운드법(가령 1피트는 12인치, 1파운드는 16온스)을 쓰고 있다. 아주 작은 숫자와 아주 큰 숫자를 표현하는 데는 미터법이 훨씬 편리하다.

빛의 속도는 극도로 빠르다. 1초에 3.00×10^8미터, 1년이면 9.46×10^{15}미터(이를 1광년이라고 한다), 대략 1×10^{16}미터를 이동한다. 바로 이런 엄청난 거리를 나타낼 때 10진법이 유용하다. 10 곱하기 10은 100이고 이를 10^2으로 간단히 표시할 수 있기 때문이다. 여기서 숫자 2를 지수라고 한다. 10을 세 번 곱한 수($10 \times 10 \times 10 = 1,000$)는 10^3으로 표시한다. 10이 몇 번 곱해졌는지를 나타내는 지수를 보면 천(10^3)이나 백만(10^6)이나 조(10^{12})가 어느 정도 큰 수인지 알 수 있다. 빛이 1년 동안 이동하는 거리인 1×10^{16}미터는 10이 16번 곱해진 10,000,000,000,000,000미터이다. 100만 광년이면 빛은 $10^{16} \times 10^6 = 10^{22}$미터를 움직인다. 이런 수를 곱할 때는 지수를 더하기만 하면 된다($16+6=22$). 이처럼 미터법은 어마어마하게 큰 수를 계산하기가 비교적 쉬운 도량형법이다.

어떤 물질의 원자량이나 분자량에 들어 있는 원자 또는 분자의 개수 또한 어마어마하게 큰 수이다. 분자란 둘 이상의 원자로 이루어진 물질이다. 예를 들어 물 분자는 수소 원자 두 개가 산소 원자 하나와 화학적으로 결합되어 있는 분자이다(H-O-H, 또는 H_2O로 표현한다). 수소의 원자량은 1이고 산소의 원자량은 16이므로 물 분자의 분자량은 2×1+16=18그램이다. 1897년 화학자들은 이 같은 분자량molecular weight을 간단히 몰mole이라고 부르기로 했다. 화학 수업을 들어 본 사람은 몰이라는 개념을 배웠을 것이다.

간단히 설명하면 물 1큰술의 무게는 15그램이므로 물 1몰(18그램)은 약 1.2큰술이다. 1811년경 이탈리아 과학자 아메데오 아보가드로(1776~1856)는 어떤 물질의 1몰에는 6.02×10^{23}개의 분자가 들어 있다는 법칙을 발견했다. 고작 물 18그램에 어마어마하게 많은 수의 분자가 들어 있다는 뜻이다. 어떤 물질이든 1몰에 들어 있는 원자 또는 분자의 개수는 언제나 6.02×10^{23}개이며, 이를 아보가드로수라고 부른다.

이산화탄소를 예로 들어 보면 이 분자의 분자량은 2×16+1×12(탄소의 원자량)=44그램이며 이것이 이산화탄소 분자 1몰(6.02×10^{23}개)의 무게이다. 표준기압과 실온에서 이산화탄소 같은 기체의 1몰은 부피가 22.4리터이다. 바꿔 말해 이산화탄소 22.4리터의 무게는 44그램이다. 산소 분자(O_2) 1몰은 분자량이 32이므로, 1몰의 부피는 22.4리터, 그 무게는 32그램이다. 질소 분자(N_2) 1몰은 부피가 22.4리터, 무게가 28그램이다.

공기는 질소 78퍼센트, 산소 22퍼센트, 이산화탄소 0.04퍼센트로 구성되어 있다. 질소, 산소, 이산화탄소 모두 1몰의 부피는 22.4리터이고 그 안에 든 분자의 개수는 6.02×10^{23}개이다. 그렇다면 엔리코 페르미가 물리학 수업 시간에 계산한 것처럼 우리도 1리터의 공기에는 25×10^{21}개의 분자가 들어 있다고 계산할 수 있다. 페르미는 지구를 둘러싼 대기의 부피를 계산하고 그 안에 들어 있는 분자의 개수를 계산한 다음 두 숫자의 비율을 확인함으로써, 현재 살아 있는 사람이 들이마시는 공기 1리터에 율리우스 카이사르가 마지막으로 내쉬었던 분자가 최소 한 개 들어 있을 확률이 1이라고 추정했다. 물론 페르미는 확률 계산을 단순화하기 위해 여러 가지를 전제했다. 가령 카이사르가 내쉬었던 공기 속 모든 분자가 나무나 인간 등 대기가 아닌 다른 무언가에 들어가지 않고 여전히 공기 중에 돌아다닌다고 전제했다.

여기서 원자와 분자의 크기를 생각해 보면 그 수는 어마어마하게 작다. 1.2큰술의 물(1몰)에는 6×10^{23}개의 분자가 들어 있다고 했으므로, 분자 한 개의 부피는 엄청나게 작다. 만약 우리가 원자 1,000만 개(가령 탄소 원자)를 한 줄로 세운다고 해도 그 길이는 1밀리미터밖에 되지 않는다. 즉 연필의 뾰족한 끝에 1,000만(10×10^{6}) 개의 원자가 들어 있는 것이다. 원자의 지름을 처음 계산한 사람은 스웨덴의 물리학자 안데르스 요나스 옹스트룀(1814~1874)으로, 그의 이름을 딴 '옹스트롬'이 원자 지름을 나타내는 단위가 되었다. 요즘에는 아주 짧은 길이를 나타낼 때 옹스트롬보다는 나노미터 등의 단위가 쓰이지만, 원자의 지름은 과거나 지금이나 여전히 똑같다. 원자의 지름은 0.1나노미터(1×10^{-10}미터)인데,

1나노미터는 1×10^{-9}, 즉 0.000000001미터로 아주아주 작은 숫자이다.

미터법으로 아주 작은 숫자를 표현할 때는 10의 지수가 음수가 된다. 양수인 지수가 그 수에 10이 몇 번 곱해졌는지를 나타낸다면, 음수인 지수는 그 수를 10으로 몇 번 나누었는지를 나타낸다. 가령 10^{-3}은 1을 10으로 세 번 나눈 수인 0.001이다. 소수점이 1에서 세 칸 앞으로 이동하여 0.001이 되었기 때문에 지수가 –3이다. 마찬가지로 10^{-6}은 0.000001(1ppm)이다.

인간은 1조분의 1(1ppt)도 안 되는 분자의 냄새를 맡을 수 있다는 사실을 앞에서 설명한 적 있다. 1조(10^{12}, 즉 1,000,000,000,000) 개나 되는 물 또는 공기 분자 속 어딘가에 있는 냄새 분자 한 개를 우리가 감지한다는 뜻이다. 이는 3만 2,000년의 세월에서 1초에 해당하는 시간이다! 인간의 후각 기관은 어마어마하게 예민하다. 예를 들어 담배를 피우지 않는 운전자가 차창을 열고 운전하다가 누군가 담배를 피우고 있는 차를 지나칠 때 담배 냄새를 맡는 경우가 있다. 이때 들이마신 공기 속에 담배 냄새 분자가 몇 개나 들어 있을까? 작은 무게를 나타내는 단위는 그램, 밀리그램(1그램의 1,000분의 1, 즉 10^{-3}그램), 마이크로그램(1그램의 100만분의 1, 즉 10^{-6}그램), 나노그램(1그램의 10억분의 1, 즉 10^{-9}그램), 픽토그램(1그램의 1조분의 1, 즉 10^{-12}그램) 등이다. 이 중 지나가는 차에서 맡아지는 담배 냄새 분자는 1나노그램도 채 되지 않는다.

고기를 삶으면 육즙이 풍부해질까?

많은 사람이 잘못 알고 있는 요리 '상식' 중 하나가, 고기를 삶으면 육즙이 더 풍부해진다는 것이다. 고기를 육수나 포도주 같은 액체에 넣고 익히면 그 액체의 일부가 고기에 스며들어 수분을 더해 준다고 짐작하는 것인데, 과연 그럴까? 사실 여부를 밝히기에 앞서 먼저 고기의 구조를 살펴보고, 요리법에 따라서 육즙이 더 풍부해지거나 빈약해지는지 알아보자.

고기란 동물의 근육조직이다. 근육조직은 주로 근섬유, 결합조직, 지방, 물로 이루어져 있다. 이 중 근섬유와 결합조직은 단백질이다. 근섬유에 들어 있는 단백질은 주로 **액틴**과 **미오신**이고, 결합조직에 들어 있는 단백질은 주로 **콜라겐**이다. 근육은 수천 개의 근섬유로 이루어져 있고, 각각의 근섬유에는 길이가 아주 긴 근육세포들이 들어 있다. 근섬유는 결합조직에 둘러싸여 빽빽한 다발을 이룬다.

각 근섬유 안에는 미오피브릴이라고 부르는 작은 관이 수백 개씩 들어 있다. 미오피브릴 안에는 굵기가 가는 섬유인 액틴과 두꺼운 섬유인 미오신이 들어 있다. 이 두 단백질이 근육의 움직임을 제어한다. 근육이 수축할 때는 액틴과 미오신이 화학적 가교를 통해 서로 결합하면서 거리가 가까워진다. 반대로 근육이 이완할 때는 화학적 가교가 사라지면서 두 단백질이 원래 자리로 돌아간다. Z디스크라는 단백질이 액틴과 미오신을 제자리에 고정하는 역할을 한다.

동물의 고기는 중량 가운데 약 75퍼센트가 수분이다. 수분의 약 80퍼센트는 미오피브릴 안에 있는 액틴과 미오신 섬유 사이사이에 존재한다. 고기를 웰던 단계에 해당하는 높은 온도까지 가열하면 미오피브릴의 지름이 줄어들면서 안에 들어 있던 물의 일부가 밖으로 나온다. 사실 미오피브릴의 수축은 비교적 낮은 온도인 40도에서부터 시작하지만, 최대 수분 손실은 60도에서부터 시작된다. 근섬유는 50~70도 구간에서 빠르게 수축하여 원래 부피의 절반으로 줄어든다고 알려져 있다. 고기 한 덩이를 가열한 뒤 즉시 잘라 보면 육즙이 흘러나오는 것을 확인할 수 있는데, 이것이 미오피브릴에서 근섬유 사이 공간으로 밀려나온 물로, 우리가 고기를 자르면 그대로 밖으로 빠져나온다. 요컨대 고

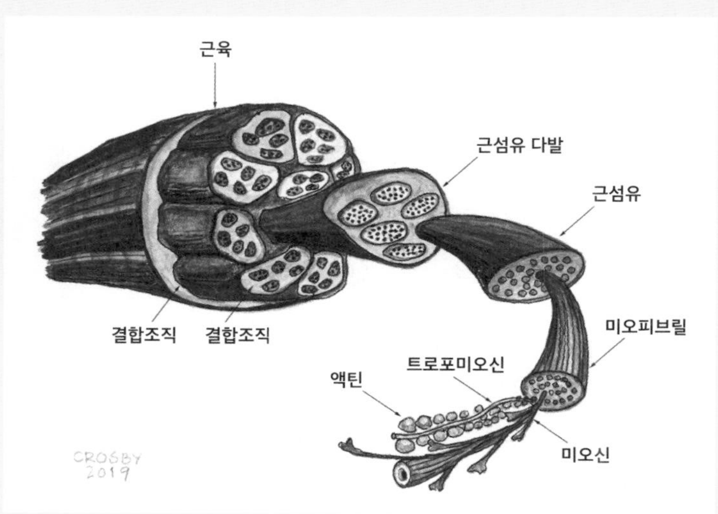

도판 9 근섬유의 구성과 구조

기의 수분 상실을 일으키는 가장 주요한 원인은 미오피브릴 수축이다.

고기가 수분을 근육조직 안에 유지하는 능력을 **보수력**(WHC)이라고 부른다. 가열 시 고기 안에 그대로 유지되는(또는 사라지는) 물의 양을 결정하는 것이 이 보수력이다. 보수력은 고기가 소금물에서 수분을 흡수하는 능력과도 관계된다. 육류의 보수력을 결정하는 인자 가운데 가장 중요한 것은 육류의 산성도이다. 우리는 육즙이 풍부한 고기를 '부드럽다'고 표현하는데, 이 점에서는 익히기 전 고기의 산성도야말로 고기 요리의 식감을 결정하는 가장 중요한 인자라고 할 수 있다.

아미노산이 클립처럼 길게 연결된 단백질은 전하를 띠는 경우가 많다. 단백질 각 부위의 전하는 이웃한 단백질과 반응하는 양상에 큰 영향을 미친다. 단백질의 전하를 직접적으로 결정하는 것은 단백질을 둘러싼 환경의 산성도이다. 주변 환경이 산성인 단백질은 양전하를 추가로 얻고, 주변 환경이 알칼리성인 단백질은 음전하를 추가로 얻는다. 이웃한 단백질들의 양전하와 음전하가 완전한 균형을 이루어 단백질이 전기적으로 중성이 되는 산성도를 **등전점**이라고 부른다. 이 환경에서는 단백질 사이에 척력이 작용하지 않으므로 모든 단백질이 한 무리의 군중처럼 한 덩어리를 이룰 수 있다. 등전점에서 근육 단백질이 빽빽하게 모이면 미오피브릴 안에 물이 있을 자리가 거의 사라진다. 빽빽하게 모인 근섬유는 씹기도 어렵다. 따라서 고기는 산성도가 등전점일 때 익히면 가장 질기고 건조한 식감을 낸다.

소고기, 돼지고기 등 대다수의 육류는 등전점이 약산성인 pH 5.2이다. 산성도가 이보다 높아져 산성이 약해지면 근육 단백질이 음전하를 추가로 얻으면서 서로를 밀어내는데, 그 결과로 물이 있을 공간이 넓어지고 근섬유를 씹기가 더 쉬워진다. 가령 비계가 적은 돼지고기는 산성도에 따라 식감이 크게 달라지는데, 육즙이 풍부한 부드러운 식감을 내려면 산성도가 pH 6.5 이상이어야 한다. 다행히 우리는 돼지고기의 산성도를 쉽게 파악할 수 있다. 색깔이 선명할수록 산성도가 높다고 보면 된다.

미국 농무부의 최신 육류 가이드라인에 따르면, 돼지고기 요리에는 색깔이 선명하고 비계가 골고루 분포된 고기를 고르도록 하고, 가장 두꺼운 부위를 내부 온도 63도로 가열하여 중심부 색깔을 분홍빛으로 유지하는 것이 좋다. 소고기는 산성도가 pH 5.5~6.0으로 산성이 더 강한 편이지만, 돼지고기와 달리 내부에 균이 없기 때문에 52~54도로 가열해도 식중독 위험이 없다.

앞으로 살펴보겠지만 고기는 내부 온도가 낮을수록 더 부드럽고 육즙이 풍부해진다. '고기를 삶으면 육즙이 더 풍부해질까?'라는 처음의 질문에 답하기 전에 한 가지 더 알아 두면 좋은 사실이 있다. 고기의 산성도는 도축 직전 해당 동물의 상태에 크게 좌우된다. 스트레스를 많이 받은 동물일수록 도축 후 근육조직에 더 많은 젖산이 축적되어 고기의 산성도가 낮아진다. '스트레스=산=낮은 산성도'의 등식을 기억하면 되겠다.

그래서 고기를 삶으면 육즙이 풍부해질까? 그렇지 않다! 산성도가 일정하다고 가정했을 때, 가열 시 고기 안에 유지되는 수분의 양은 가열 방법이 아니라 가열 온도에 따라 달라진다. 왜냐하면 고기의 온도가 근섬유의 수축 정도와 수분 유지량, 고기의 부드러운 정도를 결정하기 때문이다. 이 사실을 뒷받침하는 연구는 이미 40년 전에 진행되었다. 1970~1980년대에 《음식 과학 저널》, 《동물학 저널》, 《육류 과학》 등에 실린 여러 연구 논문이 이 사실을 확증했다. 그런데도 고기를 삶으면 육즙이 풍부해진다는 속설이 아직 남아 있는 게 놀라울 뿐이다.

항목	삶았을 때	구웠을 때
총 조리 손실	29.58%	28.20%
유실	20.02%	5.62%
증발	9.57%	22.58%

위 표는 《음식 과학 저널》에 발표된 연구 결과(McCrae and Paul 1974)를 요약한 것이다. 연구진은 2.5센티미터 두께로 썬 소고기를 삶았을 때와 구웠을 때 발생하는 '조리 손실'을 비교하기로 했다. 이들은 같은 소에서 나온 홍두깨살 부위를 동일한 내부 온도(70도)로 가열했다. 고기를 굽는 오븐의 온도는 163도였고, 고기를 삶는 데는 물을 사용했다.

보다시피 사라진 물의 양(및 소량의 지방)은 습식 요리와 건식 요리 양쪽에서 사실상 똑같다. 다만 물이 사라지는 방식이 다르다. 삶을 때는 주로 유실로 수분이 사라지는 반면 구울 때는 증발로 수분이 사라지는데, 당연하다면 당연한 일이다. **고기를 액체에 넣고 삶는다고 해서 육즙이 더 풍부해지지 않는다**는 사실이 아주 분명하게 밝혀졌다.

베이킹소다의 이모저모

베이킹소다, 화학 용어로 중탄산나트륨($NaHCO^3$)은 적어도 1869년부터 제빵용 팽창제로 쓰여 왔다. 베이킹소다는 열을 가하거나 산과 섞으면 이산화탄소 기체를 형성한다(부산물로 물도 생성된다). 단독으로 사용하는 경우도 많지만, 더 흔하게는 제1인산칼슘 같은 특정 종류의 산과 함께 사용한다. 버터밀크 같은 산성 재료를 쓰는 요리에서는 베이킹소다와 베이킹파우더를 함께 쓸 때도 많다. 만약 베이킹소다를 첨가하지 않으면 베이킹파우더가 버터밀크의 산과 만나 빠르게 중화되는 탓에 오븐 안에서 천천히 기체를 방출하는 역할을 못 하게 된다.

여기까지는 요리하는 사람이라면 누구나 다 아는 사실이다. 그런데 베이킹소다에는 이보다 덜 알려진 쓰임새가 여럿 있다. 이 응용법들은 기본적으로 중탄산나트륨이 약알칼리성이라는 사실을 이용한다. 대부분의 식재료는 중성 또는 산성이다. 베이킹소다를 제외하면 달걀흰자 정도만이 염기성을 띠는 식재료이다.

과거에는 채소를 익힐 때 그 속도를 높이는 용도로 베이킹소다를 썼다. 식물의 세포벽을 단단하게 만들고 세포와 세포 사이의 결합을 유지하는 물질인 펙틴이 염기를 만나면 더 빠르게 분해되기 때문이다. 요즘 요리에서는 채소의 단단한 식감이 선호되는 편이라 베이킹소다를 이 목적으로 쓰는 일은 별로 없다. 그러나 그 밖에도 소량의 베이킹소다가 요리를 수월하게 만들어 주는 경우가 꽤 많다. 예를 들어《쿡스 일러스트레이티드》2010년 3·4월 호에 실린 '초간단 크림 폴렌타'를 보자. 굵게 간 옥수수가루를 가열할 때 물에 베이킹소다를 조금, 말 그대로 한 꼬집 넣으면 옥수수가루의 세포벽이 물러지기 때문에 굳이 힘들게 젓지 않고도 훨씬 짧은 시간에 폴렌타를 만들 수 있다. 한 꼬집으로 충분한 이유는 베이킹소다가 펙틴의 분해를 일으킨 다음에는 분해가 저절로 계속되기 때문이다.

《쿡스 일러스트레이티드》2011년 11·12월 호에 실린 '바삭바삭한 생강 당밀 쿠키' 레시피는 좀 더 많은 양의 베이킹소다로 쿠키에 먹음직한 균열과 바삭바삭한 질감을 내고 갈변 효과와 풍미를 강화한다. 여기서 베이킹소다는 글루텐 형성을 방해함으로써 쿠키에 더 많은 구멍을 만드는 역할을 한다. 또한 염기가 더해진 반죽은 쿠기가 더 잘 펴지게 하고, 마이야르 반응을 통해 갈변 효과와 풍미를 강화한다(마이야르 반응에 관해서는 5장 맨 앞에서 자세히 설명하겠다).

소량의 베이킹소다는 '맛있는 군감자'도 만들어 준다(《쿡스 일러스트레이티드》2012년 1·2월 호 참조). 깍둑썰기한 감자를 베이킹소다를 탄 물에 넣고 딱 1분만 가열하면 감자 겉면이 물러지면서 녹말 분자(아밀로오스)가 밖으로 빠져나온다. 이 감자를 오븐에 넣고 구우면 겉면에 바삭바삭한 갈색 껍질이 형성된다. 한편 감자의 내부는 촉촉함과 단단함을 그대로 유지하기 때문에 구웠을 때 매끈하고 부드러운 식감을 낸다. 여기에서 베이킹소다는 감자의 세포벽 분해를 촉진하여 아밀로오스를 내보내게 하는 역할을 한다.

마지막으로 베이킹소다는 고기를 부드럽게 만드는 역할도 한다. 돼지고기의 부드러운 정도는 고기의 산성도에 의해 결정된다. 즉 고기의 산성도(pH)가 높을수록 고기가 부드러워진다. 《쿡스 일러스트레이티드》 2012년 3·4월 호에 실린 '쓰촨식 돼지고기 마늘 소스 볶음' 레시피에서처럼 돼지고기를 15분간 베이킹소다 희석액(물 1/2컵에 베이킹소다 1작은술)에 넣었다가 조리하면 육즙이 풍부해지고 고기가 연해진다. 산성도가 높은 고기는 더 많은 수분을 유지하기 때문에 고기의 식감이 부드러운 것이다.

이러한 작용이 어떻게 가능한지 이해하기 위해 베이킹소다의 화학을 좀 더 자세히 들여다보자. 어떤 물질이 염기성이라는 것은 이 물질을 물에 녹였을 때 그 용액의 산성도가 중성인 pH 7을 넘는다는 뜻이다. 반대로 산성인 물질의 용액은 산성도가 pH 7 미만이다. 0에서 14까지인 pH 수치는 용액 속의 수소 이온(H^+)과 수산 이온(^-OH) 농도를 나타낸다. 산은 물에 녹으면 수소 이온을 내놓고, 이 수소 이온은 물 분자와 결합하여 하이드로늄 이온(H_3O^+)을 형성한다. 반면에 염기는 수산 이온을 내놓는다. 중성인 pH 7에서는 두 이온의 농도가 동일하다. 베이킹소다를 5퍼센트로 녹인 수용액을 산성도 측정계로 측정하면 산성도가 약 pH 8이다. pH 8의 용액은 중성인 pH 7에서 크게 벗어나지 않는 약염기성이다.

요리사라면 누구나 산성, 염기성(또는 알칼리성), 산성도 같은 개념을 알고 있을 것이다. 그러나 많은 요리사가 모르는 사실이 있다. 베이킹소다는 그리 안정적인 물질이 아니라는 것이다. 이 글 맨 앞에서 말했듯이 베이킹소다는 열을 가하면 이산화탄소 기체와 물을 만들어 내는데, 이와 함께 탄산나트륨도 생성된다. 탄산나트륨은 훨씬 더 강한 염기성 물질이다. 탄산나트륨 5퍼센트 수용액은 산성도가 pH 11을 넘는다. 다시 말해 탄산나트륨 용액에는 베이킹소다 용액에 들어 있는 것보다 약 1,000배 많은 수산 이온이 들어 있다.

$$2NaHCO_3 \Rightarrow Na_2CO_3+CO_2+H_2O$$

그런데 이 반응은 얼마나 쉽게 발생할까? 나는 〈아메리카스 테스트 키친〉에서 베이킹소다 5퍼센트 수용액의 산성도를 측정했다. pH 8이었다. 그리고 수용액의 부피를 그대로 유지한 채 약불로 천천히 가열하면서 산성도를 측정할 표본을 조금씩 들어냈다. 냉각 후 샘플들의 산성도를 쟀더니, 약 30분간 용액을 가열했을 때의 산성도가 약 pH 9.7이었다. 즉 중탄산나트륨이 분해되면 탄산나트륨, 물, 이산화탄소(기체는 물 밖으로 빠져나간다)가 생성된다는 사실이 확인되었다. 오븐으로도 똑같은 반응을 일으킬 수 있다. 베이킹소다를 120도에서 1시간 동안 가열하면 탄산나트륨이 생성된다. 둘 다 흰색 가루이기 때문에 겉으로 봐서는 차이가 없다. 그러나 베이킹소다와 그 반응 생성물의 산성도를 측정해 보면 화학반응이 발생했다는 사실을 쉽게 확인할 수 있다.

그렇다면 요리와 제빵에 베이킹소다 한 꼬집을 넣을 때 위와 같은 화학반응이 미치는 영향은 어느 정도인가 하는 흥미로운 질문이 나온다. 중탄산나트륨과 탄산나트륨 중 어느 쪽이 얼마나 작용하는 걸까? 그런데 우리가 이렇게 깊이 알아야만 할까?

Recipe 4

특제 빵가루 토핑을 곁들인 대구구이

재료(2인분)

자연산 대구(껍질을 벗긴 살코기) 340~370그램

피망 잘게 썬 것 1/2개

빵가루 2/3컵

드라이 베르무트 1/4컵

올리브유 1큰술

버터 1큰술

마늘 다진 것 1/2작은술

파슬리 다진 것 적당량

신선한 레몬즙 약간

Tip. 이 레시피는 얼마든지 양을 늘릴 수 있고 소분하여 냉동하면 몇 달간 저장할 수 있다.

Baked haddock with special breadcrumb topping

평소 생선을 더 많이 먹고 싶지만 연어는 이제 질렸고 흰살 생선은 맛이 너무 밋밋하고 지루한가? 특제 빵가루 토핑 레시피를 이용하면 대구 같은 흰살 생선을 맛있게 요리할 수 있다. 빠르고 쉽게 준비할 수 있어 주중 저녁 메뉴로도, 손님 접대용으로도 안성맞춤이다. 하지만 많은 사람이 집에서 흰살 생선을 요리하지 않는 이유가 있다. 지나치게 가열하면 생선살이 마르고 부서지는 데다 식재료 가격도 저렴하지 않기 때문이다.

흰살 생선을 맛있게 요리하는 비결은 빵가루에 있다. 빵가루를 얹어 구우면 생선이 마르거나 지나치게 익지 않는 동시에 풍미가 강화된다. 기름을 흡수한 빵가루가 생선의 수분을 지켜 주고 지나치게 익지 않도록 열을 막아 주기 때문이다. 이 토핑 레시피는 뉴잉글랜드 해변에서 레스토랑을 운영하는 내 장인이 속을 채운 새우구이에 얹을 용도로 개발했다. 나는 이 레시피를 이용해 흰살 생선의 밋밋한 맛과 지나치게 익는 문제를 해결했다.

이 토핑의 풍미는 잘게 썬 피망과 다진 마늘을 기름에 익히고 베르무트를 살짝 넣는 데서 비롯된다. 빵가루를 만드는 빵은 어느 종류라도 상관없지만 나는 먹다 남은 마른 바게트를 선호하고, 토핑에 자주 쓰이는 리츠 크래커를 갈아 쓰기도 한다(질감과 모양 면에선 바게트가 더 좋다). 판코 스타일의 시판 빵가루는 괜찮지만 일반 시판 빵가루는 밍밍하고 텁텁한 맛이 나므로 쓰지 않는 게 좋다. 또한 시판 빵가루는 아직 부분 경화유(트랜스지방)를 쓰는 경우가 있으므로 라벨을 주의 깊게 읽어야 한다.

몸에 좋은 식재료를 추가하고 싶다면 대구 밑에 매시트 콜리플라워(6장 레시피 참조)를 깔고 시금치, 근대, 겨자잎, 청경채 같은 이파리 채소를 마늘과 기름에 볶아 곁들이거나 당근을 약간의 버터와 흑색 설탕에 구워 곁들인다.

만드는 법

1. 오븐을 177도로 예열한 뒤 약 20센티미터 되는 스테인리스스틸 팬에 올리브유를 두르고 중불로 달군다.
2. 피망을 넣고 가장자리가 거뭇하게 익을 때까지 약 4분간 굽는다.
3. 여기에 마늘을 넣고 약 1분간 더 익힌다. 뜨거운 팬에서는 베르무트가 튀기 때문에 잠시 불을 끄고 1분간 팬을 식힌다.
4. 베르무트를 넣은 뒤, 베르무트가 거의 다 증발할 때까지 가열한다. 다시 불을 끄고 1분간 팬을 식힌 뒤 (가능하면 프랑스식 바게트) 빵가루를 넣고 잘 섞는다. 이때 빵가루는 약간의 소금과 간 후추로 간해도 좋다.
5. 제빵용 얕은 접시 바닥에 버터를 작은 조각으로 균일하게 놓는다. 그 위에 대구 살코기를 얹은 뒤 베르무트를 약간 끼얹는다.
6. 살코기 위에 빵가루를 골고루 얹은 다음, 오븐의 가운데 칸에 넣고 20분간 굽는다.
7. 갓 짠 레몬즙과 파슬리를 뿌린 뒤 접시에 2인분으로 나눠 담는다.

5 요리 혁명

(1901년~현재)

풍미를 지배하는 자, 맛을 얻으리

텔레비전으로 방송되는 요리 대회에 관심이 많은 사람이라면 심사위원들이 음식을 평가할 때 주로 어떤 언어를 쓰는지 알 것이다. “오, 이 음식은 신맛과 단맛의 조화가 훌륭하네요”라든가 “쓴맛과 짠맛을 좀 더 강하게 대조시켰으면 좋았을 것 같군요” 하는 식이다. 뭔가 특이하지 않은가? 심사위원 모두가 요리의 ‘맛’을 이야기하지 ‘풍미’를 논하지 않는다(맛과 냄새와 풍미는 서로 분명히 구별되는 감각임을 1장에서 살펴보았다).

단맛, 신맛, 쓴맛, 짠맛은 모두 우리가 입 안에서 ‘맛’으로 느끼는 감각이다. 맛 자체는 냄새가 없다. 풍미는 우리 뇌가 맛과 냄새로부터 만들어 내는 이미지라고 했다. 그동안의 광범위한 연구로 밝혀졌듯이 풍미의 약 85퍼센트는 냄새, 특히 목구멍

도판1 〈유리 그릇 속의 복숭아〉. 아름다운 예술과 음식의 조화를 표현했다.

에서 코로 거슬러 올라오는 날숨 냄새로 이루어진다. 그런데도 요리 대회의 심사평은 냄새나 풍미가 아니라 맛에만 초점을 맞추고 있다. 우리 인간은 대략 200만 년 동안 음식의 풍미에 노출되어 왔음에도 그것을 적절히 설명할 언어를 아직 개발하지 못한 것이다. 그 이유는 아마도 우리가 맛은 겨우 여섯 가지 기본 맛을 느끼지만 냄새는 수만 가지를 인식하고, 맛과 냄새가 결합하면 우리 머릿속에 거의 무한한 수의 풍미가 만들어진다는 사실과 관련이 있을 것이다. 그 무한한 걸 우리가 어떻게 다 설명하겠는가?

미국 대법관 포터 스튜어트는 영화 〈연인들〉(루이 말, 1958년)이 외설인가 아닌가를 따졌던 유명한 재판에서, 그 기준에 대해 "보면 안다"라고 표현했다. 나는 내가 좋아하는 이것이 무엇인지 알지만 말로 설명할 수가 없다. 심사위원들 역시 도저히 말로 표현할 길이 없는 것이리라. 그래서 그나마 할 수 있는 맛 이야기를 하는 것이다. 타라곤의 냄새를 '타라곤 냄새가 난다'는 말 말고 다른 방법으로 설명할 수 있을까? 그러나 우리가 언어로는 풍미를 적절하게 설명할 수 없다 하더라도, 적어도 만들어 내는 음식 과학을 알면 풍미를 더 제대로 이해할 수 있을 것이다.

우리가 지금과 같은 식생활을 영위하게 된 데에는 풍미, 영양, 생김새, 질감, 안전성, 편리성 등등 다양한 이유가 있다. 세계 곳곳에서 진행된 다수의 연구에서 입증되었듯이 우리가 어떤 음식을 선호하고 선택할지를 결정하는 인자이자 식단의 건강한 정도를 결정하는 가장 중요한 인자가 바로 풍미이다. 그런 의미에

도판 2 빵의 갈색 겉질은 마이야르 반응으로 생성된 것이다.

서 음식의 풍미는 유전자에 못지않게 인간의 발달에 큰 영향을 미쳐 왔다고 볼 수 있다. 음식 과학의 목표는 우리가 가정이나 식당에서 좋은 식재료로 만든 풍미 넘치는 매력적인 음식을 즐길 수 있게 하는 것이다.

이렇게 풍미를 만들어 내는 데 쓰이는 수많은 기술과 공정 가운데 가장 중요한 것을 하나 꼽으라면 1912년 프랑스의 물리학자이자 화학자인 루이 카미유 마이야르(1878~1936)가 발견한 마이야르 반응일 것이다. 파리대학교 의학과 교수였던 그는 신장병 치료법을 찾고자 신장에서 일어나는 화학적 공정들을 연구했다. 인간의 체액에는 다양한 아미노산, 포도당 등의 단당류, 락토오스(젖당)가 들어 있고, 이러한 물질이 다 신장을 통과한다. 마이야르는 각종 아미노산을 단당류 수용액과 함께 가열하면 어떻게 되는지 알아보았다. 뜻밖에도 이 반응은 진한 갈색의 용액을 만들어 냈다. 마이야르는 음식 중에서도 아미노산과 단당류가 들어 있는 구운 빵이나 구운 고기도 그와 똑같은 반응 때문에 갈색을 내는 것이라고 추측했다. 그러나 당시에는 본인의 이름을 따 '마이야르 반응'이라고 불리게 될 이 화학반응이 고기, 빵, 커피, 초콜릿에서 느껴지는 강력한 풍미의 핵심이라는 것까지는 짐작하지 못했다.

이처럼 식재료를 가열했을 때 진한 갈색이 형성되는 현상을 비효소적 갈변이라고 부른다. 이는 감자, 사과, 아보카도를 잘라 공기에 노출시켰을 때 폴리페놀 산화효소(PPO)의 작용으로 생기는 갈변과는 다르다. 또한 마이야르 반응은 단백질과 아미노산과 단당류(수크로오스가 아닌 환원당) 사이에서 일어나는 반응이므로, 당류만 개입할 뿐 단백질, 아미노산과는 무관한 캐러멜화와는 다르다. 고기를 뜨거운 팬에 구워 갈색을 내는 것을 캐러멜화라고 부르는 경우가 있는데, 화학적으로는 틀린 말이다. 고기 요리는 다량의 단백질과 아미노산에 소량의 포도당이 결합하는 마이야르 반응으로 갈색과 풍미가 생기는 것이기 때문이다.

마이야르에 이어 다른 화학자들도 이 반응과 풍미 사이의 관련성을 연구했지만, 마이야르 반응의 진짜 의미는 한참 후인 1953년 미국 농무부 소속 화학자 존 에드워드 호지(1914~1996)가 발표한 광범위한 연구 결과를 통해 밝혀졌다. 미국 화학협회가 발행하는《농업 및 식량 화학》에 실린 논문 중 역대 가장 많이 인용된 이 글에서 호지는 마이야르 반응이 음식의 색과 풍미에

도판3 미국 농무부 소속 화학자 존 에드워드 호지

미치는 영향에 관하여 자신의 연구는 물론 기존 화학자들의 연구를 종합·요약했다. 이 논문은 풍미 화학의 세계를 말 그대로 뒤집어 놓았다. 캔자스시티에서 태어나 캔자스대학교에서 공부한 아프리카계 미국인인 호지는 일리노이주 피오리아에 있는 농무부 연구실에서 40년을 보냈다. 풍미 화학에 기여한 업적을 생각하면 루이 카미유 마이야르에 버금가는 명성을 누릴 자격이 있는 인물이다.

호지의 선구적인 연구에 뒤이어 세계 각지에서 진행된 광범위한 연구 덕분에 이제 우리는 마이야르 반응을 다양한 방식으로 이용해 음식의 풍미를 강화할 수 있다는 사실을 안다. 예를 들어 마이야르 반응은 실온에서는 아주 느리게 진행되고 150도가 넘어야 반응 속도가 빨라진다. 그래서 고온에서 익힌 음식이 저온에서 익힌 음식보다 색과 풍미가 더 강한 것이다. 대부분의 오븐 요리 레시피가 재료를 굽는 온도를 180도로 설정하며 (바비큐를 제외하면) 150도 이하에서 재료를 익히는 경우가 거의 없는 이유도 여기에 있다. 오븐에 구운 고기는 색이 진할수록 풍미가 강하다는 것이 요리계의 오래된 상식이다.

마이야르 반응의 속도는 재료의 수분량에 따라서도 크게

달라진다. 최적의 조건은 수분이 너무 많지도, 너무 적지도 않은 정도이다. 가령 빵 반죽이나 소고기는 오븐의 열로 인해 표면의 수분이 상당량 감소한 뒤에야 갈색으로 변하며 풍미를 내기 시작한다. 스테이크를 구울 때도 고기 표면의 수분을 제거한 다음에 뜨거운 팬에 고기를 넣으면 색과 풍미가 훨씬 더 빠르게 형성된다.

삶은 고기의 풍미는 오븐에 구운 고기와는 전혀 다르다. 그 이유는 첫째, 액체의 넉넉한 수분 때문에 마이야르 반응이 아닌 다른 반응들이 일어나기가 더 쉽기 때문이고 둘째, 물에 삶는 요리는 온도가 100도를 넘어갈 수 없기 때문이다. 마이야르 반응의 속도는 식재료의 산성도에 따라서도 달라진다. 산성도가 pH 5에서 pH 9로 증가하면(pH 7이 중성이다) 반응 속도가 500배 빨라진다. 그래서 염기성인 베이킹소다로 발효한 쿠키는 베이킹소다를 넣지 않고 구운 쿠키보다 색이 훨씬 더 진하다. 같은 원리로, 닭고기나 칠면조 고기를 오븐에 구울 때 껍질에 진한 색과 강한 풍미를 내고 싶다면 약염기를 띤 베이킹파우더 소량을 껍질에 바르면 된다.

마이야르 반응으로 형성되는 풍미 화합물의 종류는 지금까지 밝혀진 것만 해도 3,500가지가 넘는다. 이것만 봐도 풍미가 얼마나 복잡한 감각인지 알 수 있다. 빵을 굽거나 커피콩을 볶는 등 특정한 음식을 만들 때 형성되는 풍미 화합물은 양이 아주 적다. 그러나 우리가 (주로 냄새를 통해) 감지할 수 있는 문턱값(역치)이 매우 낮기 때문에 풍미 화합물은 극소량만으로도 큰 힘을 발휘할 수 있다. 마이야르 반응의 생성물은 겨우 몇 ppm, 심지어 1ppt도 안 되는 양으로 형성되어 감지된다(1ppt는 1조분의 1로, 시간으로 환산하면 3만 2,000년 중 1초이다). 이처럼 극소량으로 형성되는 화합물이 음식의 풍미를 좌우하는 경우가 많다. 호지가 연구하던 시절에는 마이야르 반응 생성물을 확인하는 과정이 길고도 지루했고, 그마저도 밀리그램 단위 이상으로 만들어지는 종류만 분석할 수 있었다.

그러다 1950년대 말에 이르러 미량으로 생성되는 반응 생성물을 분리·분석할 수 있는 실험법인 기체크로마토그래피-질량분석법(GC-MS)이 등장했다. 기체크로마토그래피는 복잡한 구성의 화합물을 휘발성에 따라 분리한다. 휘발성은 우리가 냄새로 감지하는 화합물들의 중요한 특징이며, 냄새는 풍미를 구성하는 가장 중요한 요소이다. 질량분석법은 각 화합물의 질량과 구조를 알려 준다. 질량분석법은 1952년에 개발되었지만 컴퓨터로 제어하는 질량분석기는 1964년에야 등장했다. 이 도구를 이용하면 화합물을 전보다 훨씬 빠르게 분석할 수 있었다. 이후 기체크로마토그래피-질량분석법은 포도주, 엑스트라버진 올리브유 등의 풍미 화합물을 극소량까지 확인하는 데 광범위하게 사용되어 왔다.

이어 1970년대 초에는 고속액체크로마토그래피(HPLC)라는 공정이 개발되어 질량분석법과 접목되었다. 고속액체크로마

도판 4 2011년 프레이밍햄대학교의 고속액체크로마토그래피 질량분석기를 작동하고 있는 저자의 모습

토그래피는 기체 대신 액체 용매를 이용하여 복잡한 구성의 화합물을 그 물리적 특성에 따라 분리하기 때문에 냄새보다는 맛에 영향을 미치는 비휘발성 화합물을 분리하는 데 효과적이다. 여기에서 한층 더 발전한 고속액체크로마토그래피-질량분석법(HPLC-MS)은 비교적 부피가 큰 물 또는 유기 용매를 다루기 위해 개발되었다. 이러한 도구들은 1980년대 들어 컴퓨터 기술과 결합하면서 풍미를 분석하는 주요한 방법으로 자리 잡았다.

〈도판 4〉는 2011년에 프레이밍햄대학교의 HPLC-MS 앞에서 찍은 사진이다. 오른편에 있는 도구가 질량분석기인데, 내가 지금까지 다루어 본 도구 중 가장 난해했던 물건이다. 제조업체에서 제공하는 일주일짜리 교육 과정을 들었어도 다루기가 어려웠다. 다행히 대학원 시절 마지막 2년간 화학과 연구조교로

서 그때 처음 도입된 질량분석기의 작동법을 가르친 경험이 있어서 기초 원리는 얼마간 알고 있었다. 프레이밍햄대학교에서는 HPLC-MS를 이용하여 포도주에 들어 있는 레스베라트롤이라는 폴리페놀의 함량을 측정했다. 이런 정교한 도구들 덕분에 이제 우리는 요리에서 형성되는 중요한 풍미 화합물을 거의 다 알아낼 수 있다.

마이야르 반응의 변종 가운데 지금까지 거의 주목받지 못한 것이 있다. 고기를 오븐에 구울 때 지방과 기름의 산화 생성물이 아미노산, 단백질과 결합하는 반응이다. 고기의 맛있는 풍미는 무엇보다도 지방과 기름의 산화에서 나오는 휘발성 알데히드, 케톤, 알코올 등의 생성물에서 비롯된다. 그런데 마치 마이야르 반응에서 아미노산과 단백질이 포도당 같은 환원당과 결합하듯, 이 산화 생성물도 고기의 풍부한 아미노산 및 단백질과 반응하여 더 많은 풍미 분자와 색소를 생성한다. 특히 다가불포화지방산이 산화하여 비교적 많은 양이 생성되는 2,4-데카디에날이라는 알데히드는 마이야르와 비슷한 반응을 통해 여러 가지 풍미 화합물을 만들어 낸다.

지방과 기름이 산화하려면 상당히 높은 온도와 고기 표면의 건조한 조건이 필요한데, 이 또한 마이야르 반응에 필요한 조건과 비슷하다. 가금류 및 목초 사육 소고기와 같이 불포화지방산이 풍부한 고기의 지방과 기름은 포화지방산보다 더 쉽게 산화되고, 그 결과 아미노산 및 단백질과 더 많이 결합한다. 지방의 총량은 곡물 사육 소가 더 많지만, 불포화지방산은 목초를 먹인 소가 다섯 배 더 많이 가지고 있기 때문에, 오븐에 구웠을 때 도축 전 4~5개월간 곡물을 먹인 소의 고기와는 아주 다른 풍미를 낸다. 이 같은 원리에서 소고기, 닭고기, 칠면조 고기를 구울 때는 고기의 표면이나 껍질에 불포화 식용유를 바르면 풍미와 색깔 모두를 강화할 수 있다.

우리가 요리를 통해 풍미를 더 강하게도, 더 약하게도 만들 수 있는 또 다른 식재료는 채소이다. 전 세계에서 식용으로 쓰이는 십자화과 채소는 약 36종에 이른다. 케일, 브뤼셀 스프라우트(방울양배추), 콜리플라워, 브로콜리, 브로콜리 라베, 콜라비, 아루굴라(루콜라), 호스래디시(서양고추냉이) 등이 모두 십자화과에 속한다. 이 모든 채소의 공통점은 생으로 먹었을 때 매우 얼얼한 매운맛이 나고 흔히 쓴맛까지 난다는 것이다. 그런데 놀라운 공통점이 하나 더 있다. 날것인 상태에서는 풍미가 전혀 없다가, 편으로 썰거나 잘게 자르거나 이로 씹어 세포를 파괴해야 비로소 풍미가 생긴다는 것이다.

맛, 냄새, 풍미의 과학에 대해 강연할 때 나는 청중에게 신선한 아루굴라 잎을 나누어 주고 냄새를 맡아 보라고 한다. 세포가 온전한 신선한 상태의 아루굴라 잎은 냄새가 없다. 청중에게 잎을 코밑에 댄 상태로 찢어 보라고 하면, 놀랍게도 갑자기 강렬한 냄새가 난다. 왜일까? 잎을 찢으면 특정 구역에 갇혀 있던 미로시나아제라는 효소가 세포 속의 글루코시놀레이트라는 화합물을 만나 아주 빠르게 반응하기 시작한다. 글루코시놀레이트는 미로시나아제와 접촉하는 거의 그 즉시 자극적인 휘발성 화합물인 이소티오시아네이트로 바뀐다. 이 화합물은 채소의 종류에 따라 생성되는 양은 다르지만 어느 종류에서든 아주 빠르게 나타난다. 또한 글루코시놀레이트에는 수십 가지 종류가 있기 때문에 채소의 종류마다 다르게 맵고 쓴 풍미가 형성된다.

글루코시놀레이트와 이소티오시아네이트 모두 맛이 무척 쓰며, 십자화과에 속하는 모든 채소는 그 뚜렷한 맛을 공통적으로 가지고 있다. 세포가 많이 파괴될수록 풍미가 강해지므로 십자화과 채소는 편으로 썰었을 때보다 잘게 잘랐을 때 더 많은 풍미를 발산한다. 또한 다진 채소를 5~10분 정도 휴지시킨 뒤 조리하면 풍미가 증가한다.

그런데 어린아이들을 비롯해 많은 사람이 브로콜리 같은 채소의 쓴맛을 싫어한다. 미로시나아제는 60도 이상의 온도에서 비활성화되므로, 30초가량 뜨거운 물에 데치면 쓴맛을 내는 이 효소를 거의 비활성화할 수 있다. 즉 채소를 데쳐서 조리하면 쓴맛이 많이 줄어든다. 이 방법을 활용하면 아이들이 십자화과 채소를 덜 싫어하게 될 것이다. 미로시나아제와 글루코시놀레이트가 만나면 생성되는 이소티오시아네이트는 황 원자를 한 개 포함한 분자이다. 원래는 자극적인 냄새가 나는 화합물이지만, 썰거나 다진 십자화과 채소에 열을 가하면 이 분자가 천천히 이황화물과 삼황화물로 바뀌어 견과류에 가까운 향기로운 풍미를 낸다.

〈아메리카스 테스트 키친〉에서는 시간을 각각 달리하여 콜리플라워를 데친 다음, 그 맛을 평가한 적이 있다. 그 결과 10~20분 정도로 짧게 가열한 콜리플라워는 휘발성 황화수소 때문에 여전히 황 맛이 났다. 30~40분간 가열한 콜리플라워는 견과류에 가까운 향기로운 풍미가 진하게 났다. 50~60분간 가열한 콜리플라워는 풍미가 너무 밋밋했다. 다시 말해 콜리플라워 수프는 조리 시간이 30~40분일 때 가장 좋은 풍미를 낸다.

십자화과 채소는 그 안에 들어 있는 황 함유 화합물들이 풍미를 좌우한다는 점에서 채소를 재배한 토양의 황 함유량이 아주 중요하다. 채소가 자라는 토양에 황이 많을수록 풍미가 강해지는 것이다. 이러한 관계는 테루아르terroir, 즉 포도가 자라는 자연환경이 포도주의 맛에 큰 영향을 미친다는 프랑스인들의 지리적 풍미 개념과 일맥상통한다. 자연환경은 포도주의 맛은 물론 십자화과 채소 같은 식물성 식재료의 풍미도 좌우한다.

이번에는 흔히 양파류라고 불리는 마늘, 양파, 리크, 샬롯, 차이브 등 백합과 채소의 풍미에 대해 알아보자. 세포가 온전한 신선한 상태의 백합과 채소는 십자화과 채소와 똑같이 풍미가 느껴지지 않는다. 가령 통마늘이나 통양파, 통샬롯은 아무 냄새가 나지 않는다. 백합과 채소는 세포가 파괴되면 알리나아제라는 효소가 방출되어, 시스테인 황산화물이라는 냄새 없는 아미노산을 티오설피네이트라는 휘발성 풍미 분자로 바꾼다. 세포가 많이 파괴될수록 풍미가 강해지므로 마늘은 썰거나 잘게 잘랐을 때보다도 곱게 다졌을 때 더 많은 풍미를 발산한다.

백합과 채소의 풍미를 강화하기 위해서는 뜨거운 기름에 바로 넣지 말고 실온의 기름에 넣고 가열해야 한다. 그래야 효소가 열 때문에 비활성화되기 전에 풍미 분자를 만들어 낼 시간이 더 길어진다. 십자화과 채소와 마찬가지로 백합과 채소의 풍미도 황 함유 화합물에 좌우되기 때문에 토양의 황 함유량이 매우 중요하다. 가령 황 함유량이 적은 조지아주 비데일리아 지역에서는 맵지 않고 단맛이 나는 비데일리아 양파가 재배된다. 이 또한 테루아르가 식재료의 풍미에 영향을 미치는 좋은 예이다. 백합과 채소도 열을 가하면 티오설피네이트가 이황화물과 삼황화물로 바뀌면서 얼얼한 매운맛이 줄어든다. 하지만 마늘의 경우에는 뜨거운 기름에서 갈색으로 변하는 시점부터 쓴맛이 나는 화합물이 생성되므로 지나치게 익혀서는 안 된다.

백합과에 속하는 채소들의 풍미 화학은 서로 비슷비슷하지만 양파, 리크, 차이브는 마늘과 구별되는 중요한 특징을 가지고 있다. 마늘에는 없는 최루성 신타아제라는 효소를 갖고 있다는 점이다. 이 효소는 티오설피네이트를 프로페인티알 황산화물이라는 최루성 화합물로 바꾼다. 최루성이란 눈을 맵게 한다는 뜻이다. 세포가 많이 파괴될수록 프로페인티알 황산화물이 많이 형성된다. 양파는 편으로 썰기보다는 다질 때, 또한 세로로 썰 때보다 가로로 썰 때 더 많은 세포가 파괴되어 눈물이 더 많이 난다. 양파를 잘게 썰거나 다지면 눈이 맵긴 하지만 이는 풍미를 강

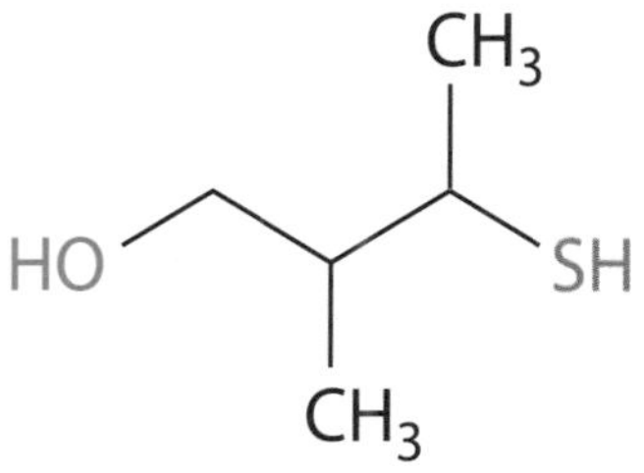

화하는 좋은 방법이다. 최근 발표된 연구에 따르면, 잘게 자른 양파를 물에 넣고 1~2시간 또는 그 이상 가열하면 소고기 맛과 비슷한 감칠맛을 내는 3-메르캅토-2-메틸펜탄-1-올(MMP)이라는 화합물이 형성된다. 단순한 황 함유 화합물치고 이름이 좀 복잡한 것 같지만, 대부분의 유기화합물은 그 이름을 통해 화학적 구조를 알 수 있다.

3-메르캅토-2-메틸펜탄-1-올(MMP)의 화학적 구조

MMP는 양파 1킬로그램에서 겨우 50마이크로그램(1마이크로그램은 100만분의 1그램)이 형성되는 극소량의 화합물이지만, 백합과 채소가 들어가는 요리와 소고기 육수, 그레이비에서 형성되는 모든 풍미 화합물 가운데 가장 강력한 힘을 발휘한다(우리가 MMP를 감지하는 문턱값은 물 1리터당 0.0016마이크로그램으로 아주 낮다). 이 수용성 화합물은 육수와 그레이비의 감칠맛에 엄청난 영향을 미친다. 육수의 풍미를 강화하려면 통양파가 아니라 잘게 자른 양파를 써야 하고 육수를 (몇 시간씩) 오래 끓여야 한다. 또한 양파는 기름이 아니라 물에 넣고 가열해야 캐러멜화로 더 많은 풍미 화합물이 생성된다. MMP가 형성되는 양은 리크와 차이브가 양파보다 5~7배 많다. 그래서 육수의 풍미를 강화하기 위해 평범한 양파 대신 리크, 차이브를 쓰는 경우가 많다.

20세기 이후의 요리법

20세기 이전까지만 해도 음식 과학은 학문적인 관심을 거의 받지 못했고, 그 결과 요리 과학을 뒷받침할 만한 기초적인 연구가 한참 부족했다. 그나마 가정학과, 가정경제학과에서 관련 연구가 나왔지만 그 초점은 음식이나 요리가 아니라 동물학과 식물학, 농학이었다. 1905년 미국과 캐나다에는 낙농학과가 코넬대학교, 위스콘신대학교, 아이오와주립대학교, 퍼듀대학교, 펜실베이니아주립대학교 등 열 곳 있었지만 식품학과는 한 곳도 없었다. 이윽고 1908년에 미국 화학협회에 농업식품화학부가 설치되었고 1918년에는 매사추세츠대학교 애머스트 캠퍼스에 최초의 식품학과가 설립되었다. 1936년에는 《음식 연구》가 창간되었는데, 이 잡지는 그 직후에 음식기술자협회(1939년 설립)에 인수되어 《음식 과학 저널》로 이름을 바꾸었다.

이때 이후로 음식 과학은 본격적인 학문으로 자리 잡기 시작했고 화학, 생물학, 물리학, 공학, 미생물학, 영양학 등 주변 학문과 연계하여 발전해 왔다. 2017년 기준으로 미국에는 식품학을 가르치는 대학 및 교육기관이 45곳에 이르는데, 이 중에는 영양학과와 연계된 곳이 많다. 바로 이 교육기관들이 한 세기 동안 연구해 온 내용이 지금 우리가 아는 요리에 관한 과학의 몸체를 이루지만 '요리 과학'은 여전히 독자적인 연구 분야로 인정받지 못하고 있는 형편이다.

3대 요리법, 즉 식재료를 수분 없이 오븐이나 불에 굽는 최초의 요리법, 이어 등장한 물에 삶는 법, 그리고 지방이나 기름에 튀기는 법은 최소 5,000년 전부터 쓰였다. 식재료를 낮은 온도에서 장시간 가열하는 수비드 요리법도 1799년에 시작되었다. 그 뒤로 지금까지 새로 개발된 혁명적인 요리법은 전자레인지 가열법뿐이다. 1945년 레이테온사의 퍼시 스펜서가 개발한 전자레인지는 제2차 세계대전 중에 개발한 레이더 기술을 활용하여 음식을 마이크로파로 가열하는 도구였다. 1947년에 출시된 최초의 전자레인지인 '레이더레인지'는 크기가 요즘 냉장고만 했고 상업적 용도로 제작되었다. 가정용 전자레인지는 아마나사가 처음 시장에 내놓았다. 이 새로운 요리 도구는 큰 인기를 끌어 1997년에는 미국 가정의 90퍼센트 이상이 전자레인지를 갖추고 있었다!

전자레인지는 음식을 빠르게 가열하거나 재가열하기에 좋은 도구이지만 고기를 갈색으로 굽거나 닭고기를 바삭바삭하게 튀기는 능력은 없다. 전자레인지의 원리는 음식 속 물 분자를 빠르고 강하게 진동시키는 것이기에 음식의 온도를 100도 이상으로 올릴 수 없다. 100도는 고기를 굽거나 튀기기엔 너무 낮은 온도이다. 또한 전자레인지는 마이크로파가 음식에 고르게 침투하지 못하기 때문에 통감자나 두꺼운 고기 같은 재료는 안쪽까지 다 익지 않는다는 한계가 있다. 음식을 '돌리는' 짧은 시간 동안에 전자파는 재료의 바깥쪽 몇 센티미터(음식에 따라 다르다)만 뚫고 들어가고 결국 물 분자에 흡수된다. 그 안쪽은 표면의 열이 서서히 전도되면서 익는다. 전자레인지는 이러한 단점이 있긴 해도 음식을 빠르게 가열할 수 있다는 편리성 덕분에 큰 성공을 거두었다.

수비드 요리법에 대해서는 흔히 1974년 프랑스 요리사 조르주 프랄뤼스가 로안의 트루아그로라는 레스토랑에서 처음 선보인 현대적인 기술이라는 설명이 붙는다(프랑스어로 수비드sous vide는 '진공 상태에서'라는 뜻이다). 그러나 3장에서 살펴보았듯이 이미 1799년에 벤저민 톰프슨이 본인이 발명한 감자 건조기를 이용해 저온의 특정한 온도에서 장시간에 걸쳐 양고기를 익혔다. 그때 톰프슨은 재료를 비닐 주머니에 넣고 진공으로 봉하진 않았으므로 엄밀히 말해 그가 오늘날 우리가 말하는 수비드 요리법을 발명한 것은 아니지만, 육류를 일정한 저온에서 아주 오래 가열함으로써 질긴 고기 부위를 부드럽고 촉촉하고 맛있게 요리했던 것만은 분명하다.

재료를 비닐 주머니에 넣고 밀봉한 뒤 일정한 저온에서 천천히 익히는 수비드 요리법은 육류나 생선의 수분과 영양분을 그대로 유지하면서 질긴 결합조직을 젤라틴으로 분해한다. 현재는 많은 고급 레스토랑에서 이 요리법을 폭넓게 적용하고 있다. 특히 식재료를 반조리하여 비닐 주머니에 밀봉한 상태로 급속 냉각한 뒤 주방에 주문이 들어오는 즉시 나머지를 조리하는 식으로 활용하고 있다. 또 일부 국제 요식업체는 중앙 시설에서 수

도판5 재료를 비닐 주머니에 넣고 밀봉한 뒤 일정한 저온에서 천천히 익히는 수비드 요리법

비드로 음식을 대량 조리한 뒤 급속 냉각해서 각지의 레스토랑과 카페테리아로 배송하면 거기서 나머지를 조리하는 방식을 채택하고 있다.

현대의 요리법 중에 또 하나 주목할 것은 '분자 미식학'이라는 개념이다(최근에는 '분자 요리'라는 용어가 더 많이 쓰이고 있다). 분자 미식학의 정의는 '주방에서 흔히 만들 수 있는 음식의 개발, 창조, 특성을 다루는 학문'이다. 나는 분자 요리라고 부르는 걸 더 선호하는데, 그 정의는 '독특한 풍미와 질감, 생김새를 가진 특별한 음식을 만들기 위한 과학의 응용'이다. 흔히 오해받지만 하나 분자 요리는 퓨전 요리처럼 특정한 요리 스타일을 칭하는 말이 아니다. 요리를 과학적으로 사고하는 이 접근법은 1992년 이탈리아 에리체에서 열린 한 학회에서 탄생했다.

많은 유명한 요리사가 분자 요리를 기꺼이 받아들였지만, 또 한쪽에는 좋은 요리를 만들기 위한 방법이 아니라 겉만 번지르르한 상술이라고 비판받을까 봐 이 새로운 접근법을 경계하는 이들이 있다. 이 개념이 혼란스럽다고, 심지어 거만하다고 생각하는 요리사도 많은데, 짐작건대 '미식학'gastronomy의 사전적 정의가 "좋은 식사의 예술 또는 과학"이자 "특정 지역 등의 요리법"이기 때문일 것이다.

미식은 식사인지 요리법인지, 예술인지 과학인지 알 수 없는 개념이다. 그래서 나는 덜 혼란스러운 단어인 '요리'cuisine를 즐겨 쓴다. 미식이든 요리든 그 앞에 '분자'molecula를 붙인 개념은 또 어떤가? 마침내 예술과 과학을 연결해 줄 고리인가, 아니면 약삭빠른 마케팅 수법인가? 좋은 요리를 만들기 위한 방법으로 분자 요리를 실천하는 사람들은 요리 예술에 과학을 접목해야 한다고 주장한다. 나는 이 책의 주제인 '요리 과학'은 분자 요리보다 훨씬 더 폭넓고 종합적인 분야임을 강조하고 싶다.

앨리스 워터스, 페란 아드리아, 헤스턴 블루먼솔, 르네 레드제피, 와일리 뒤프렌, 토머스 켈러, 그랜트 애커츠 등 유행을 선도하는 세계 최고의 요리사들은 분자 요리라는 접근법을 활용하면서 그 중요성을 입증해 왔다. 그러나 이들은 본인의 요리를 분자 요리로 정의하거나 한정하기를 단호히 거부하고, 그보다 훨씬 폭넓고 창의적인 요리 세계를 선보인다. 분자 요리는 그들의 거대한 도구 창고에 들어 있는 하나의 도구일 뿐이다. 이 위대한 요리사들은 음식의 질감과 생김새를 풍미만큼 높은 자리에 올려놓으며 눈과 코와 입을 두루 만족시키는 실로 참신한 요리의 향연을 펼쳐 보인다. 겔, 거품, 에멀션은 이미 수백 년 전부터 요리에 쓰여 왔지만 그 과학적 원리는 지난 100년 사이에야 밝혀졌다.

내 첫 직장은 세계 최대의 카라기난 생산업체였다. 다양한 홍조류에서 추출되는 다당류인 카라기난은 분자 요리에서 겔화제로 쓰인다. 내가 일한 FMC사는 일찍이 1940년대부터 카라기난을 생산하기 시작했고 겔의 과학에 대한 방대한 지식을 구축했다. 1980년대 초에는 카라기난과 그 사촌 격인 알긴산나트륨을 이용하여 구 형태의 겔을 만들었는데, 이는 나중에 페란 아드리아가 대중화시킨 겔화 기법의 생산물과 비슷했다. 그러나 분자 요리는 새로운 요리를 창조하기 위해 겔, 거품, 에멀션을 이용할 뿐만 아니라 회전 증발기 같은 특수한 장비, 액체 질소 같은 새로운 물질도 이용한다.

혁신을 추구하는 요리사들은 과학 지식과 요리 예술을 결합하여 실로 독창적인 새로운 요리를 창조하며, 그 지역에서 생산되는 최고급 제철 재료를 쓸 때가 많다. 이들은 예술과 과학을 미식으로 융합하는 유화제 같은 존재이다. 그러나 나에겐 신선한 딸기에 흑설탕을 뿌린 사워크림 한 덩어리를 곁들인 단순한 디저트가 그 어떤 상상력 넘치는 분자 요리 디저트 못지않게, 혹은 그 이상으로 멋진 음식이다. 지금은 세상을 떠난 내 친구 빌

벤츠와 그의 아내 루스가 그 디저트를 나에게 처음 선보였다.

요즘 세계를 주름잡고 있는 선구적인 요리사들은 분자 요리를 한참 넘어서서, 자신이 물려받은 독특한 유산과 문화적 배경을 중심에 두고 세계 여러 지역의 재료와 대담한 풍미를 혼합하는 '하이브리드 요리'를 실천하고 있다. 프랑스 요리의 전성기 때와 달리 오늘날의 미식은 더 이상 특정한 요리법에 국한되지 않는다. 현대 세계의 많은 것이 그러하듯 요리는 세계화되었고, 과학이 그러한 변화에 한몫했다.

예를 들어 뉴욕시의 모모푸쿠를 비롯해 여러 레스토랑을 성공시킨 요리사 겸 사업가 데이비드 장은 발효 기법을 이용하여 새롭고 독특한 음식과 풍미를 개발해 왔는데, 그 과정에서 미생물학자들과 협업했을 뿐 아니라 학술지에 논문까지 발표했다. 장 연구팀은 토종(현지) 곰팡이와 세균으로 발효시킨 환경 미생물로 고기와 곡물의 아미노산 함량을 높이고 감칠맛을 강화했다. 장은 이 새로운 접근법을 '미생물 테루아르'라고 명명했다. 장 팀은 가다랑어를 건조·발효·훈제하여 만드는 가다랑어포(가쓰오부시)의 제조 공정을 연구한 뒤 돼지고기를 쪄서 발효시킨 부타부시와 새로운 종류의 고지(발효시킨 쌀), 미소(발효시킨 콩)를 개발했다. 이어 곡물, 견과류, 씨앗류, 콩류 등을 발효시켜 만든 새로운 소스 3종(호존, 본지, 샘)을 개발했다.

독특한 재료와 색다른 풍미를 추구하는 욕구는 이름난 일류 요리사의 세계를 나와 이제 가정의 주방에까지 이르렀다. 이처럼 이국적인 세계 요리에 대한 관심 및 그 요리와 풍미의 기원이 되는 다양한 문화에 대한 관심이 보편화되는 과정에서 큰 역할을 담당했던 사람이 고故 앤서니 보데인이다. 최근에는 크리스토퍼 킴벌이 가정 요리의 르네상스에 합류했다. 그의 새로운 사업체 《밀크 스트리트》는 유럽, 중동, 아시아 등 세계 각지의 재료와 요리 기법을 사용하여 대담한 풍미를 내는 단순한 레시피를 개발하고 있다. 밀크 스트리트의 레시피 개발 과정에서 과학의 역할이 전면에 드러나진 않지만, 그 요리 기법은 간단한 것(가령 향신료를 기름이나 버터에 굽는 인도의 타드카)이든 다소 복잡한 것(가령 밀가루에 끓는 물을 조금씩 더해 녹말을 빠르게 호화시킴으로써 부드러운 파이 반죽을 만드는 일본의 탕종)이든 모두 과학을 토대로 개발된다.

예술로서의 요리, 과학으로서의 요리

아무리 간단한 요리라도 상당한 지식과 기술을 요구한다. 가장 정교한 형태의 요리는 예술이라고 불러도 손색없다. 어떤 요리를 양념하는 것이 '기술'이라면, 프렌치 런드리에서 토머스 켈러가 내놓는 '복숭아와 여름 양파'는 '작품'이다.

이런 예를 들긴 했지만 '요리는 예술이다'라는 말의 의미를 완벽하게 이해하긴 어렵다. 1970년대 초반, 미술가이자 사진작가인 마사 로슬러는 『요리라는 예술』이라는 책에서 프랑스 요리사 줄리아 차일드와 뉴욕의 음식 비평가 크레이그 클레이본이 나누는 가상의 대화를 썼다.

줄리아 차일드: 크레이그 씨, 제가 생각을 해 봤는데요. 요리가 예술이라는 건 우리 모두가 알잖아요. 그런데 어쩌다 그렇게 됐지 싶은 거예요. 사실 예술이라고 하면 우린 벽에 걸린 그림이나 정원에 서 있는 조각을 떠올리니까요.

크레이그 클레이본: 그러니까 요리는 덧없는 예술인 거죠. 화가나 조각가, 음악가는 오래 존재하는 작품을 만들 수 있지만, 아무리 뛰어난 요리사라도 그의 걸작은 순식간에 사라질 테니까요. 삶과 생각이 담긴 아름다운 작품을 한 입 두 입 먹고 한 번 들이켜면 사라져 버려요.

줄리아 차일드: 그렇군요. 걸작, 뛰어남, 아름다운 작품 이야기를 하셨는데요. 요리는 일차적으로 맛taste의 문제 아닌가요?

크레이그 클레이본: 물론이죠! 하지만 모든 예술이 취향taste의 문제잖아요?

줄리아 차일드: 그렇죠! 하지만 맛과 취향은 다르지 않나요?

크레이그 클레이본: 고전 프랑스 요리는 회화, 조각과 같은 미술이에요. 그 위대한 작품, 예를 들어 풀라르드 알 라 네바라든가 필레 드 뵈프 리슐리외 같은 요리는 입과 눈 모두를 사로잡도록 만들어진 걸작이죠. 고전 프랑스 요리는 질감과 색깔과 풍미를 정교하게 조합해요. 여기에 반짝이는 크리스털

잔, 빛나는 은식기, 순백의 테이블보까지 합쳐져 문명 세계의 한 장관을 이루죠.

유명한 예술가가 해석하는 예술로서의 요리는 이러하다. 하지만 위대한 예술은 과학 없이도 창조될 수 있지 않을까? 그럴 수도 있지만, 과학은 요리에 대해서와 마찬가지로 다른 모든 종류의 예술을 크게 개선할 수 있다. 가령 약 2,000년 전에 그려진 모든 그림은 원근감이 없는 2차원이었다. 그러다 서기 1000년경 이슬람의 위대한 수학자이자 물리학자인 이븐 알하이삼이 인간의 눈이 사물을 입체적으로 본다는 사실을 수학적으로 입증했고, 그 이후로 레오나르도 다빈치, 알브레히트 뒤러 같은 위대한 화가가 3차원의 원근감을 가진 위대한 작품을 창조하기 시작했다. 또한 이 시대 화학자들이 안정적인 안료를 만들어 내기 시작한 이후 요하네스 페르메이르나, 더 가깝게는 미국의 루미니즘 화가 피츠 헨리 레인 같은 이들이 아름다운 색으로 그림을 그릴 수 있게 되었다.

요리에서도 마찬가지이다. 가령 그린빈에 들어 있는 초록색 색소인 엽록소가 산성에서는 불안정하며, 이 때문에 색소가 칙칙한 올리브색으로 변한다는 화학 지식을 아는 요리사는 그린빈을 가열할 때 베이킹소다를 한 꼬집 넣어 밝은 초록색을 유지할 수 있다. 버터가 포도주보다 열에너지를 훨씬 적게 전달한다는 사실을 알면 토머스 켈러처럼 황홀한 질감을 자랑하는 바닷가재 요리를 창조할 수 있다. 육류의 근섬유가 특정한 온도에서 수축하며 수분을 내보내기 시작한다는 사실을 아는 요리사는 부드럽고 육즙이 풍부한 고기 요리를 내놓을 수 있다. 마지막으로 〈아메리카스 테스트 키친〉에서 안드레아 기어리는 (나에게 도움을 좀 받아서) 지방의 결정 구조를 이용해 너무도 촉촉하고 쫄깃한 초콜릿 브라우니를 만들어 냈다.

나는 과학자이자 아마추어 화가이자 요리 애호가로서, 지난 200년간 요리의 발전상은 예술과 과학의 완벽한 구현이었다고 생각한다. 그리고 앞으로의 현대 요리는 그 지역에서 나는 신선한 제철 재료를 중심으로, 과학과 예술 양쪽을 동원하여 눈과 귀 모두를 만족시키는 대담하고 이국적인 풍미의 아름다운 요리를 만들어 내는 방향으로 전개되리라고 예측한다. 또한 요리사들은 수비드 같은 과학적인 요리법으로 식재료의 영양을 유지하거나 심지어 강화하고 있는데, 이것이 이 책의 마지막 주제이다.

땅의 맛, 테루아르

프랑스인은 장소의 맛인 '테루아르'를 처음 발견하고 그 가치를 인정한 사람들로 인정받는다. 프랑스에서는 식재료를 재배하는 장소와 식재료의 특성을 오래전부터 한 묶음으로 생각했다. 그래서 프랑스산 포도주에는 포도의 품종명이 아니라 그 포도가 재배된 지역의 이름이 붙는다. 이는 미국산 포도주도 마찬가지이다.

이제 테루아르 개념은 포도주 외의 식품에도 널리 적용되고 있다. 올리브유, 치즈, 꿀은 각각 그 올리브 나무, 젖소, 꿀벌이 살아온 장소에 따라 특징과 풍미가 결정된다고들 한다. 프랑스 일부 지역과 이탈리아는 각각 '원산지 통제 명칭'이라는 명명법을 채택하여 특정한 종류의 포도주를 비롯한 농산물에 생산지 이름을 명시한다. 미국의 경우, 1986년에 제정된 비데일리아 양파법에 따라 조지아주 남동부에서만 비데일리아 양파를 재배할 수 있다. 테루아르가 식품의 특성에 미치는 영향에 관해서는 에이미 트루벡의 『장소의 맛』을 읽어 보길 바란다.

요즘 미국에서는 그 지역에서 생산되는 '로컬' 식재료를 이용하는 요리가 큰 인기를 끌고 있다. 현지 식재료는 먼 곳에서 온 식재료보다 더 신선할 뿐만 아니라 맛도 더 좋다는 게 요리사들의 공통된 의견이다. 그런데 이 의견을 과학적으로 입증할 수 있을까? 물론이다! 재배 조건과 환경이 식재료의 풍미와 질감에 미치는 영향은 벌써 여러 사례를 통해 밝혀졌다. 그중에서도 가장 잘 알려진 식재료가 백합과 채소이다. 양파, 대파, 마늘, 리크, 샬롯, 차이브 등이 속한 백합과 채소는 세포가 손상될 때 알리나아제라는 효소가 분비되어 황 함유 화합물인 S-알케닐 시스테인 황산화물과 만날 때에만 특유의 풍미와 매운맛을 낸다. 그래서 통마늘이나 양파 구근은 냄새가 나지 않고, 마늘과 양파를 잘게 다질수록 풍미와 매운맛이 강해진다.

S-알케닐 시스테인 황산화물은 자연적으로 존재하는 시스테인이라는 황 함유 아미노산에서 생성된다. 과학자들은 토양의 황 함유량이 백합과 채소의 풍미와 매운맛을 좌우한다는 사실을 밝혀냈다. 토양 속에서 황은 황산염 형태로 존재하고, 식물은 이 물질을 흡수하여 시스테인을 비롯한 몇 가지 황 함유 아미노산을 만들어 낸다. 토양의 황산염 함량이 많을수록 채소의 풍미와 매운맛이 강하다. 반대로 황산염 함량이 적은 토양에서는 비데일리아 양파처럼 맛이 더 순하고 달콤한 양파가 재배된다.

십자화과 채소가 특유의 풍미와 매운맛을 발산하는 화학도 이와 대체로 비슷하다. 다른 점은 세포가 파괴될 때 미로시나아제라는 효소가 방출된다는 것이다. 미로시나아제는 글루코시놀레이트라는 황 함유 화합물을 이소티오시아네이트로 바꾸며, 바로 이 화합물이 십자화과 채소의 풍미와 매운맛을 결정한다. 전 세계적으로 식용으로 쓰이는 십자화과 채소는 약 36종에 이른다. 미국인이 가장 많이 먹는 십자화과 채소는 양배추, 케일, 브뤼셀 스프라우트, 브로콜리, 브로콜리 라베, 콜리플라워, 겨자잎, 콜라드잎, 순무, 청경채, 근대, 무, 아르굴라이다. 모두 잘게 자르거나 썰거나 씹어야만 맛이 나기 시작하고, 세포가 많이 파괴될수록 풍미가 강해진다. 십자화과 채소는 물에 데치면 미로시나아제가 비활성화되어 쓴맛이 줄어든다. 과학자들은 백합과 채소와 마찬가지로 십자화과 채소도 토양의 황 함유량에 따라 풍미와 매운맛이 달라진다는 사실을 밝혀냈다.

내가 장소의 맛이라는 개념을 깊이 생각하게 된 계기는 2013년 〈아메리카스 테스트 키친〉에서 말린 흰 강낭콩으로 진행했던 블라인드 테스트였다. 각각 다른 곳에서 재배한 다섯 종류의 콩을 별다른 양념 없이 데치거나 끓인 상태로 맛보았다. 21명으로 구성된 평가단이 여섯 번씩 블라인드 테스트를 했다. 동시에 실험실에도 콩을 보내어 칼슘 수치를 측정했다. 콩의 칼슘은 대부분 세포들을 결합시키고 세포벽을 강화하는 물질인 펙틴에 들어 있다.

우리는 칼슘 함량이 많을수록 콩 껍질이 덜 터지고 속의 질감이 잘 유지되리라고 예상했다. 예상은 적중했다. 다음 표에 나타나듯이 콩의 맛과 질감 순위가 칼슘 함량 순위와 완벽하게 일치했다. 즉 칼슘이 가장 많이 들어 있는 콩이 가장 맛있는 콩으로 평가받았다. 심지어 칼슘 함량이 똑같은 두 종류의 콩은 맛 순위에서도 동위를 차지했다. 이쯤이면 예상할 수 있겠지만, 과학자들은 콩의 칼슘 함량이 콩의 유전자형은 물론 토양의 칼슘 함량과도 관계가 있다는 사실을 밝혀냈다. 콩도 자라는 환경이 중요한 것이다!

테루아르는 식물성 식품에만 적용되는 것이 아니다. 여기서 들고

말린 흰 강낭콩의 맛 순위

순위	종류	칼슘(mg/100g)
1	A	362
2	B	204
3(공동)	C	176
3(공동)	D	175
5	E	168

싶은 흥미로운 예는 모모푸쿠 레스토랑 그룹의 오너 셰프 데이비드 장이 탐색 중인 '미생물 테루아르'이다. 장은 현지 미생물로 식품을 발효시켜 그 지역만의 풍미를 창조하는 방법을 실험해 왔다. 하버드대학교 재직 당시 장과 협업한 벤저민 울프(현 터프츠대학교 교수)는 각 지역에서 생산되는 살라미 소시지에 서식하는 세균과 효모, 곰팡이를 분석하여 놀라운 결과를 도출했다. 울프에 따르면 살라미는 미생물 종류에 따라 풍미가 확연히 다르다. 〈도판 6〉은 살라미의 표면에 서식하는 그 지역 효모와 곰팡이를 보여 준다. 미생물 테루아르의 생생한 현장이다!

그러나 장소의 맛 개념을 적용하기 어려운 음식들도 있다. 백합과와 십자화과 채소의 맛이 토양과 긴밀하게 연결되어 있다는 사실은 이해하기가 비교적 쉽다. 그 특유의 풍미는 특정한 효소가 시스테인 아미노산에서 만들어지는 소량의 황 함유 화합물과 만나 반응한 결과이다. 따라서 토양의 황 함유량은 이 식물성 식품의 풍미 정도를 좌우하는 결정적인 인자이다.

그러나 다른 많은 채소는 좀 더 복잡한 과정을 통해 풍미를 만들어 낸다. 감자를 예로 들면, 감자는 삶거나 굽거나 찔 때 각기 다른 여러

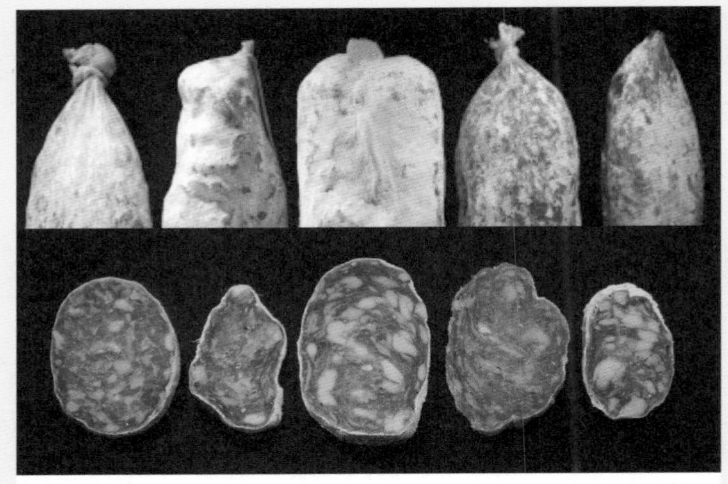

(도판 6) 각지에서 생산된 살라미 소시지 표본의 내부와 외부 비교. 각각 포틀랜드(오리건주), 버지니아주, 오클랜드(캘리포니아주), 유타주, 버클리(캘리포니아주)에서 생산되었다. 현지의 미생물 종류에 따라 다양한 살라미가 생산된다는 사실을 보여 준다.

반응을 통해 풍미가 생성된다. 지방과 당류와 아미노산의 반응도 있고, 황 함유 화합물의 형성도 있고, 피라진이라는 강력한 냄새 화합물을 생성하는 마이야르 반응도 있다. 과학자들은 감자 요리의 풍미가 식품의 유전자형과 환경 조건 양쪽에 의해 결정된다는 사실을 밝혀냈지만, 풍미를 형성하는 반응이 복잡한 경우가 많기 때문에 어느 한 환경 인자, 예컨대 토양의 황 함유량이 감자의 풍미를 결정한다고 말하기는 어렵다. 모든 음식이 장소의 맛을 내는 것은 아니라는 뜻이다.

부드러움의 과학: 젤라틴에서 곤약까지

물리학은 물질의 특성을 연구하는 학문이다. 물질 가운데 음식과 요리에서 특히 중요한 물질이 **연질**soft matter이다. 거품과 겔이 대표적이지만 액체, 콜로이드, 에멀션, 폴리머도 모두 연질에 속한다. 우리에게 익숙한 거품과 겔로는 아이스크림, 머랭, 무스, 푸딩, 파이 필링, 커스터드 등이 있다. 에멀션으로는 마요네즈, 드레싱, 소스가 있다.

분자 요리에서는 연질의 과학을 응용하여 전에 없던 종류의 거품과 겔을 창조하기도 한다. 연질은 비교적 최근에야 연구 대상이 되었지만 아주 오래전부터 존재했다. 가정의 주방에서는 2,000여 년 전부터 결합조직에서 얻어지는 젤라틴을 겔화제와 증점제로 사용했다. '단단한 또는 언'이라는 뜻의 라틴어 겔라투스gelatus에서 온 젤라틴gelatin이라는 이름이 1700년대에 이미 널리 쓰이고 있었다. 정제된 젤라틴이 상업적으로 생산되기 시작한 것은 1850년 미국에서였고 25~30년 뒤에는 유럽 시장에도 젤라틴이 등장했다.

젤라틴의 원료는 결합조직의 주성분인 **콜라겐**이다. 콜라겐은 튼튼한 섬유 형태로 존재하는 단백질 덩어리이다. 콜라겐이 풍부한 식품, 특히 동물의 가죽이나 뼈, 돼지 껍데기를 산이나 알칼리로 처리하면 콜라겐 섬유가 트로포콜라겐이라는 기본 단위로 분해된다. 트로포콜라겐은 서로 거의 비슷한 단백질 사슬 세 개가 삼중 나선을 이루고 있는 분자이다. 여기에 열을 가하면 삼중 나선이 가닥가닥 풀려 한 가닥짜리 단백질인 젤라틴이 된다. 젤라틴을 찬물에 넣으면 무게의 5~10배에 해당하는 물을 흡수하며 부푼다. 이어서 온도를 높여 녹였다가 27~34도에서 식히면 부드러우면서도 탄력 있는 겔이 되고 이를 입에 넣으면 다시 녹는다.

겔의 강도는 '블룸'bloom 단위로 표시하는데, 이는 젤라틴 농도 7퍼센트의 겔에 피스톤을 4밀리미터 깊이로 집어넣기 위해 필요한 무게(그램)를 측정한 값이다. 젤라틴은 요리에 다양하게 이용되며 특히 과자와 젤리, 요거트 등의 유제품, 육류 가공식품(지방 대신 사용한다), 소스와 드레싱에 중요하게 쓰인다. 그중에서도 가장 중요한 용도를 꼽으라면 소스에서 맡는 역할이다. 소스에 젤라틴을 넣으면 송아지고기 육수를 졸여 만든 데미글라스 소스의 감미롭고 매끈한 입맛이 난다. 소나 돼지의 질긴 부위는 몇 시간씩 가열해야 일정량의 젤라틴을 얻을 수 있는 반면, 송아지(특히 뼈)의 콜라겐은 훨씬 낮은 온도에서 더 빠르게 젤라틴으로 분해된다.

젤라틴은 크기가 매우 큰 단백질 분자로, 용액이 식을 때 다시 나선 층이 형성된다. 나선 층은 단일 젤라틴 분자 안에 형성되기도 하지만, 여러 개의 분자가 서로 얽힌 아주 큰 그물망 사이에 이중 또는 삼중의 나선으로 형성되기도 한다. 바로 이 나선 층이 수분을 머금으면서 연한 겔 구조를 만들어 낸다. 이처럼 수분을 만나 겔을 형성하는 물질을 친수성 콜로이드라고 부른다. 큰 분자들이 서로 얽히면서 분자 그물망

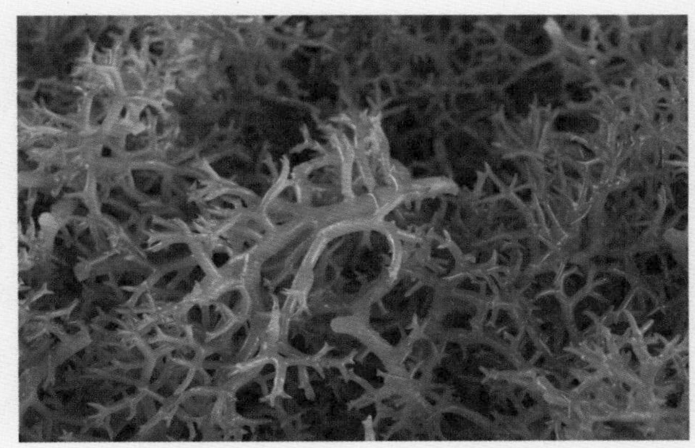

도판7 카라기난은 겔화제이자 증점제로서 다양한 특성을 가진 덕분에 육류, 빙과류, 유제품, 치약, 샐러드드레싱, 각종 음료, 반려동물 사료 등에 폭넓게 사용된다.

안에 수분을 가두는 겔화 원리는 카라기난, 펙틴, 알긴산나트륨, 잔탄검, 젤란검, 녹말(1장의 「녹말의 세계」 참조)에서도 똑같이 나타난다(분자 그물망에 꼭 나선이 개입하는 것은 아니다). 그러나 이 겔화제들은 단백질이 아니라 크기가 큰 다당류(작은 당 분자의 중합체)이다.

중국에서는 2,600년 전부터 다양한 홍조류가 요리에 쓰였다. 카라기난은 1930년대부터 상업적으로 생산되었다. 보통은 홍조류를 알칼리로 처리한 다음, 알코올이나 염화칼륨으로 침전시켜 카라기난을 추출한다. 세부적으로는 홍조류의 종류에 따라 카파, 아이오타, 람다 세 종류로 나뉜다.

카파 카라기난은 칼륨 이온이나 칼슘 이온을 만나 부서지기 쉬운 강한 겔을 형성한다. 아이오타 카라기난은 칼슘 이온을 만나 탄력 있는 약한 겔을 형성한다. 람다 카라기난은 겔을 형성하지는 않지만 물의 점도를 높이는 역할을 한다. 낮은 농도에서 칼슘 이온을 만나 겔을 형성하는 카파·아이오타 카라기난은 푸딩, 커스터드, 요거트 등 우유가 들어간 겔을 만드는 데 효과적이다. 또한 카라기난은 구아검, 로커스트콩검 같은 비겔화 검류와 만나면 아주 독특한 특성을 가진 겔을 형성한다. 카라기난은 겔화제이자 증점제로서 다양한 특성을 가진 덕분에 육류, 빙과류, 다양한 유제품(아이스크림, 치즈, 초콜릿우유 등), 치약, 샐러드드레싱, 각종 음료, 커피 크림, 반려동물 사료 등에 폭넓게 사용된다.

마찬가지로 다당류 친수성 콜로이드인 펙틴은 1825년에 처음으로 비교적 순수한 상태로 추출되었고, 과일 보존제부터 시작해 지금까지 오랫동안 요리에 쓰여 왔다. 펙틴은 식물의 세포벽을 구성하고 세포와 세포를 결합하는 물질로 대부분의 식물성 재료에 자연적으로 존재하지만 감귤류와 사과에 특히 많이 들어 있다. 딸기 같은 과일은 펙틴 함량이 아주 적고, 이 때문에 딸기로 잼이나 젤리를 만들 때는 펙틴을 추가로 넣어야 한다.

시중에 판매되는 펙틴은 저메톡실 펙틴과 고메톡실 펙틴으로 나뉜다. 고메톡실 펙틴은 비교적 낮은 산성도(pH 3.2~3.4가 최적)에서 강한 겔을 만들지만 고농도의 당류와 만나야만 한다는 조건이 있다. 그래서 과일 보존식품에 설탕이 그렇게 많이 들어가는 것이다. 저메톡실 펙틴은 분자를 그물망으로 연결해 주는 칼슘 이온과 만나 겔을 형성하는데, 여기에 필요한 산성도도 비교적 낮다. 산은 펙틴 분자의 전하를 바꿈으로써 결합을 촉진하는 역할을 한다. 저메톡실 펙틴은 잼, 젤리, 보존식품은 물론, 요거트나 발효유 등 우유가 들어간 다양한 식품에 널리 쓰인다.

알긴산나트륨은 1940년경부터 겔화제로 쓰이기 시작했고 현재는 주로 가공식품에 이용된다. 알긴산나트륨은 카라기난의 화학적 친

척뻘이지만 홍조류가 아니라 갈조류에서 추출된다는 차이가 있다. 알긴산나트륨은 카라기난과 마찬가지로 칼슘 이온을 만나 겔을 형성한다. 칼슘 이온은 알긴산 분자를 연결하여 그 무한한 그물망 안에 수분을 가두는 역할을 한다. 알긴산나트륨이 만드는 겔은 카라기난이 만드는 겔과 달리 열에 강하기 때문에 양파 링 튀김, 올리브 속에 넣는 피망 필링, 생선 패티, 반려동물 사료 같은 재구성 식품을 비롯하여 고온에서도 형태를 유지해야 하는 크림 필링, 샐러드드레싱, 마요네즈, 케첩, 인스턴트 푸딩 등에 널리 쓰인다.

비교적 뒤늦게 친수성 콜로이드 목록에 오른 물질 중 하나는 미국 농무부가 발견한 잔탄검이다. 잔탐검은 1960년대 미국에서 상업적으로 생산되기 시작했고 1969년 미국 식품의약청에 식용으로 승인받았다. 잔탄검은 앞에서 설명한 복합다당류와 구별되는 점이 있다. 카라기난, 펙틴, 알긴산나트륨이 식물성 재료에서 추출되는 물질인 반면, 잔탄검은 잔토모나스 캄페스트리스라는 세균의 발효로 생성되는 물질이라는 것이다. 엄밀히 말해 잔탄검은 겔화제가 아니다. 아주 낮은 농도에서 아주 끈적끈적한 용액을 형성하고 특히 구아검, 로커스트콩검, 알긴산나트륨 등과 반응하여 독특한 증점제 역할을 한다. 무엇이 독특한가 하면 고속 혼합에도 반응이 안정적이고 산, 염기, 단백질, 당류, 염류에 대한 저항력이 강하다. 이러한 특성 덕분에 잔탄검은 샐러드드레싱, 소스, 그레이비, 통조림 수프, 아이스크림(얼음 결정이 형성되지 못하게 한다), 시럽, 필링에 활용되고 있다.

가장 근래에 식용 친수성 콜로이드 대열에 합류한 다당류는 1980

년대에 특허 등록된 젤란검으로, 슈도모나스 엘로데아라는 세균의 호기성 발효로 생성되는 물질이다. 젤란검은 찬물에서 매우 끈적끈적한 용액을 형성하고, 80~90도로 가열한 뒤 실온까지 식히면 0.05퍼센트라는 낮은 농도에서 겔을 형성한다. 칼슘 이온, 나트륨 이온 등 겔 형성 염류를 첨가하면 겔의 강도를 높일 수 있다. 따라서 젤란검과 염류 각각의 농도를 조절하면 탄력 있는 푹신한 겔부터 부서지기 쉬운 단단한 겔까지 다양한 특성을 가진 겔을 만들 수 있다. 젤란검은 물을 기본으로 한 젤리, 가공식품, 케이크 아이싱, 우유를 기본으로 하는 디저트, 파이 필링 등 다양한 요리에 사용된다.

내가 최근 10년 사이에 식품 산업계에서 접한 식용 친수성 콜로이드 가운데 아주 흥미로운 것은 중국과 일본을 비롯한 아시아 지역에서 자라는 구약나물의 덩이줄기에서 추출되는 곤약 가루이다. 이 복합다당류는 겔화제 역할에 더해 혈중 콜레스테롤을 낮추는 효과가 있어 중국과 일본에서는 이미 오래전부터 식용으로 써 왔다. 곤약 가루 1퍼센트의 끈적끈적한 용액을 탄산칼륨, 탄산칼슘(가령 굴 껍질을 간 가루) 등 약알칼리로 처리한 다음, 80도로 몇 분간 가열했다가 실온에 식히면 마치 고무처럼 단단하면서도 매우 탄력 있는 겔이 형성된다. 이 겔은 열에 매우 안정적이다. 177도로 가열한 철판에 올려 두어도 녹거나 마르지 않고 몇 시간 동안 그대로 유지된다. 그런데 더 놀라운 사실은 어는점에 가까운 4도로 식히면 원래의 끈적끈적한 용액으로 변한다는 것이다! 곤약 가루는 미국 식약청의 승인을 받고 채식 버거, 고기 패티, 게맛살, 라면 등에 열 안정성을 높이는 용도로 쓰이고 있다.

(한국인은 잘 모르는) 아시아 대표 식재료

팔각(八角, 영어로는 스타 아니스star anise)은 아시아 지역에서 뭉근히 끓이는 요리에 풍미를 낼 때 쓰이는 중요한 향신료이다. 단독으로 쓰일 때도 많지만, 팔각, 정향, 후추, 회향, 계피를 곱게 간 오향분으로도 많이 쓰인다. 오향분은 마리네이드, 바비큐 소스, 오븐 구이, 스튜, 수프 등에 쓰이고 베트남 쌀국수인 포pho에도 들어간다. 중국 요리에서는 돼지고기를 삶거나 닭고기 스튜를 할 때 팔각으로 맛을 낸 간장과 물을 1:4 비율로 섞어 고기를 몇 시간씩 가열하는 식으로 쓰인다. 팔각은 16세기 말경 중국에서 유럽으로 전해졌지만 지금까지 유럽 요리에서 팔각을 쓰는 경우는 그리 많지 않다.

팔각이 열리는 팔각나무는 중국 남서부와 베트남 북부가 원산지이며 지금은 두 나라를 비롯해 라오스, 인도, 필리핀, 일본, 한국 등지에서 재배된다. 이름에서 알 수 있듯이 팔각은 뾰족한 모서리가 여덟 개 있는 별 모양으로 생겼다. 수확할 때는 녹색이지만 햇볕에 말리면 적갈색으로 변한다. 말린 팔각은 감초 같은 단맛이 나지만 장시간 가열하면 얼얼한 매운맛이 강해진다.

말린 팔각은 무게의 2.5~3.5퍼센트가 에센셜 오일이다. 이 기름의 85~90퍼센트는 트랜스아네톨이라는 휘발성 화합물이고 약 2퍼센

도판 8 팔각은 중국, 인도 등 여러 아시아 국가에서 폭넓게 쓰이지만 한국에서는 생소한데, 팔각이 들어가는 음식으로는 족발, 마라탕, 카레라이스 등이 있다.

트는 메틸 차비콜이라는 휘발성 화합물이며 그 밖에도 여러 종류의 화합물이 소량으로 들어 있다. 순수한 트랜스아네톨은 실온(21.5도)에서 녹는 결정형 반고체로, 이 화합물이 들어 있는 팔각, 아니스, 회향의 기름에서 특유의 감초 같은 풍미를 담당한다. 이 향신료들의 기름은 지방과 알코올에는 녹지만 물에는 거의 녹지 않는다. 트랜스아네톨의 단맛은 설탕보다 약 13배 더 강하다.

트랜스아네톨은 물에서 장시간 가열하면 서서히 4-메톡시벤즈알데히드(p-아니스알데히드)라는 기름진 액체로 바뀌는데, 이 물질은 바닐라향 같은 좋은 향기가 난다. 특히 돼지고기나 닭고기를 장시간 가열하는 요리에서 이 화합물이 극히 중요한 역할을 한다. 바꿔 말하면 이 물질의 풍미를 얻기 위해서는 고기를 장시간 가열해야 한다. 여기서 우리는 육류 요리의 풍미에 관한 중요한 사실을 알 수 있다. 날고기는 풍미가 거의 없고 고기 안에 남아 있는 피의 맛이 전부이다. 익힌 고기의 특징적인 풍미는 가열 중에 발생하는 화학반응에서 비롯된다.

그중 가장 중요한 것이 마이야르 반응, 즉 포도당이나 과당 같은 당류와 단백질 분해로 형성된 다양한 아미노산 사이에 일어나는 반응이다. 마이야르 반응은 수분이 적은 고기를 150도 이상의 고온에서 구울 때 빠르게 진행되기 때문에 오븐에서 수분 없이 구운 고기에서 이 반응을 쉽게 확인할 수 있다. 삶은 고기의 풍미는 구운 고기와 아주 다르다. 그 이유는 액체의 넉넉한 수분 때문에 마이야르 반응이 아닌 다른 반응들이 일어나기가 더 쉽기 때문이다.

팔각은 고기를 삶는 요리에서 대단한 풍미를 담당한다. 러트거스 대학교 식품학과의 최근 연구에 따르면, 트랜스아네톨은 뭉근히 끓는 물에서 4-메톡시벤즈알데히드로 서서히 분해되고, 이 화합물이 다시 황 함유 아미노산인 L-시스테인과 시스틴과 만나 중국식 돼지고기 요리 특유의 풍미를 만들어 낸다. 4-메톡시벤즈알데히드와 L-시스테인이 만나 일으키는 반응의 주요 생성물은 4-메톡시벤조티알데히드라는 황 함유 화합물로, 이것이 팔각을 넣고 뭉근히 끓이는 고기 스튜 요리의 가장 특징적인 풍미를 담당한다. 트랜스아네톨이 감초 같은 단맛을 내긴 하지만, 팔각을 넣은 요리의 독특한 풍미를 결정하는 것은 트랜스아네톨로부터 새롭게 생성되는 황 함유 화합물이다.

한 가지 꼭 기억해야 하는 사실은 중국 팔각과 일본 팔각은 전혀 다른 열매라는 것이다. 붓순나무 열매인 일본 팔각에는 독성이 강한 아니사틴이라는 물질이 들어 있어 인간, 어류, 동물의 신경계에 급성 이상을 일으킨다. 문제는 두 팔각을 구별하기가 어렵다는 것인데, 중국 팔각에 일본 팔각이 섞여 들어간 경우가 여러 차례 보고된 바 있다.

방울양파 레드와인 조림

재료(6인분)

방울양파(지름 3~4센티미터) 24개

파슬리 줄기 4개

월계수잎 1/2개

소고기 육수 또는 국물 큐브 육수 1/2컵

레드와인(피노누아르, 보졸레 등 드라이한 품종) 1/2컵

저지방 크림 1/2컵

올리브유 1.5큰술

정제 버터 1.5큰술

말린 타임 1작은술

Tip. 이 레시피에서는 약 30센티미터 되는 팬을 이용해 분량을 2~3배 늘릴 수 있다. 크리스틴은 추수감사절 만찬을 위해 한 번에 60~65개의 양파를 요리한다.

Julia Child's brown-braised onions

줄리아 차일드의 레시피로 만든 방울양파 레드와인 조림은 우리 가족이 수십 년간 추수감사절 식탁에 내놓은 음식이다. 내 아내 크리스틴은 그 오랜 세월 동안 차일드의 레시피를 거의 바꾸지 않고 요리했다. 양파의 강한 풍미와 여기에 잘 어울리는 허브와 와인의 미묘한 향기를 즐기다 보면 뉴잉글랜드의 아름답고 선선한 가을날이 절로 떠오른다.

이 레시피는 원래 줄리아 차일드가 코코뱅이나 뵈프 부르기뇽에 곁들일 목적으로 개발했지만, 밤으로 속을 채운 칠면조 오븐 구이를 비롯해 짙은 노란색의 땅콩호박 수프, 크림을 넣은 매시트 포테이토, 찐 강낭콩, 크랜베리 오렌지 렐리시, 특히 칠면조 육수를 뭉근히 끓여 만드는 크리스틴의 리치 브라운 그레이비 등 우리 가족이 즐겨 먹는 추수감사절 요리와 잘 어울린다.

입안에서 사르르 녹는 이 양파 요리의 강렬한 풍미는 복합적인 과정을 통해 생성된다. 풍미가 형성되는 첫 단계는 엑스트라버진 올리브유와 정제 버터에 양파를 갈색이 나도록 볶을 때이다. 여기서 당류가 캐러멜화하고, 버터와 양파 속의 당류와 단백질이 만나 마이야르 반응이 일어난다. 정제 버터를 사용해야 하는 이유는 버터에 수분이 있을 경우 수분의 증발 때문에 고온에

도달하는 시간이 지체되기 때문이다. 양파에는 1-프로페닐-L-시스테인 황산화물(1-프렌스코)이라는 냄새 없는 비휘발성 아미노산이 풍부하게 들어 있다. 양파는 토양에 들어 있는 무기물인 황산염을 흡수하여 이 유기물을 만들어 낸다.

풍미가 형성되는 두 번째 단계는 볶은 양파를 와인, 육수, 또는 맹물에 넣고 천천히 가열할 때이다. 여기서 비휘발성 황 화합물이 프로페닐 이황화물, 3-메르캅토-2-메틸펜탄-1-올(MMP) 등 휘발성을 가진 강력한 풍미 화합물로 바뀐다. 우리는 이러한 화합물의 냄새를 0.1~0.01ppb의 낮은 수준까지도 감지할 수 있다.

또한 양파에는 글루탐산염과 뉴클레오티드가 비교적 풍부하게 들어 있다. 이 두 물질은 그 자체로도 감칠맛을 내지만, 둘이 만나면 더욱 강력한 감칠맛을 만들어 낸다. 양파는 감칠맛의 원천으로 잘 알려진 표고버섯의 약 70퍼센트에 달하는 글루탐산염과 뉴클레오티드를 함유하고 있다. 양파를 서서히 가열하여 이 강력한 풍미 화합물을 끌어내고, 여기에 허브와 와인의 향과 맛을 더하면 도저히 거부할 수 없는 매력적이고 복합적인 풍미의 요리가 완성된다.

만드는 법

1. 약 25센티미터 되는 스테인리스스틸 팬에 버터와 올리브유를 넣고 기름이 은은히 빛날 때까지(연기가 나선 안 된다) 중불에서 달군다.
2. 불은 계속 중불에 두고 버터, 올리브유에 껍질을 벗긴 양파를 넣고 15분간 가열한다. 이때 양파가 골고루 갈색을 띠도록 간간이 굴린다.
3. 소고기 육수나 국물 큐브, 레드와인, 파슬리, 월계수잎, 타임, 약간의 소금을 더하고 골고루 섞는다.
4. 뚜껑을 반쯤 덮고 1시간 반 동안 아주 천천히 끓여 국물을 걸쭉한 시럽처럼 졸인다. 필요하다면 뚜껑을 열고 수분을 더 빨리 증발시켜도 된다. 국물이 졸아드는 동안 양파가 타지 않도록 자주 젓는다.
5. 크림 소스 풍미를 원한다면 저지방 크림 1/2컵을 더해도 좋다.
6. 완성한 요리는 며칠 동안 냉장 보관한다.

맛있고 몸에 좋은 매시트 콜리플라워

재료(4인분)

콜리플라워 4센티미터 크기로 자른 것 4컵

생크림 4큰술

소금 1/2작은술

마늘 다진 것 약간

Tip. 간 후추, 핫 소스 등 원하는 조미료를 추가해도 좋다.

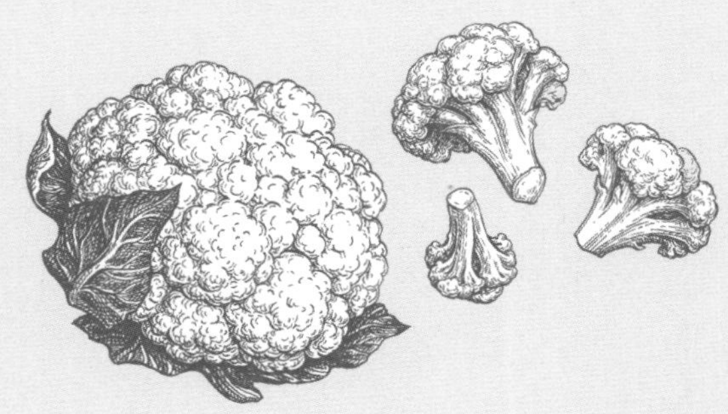

Delicious, healthy mashed cauliflower

매시트 콜리플라워는 주재료인 콜리플라워의 풍미와 영양소에 매시트 포테이토의 맛을 겸비한 훌륭한 요리이다. 감자는 빠르게 소화되는 녹말을 다량 함유한 반면, 콜리플라워는 식이섬유가 풍부하고 녹말은 훨씬 적게 들어 있다. 또한 요리에 사용한 물을 버리지 않으므로 식재료에서 나온 글루코시놀레이트, 이소티오시아네이트, 수용성 비타민, 식이섬유, 미네랄을 전부 그대로 섭취할 수 있다.

이 레시피에서는 조리 시간이 중요하다. 콜리플라워는 충분히 긴 시간 동안 가열해야 한다. 그래야 초반에 빠르게 형성되는 황 화합물인 이소티오시아네이트가 이황화물과 삼황화물로 바뀌면서 원래의 얼얼한 맛 대신 견과류에 가까운 향기로운 풍미가 형성된다. 그러나 또 너무 오래 가열하면 이황화물과 삼황화물이 증발하여 밋밋한 곤죽만 남게 된다.

이 음식을 맛있고 건강하게 활용하는 방법은 매시트 콜리플라워를 접시에 골고루 펴 담고 나서 그 위에 오븐에 구운 생선이나 불에 구운 닭고기 등 고단백 음식을 올리고 이파리 채소나 샐러드를 곁들이는 것이다.

콜리플라워 외에 다른 채소들도 이 레시피대로 최소한의 물을 넣고 가열하면 체에 걸러 수프나 소스 형태로 만들 필요 없이 그대로 먹을 수 있다.

만드는 법

1. 2리터 용량의 소스 팬에 콜리플라워를 넣고 재료가 절반만 잠기도록 물을 부은 후 다진 마늘과 소금을 더한다.
2. 콜리플라워의 질감이 부드러워지고 달콤하고 고소한 맛과 향이 날 때까지 최소 20분에서 최대 25분 동안 뚜껑을 연 채 뭉근히 가열한다.
3. 요리에 사용한 물은 대부분 콜리플라워에 흡수되거나 증발하므로 물기가 남지 않을 것이다. 생크림을 넣은 뒤, 부드러운 크림 질감이 날 때까지 믹서기로 곱게 간다.

6 지금은 요리 과학 시대

대중과 만난 요리 과학

2005년 1월, 나는 캘리포니아주 팰로앨토의 한 커피숍에서 해럴드 맥기를 처음 만나 그 전해에 개정판이 나온 그의 인기 저서 『음식과 요리』에 사인을 받았다. 그해 3월부터 〈아메리카스 테스트 키친〉의 과학 편집자를 맡을 예정이었던 나는 맥기의 책에서 많은 영감을 얻었다. 이 방송의 기획자인 크리스토퍼 킴볼은 요리 과학 및 가정 요리 레시피에 요리 과학을 응용하는 일에 지대한 관심을 가지고 있었다. 나는 식품업계에서 은퇴한 뒤 새로운 여정을 시작하게 되어 마음이 너무나 설레었다. 그날 커피숍에서 맥기에게 듣기로 1984년에 나왔던 『음식과 요리』 초판은 그다지 많이 팔리지 않았는데 많은 부분을 손보아 다시 낸 개정판은 매우 잘 팔리고 있다고 했다. 그의 책은 제임스 비어드상,

도판 1 콩과 통귀리 위에 올린, 팬으로 구운 쏨뱅이와 구운 당근. 지속 가능한 해산물 요리사 릭 무넨이 만든 아름답고 맛있고 몸에 좋은 요리이다.

국제요리전문가연합의 요리책상을 수상했으며 요리에 관심 좀 있다 하는 사람들 사이에 필독서로 자리매김했다.

초판과 개정판 사이의 그 20년 동안 무슨 일이 있었기에 같은 책이 이토록 상반된 반응을 얻었을까? 그 답은, 전문 요리사는 물론 아마추어 요리사도 요리 과학에 매료되었다는 것이다. 맥기는 『음식과 요리』를 낸 데 이어 1990년 『호기심 많은 요리사: 더 많은 주방 과학과 전설』을 써서 다시 한번 대중 독자에게 요리 과학을 전파했다. 많은 사람이 요리 과학의 즐거움에 눈을 뜬 데에는 '요리계의 과학자'인 맥기의 공이 크며, 2004년 개정판의 인기도 그 사실을 입증하는 듯하다. 하지만 맥기에 앞서 대중의 관심에 처음 불을 붙인 것은 크리스토퍼 킴볼이 창간한 요리 잡지 《쿡스 일러스트레이티드》라고 봐야 옳다. 킴볼은 1979년에 《쿡스 매거진》을 발간하기 시작했는데 이 매체는 곧 콘데나스트 출판사에 매각되었다가 1989년에 폐간되었다. 킴볼은 1992년 《쿡스 일러스트레이티드》라는 또 다른 잡지를 창간했다.

《쿡스 일러스트레이티드》의 창간호에는 맥기가 쓴 글들이 실렸다. 하나는 우유를 끓여야 하는 이유와 버터의 과학에 관한 짧은 글이었다. 또 하나는 "닭고기 굽는 법"이라는 제목의 긴 기사로, 십여 마리의 닭을 여러 다양한 조건과 온도에서 구워 최적의 방법을 찾아내는 내용이었다. 과학적 접근법으로 레시피를 개발하는 맥기의 방법론은 《쿡스 일러스트레이티드》의 성공을 이끌었다. 이 획기적인 창간호에는 "달걀흰자의 과학"이라는 글도 실렸다. 요리를 즐기는 사람들이 이 잡지에 열광했고 구독자가 같은 분야 2위 잡지보다 두 배 빠른 속도로 증가하여 2009년까지 120만 명을 기록했다. 여기에는 발행 초기에 맥기가 필자로 참여한 것이 결정적인 역할을 했다. 독자들이 그의 과학을 신뢰했기 때문이다.

심지어 지금도 '요리 과학'이라는 이름으로 너무도 많은 잘못된 정보와 가짜 정보가 인터넷을 중심으로 유통되고 있다. 그러므로 요리 과학에 관한 책이나 블로그를 읽을 때는 거기서 말하는 '사실'을 뒷받침하는 타당한 실험이 존재하는지, 또는 정보에 제대로 된 출처가 있는지 확인하도록 하자. 누가 썼는지도 모르고, 글쓴이가 어디에서 어떻게 알게 되었는지도 모르는 정보를 과학이라고 할 수 있을까? 맥기의 『음식과 요리』는 인용 문헌 목록만 15쪽에 달한다. 이 책이 독자들이 믿고 보는 필독서가 된 데는 이유가 있다.

'과학적인 요리'에 대한 대중의 관심은 2000년에 시작되어 이제 열아홉 번째 시즌을 방송하고 있는 인기 TV 프로그램 〈아메리카스 테스트 키친〉 덕분에 더욱 뜨겁게 달아올랐다. 이 프로그램에서는 매회 시청자의 관심을 사로잡는 멋진 애니메이션을 통해 그날의 레시피 뒤에 숨은 과학을 자세히 설명해 준다.

물론 이 밖에도 많은 프로그램과 출판물이 요리 과학의 인기를 이끌었다. 1993년에는 음식 전문 케이블 채널인 '푸드 네트워크'가 개국했고, 요리 과학을 중점적으로 다루는 앨턴 브라운의 인기 프로그램 〈굿 이츠〉는 1998년 시카고 지역 방송국에서 방영되기 시작하여 이듬해부터 지금까지 푸드 네트워크를 통해 전국에 방송되고 있다. 생화학자 셜리 코리허의 『쿡와이즈: 훌륭한 요리의 비법과 비결』(1997) 등 책의 힘도 컸다.

개인적으로는 크리스토퍼 킴볼과 편집장 잭 비숍에게 요리 과학에 관한 책을 쓰자고 2년 동안 조른 끝에 2012년 『좋은 요리의 과학』을 펴냈다. 이 책은 《뉴욕타임스》의 베스트셀러 목록에 두 달이나 머무르면서 그 출판사로서는 두 번째로 많이 판 책이 되었다. 2016년에 펴낸 두 번째 과학책인 『요리사의 과학』은 제임스 비어드상 후보에 올랐다. 두 책의 공저자로서 나는 350개에 달하는 과학 논문을 검토하여 책에 수록된 모든 과학 관련 내용을 연구하고 집필했다.

요리 과학에 대한 이 뜨거운 관심은 진지한 변화일까, 아니면 잠깐의 유행일까? 나는 전자라고 생각하며, 앞으로도 이 추세가 점점 강해질 것으로 예상한다. 곧 살펴보겠지만 요리 과학은 무엇보다 건강한 음식과 관련이 깊기 때문에 그렇다. 미국 질병통제예방센터에 따르면 2014년 미국인의 사망 원인 중 70퍼센트가 식이 만성 질환이었고, 식생활과 신체 활동이 변화하지 않는 한 이 비율은 2020년까지 75퍼센트로 증가할 것으로 예상된다. 선진국은 물론 개발도상국에서도 비만, 당뇨병, 심혈관 질환, 치과 질환, 일부 암 등 식이 관련 만성 질환의 발병률이 증가함에 따라 이러한 치명적인 질병의 발병 위험을 줄이기 위해 음식과 요리 방법에 대한 관심이 점점 높아지고 있다.

건강을 요리하는 법

미국에서는 국립보건원의 연구, 식약청의 권고, 농무부와 심장협회의 식생활 지침, 영양학과 전염병학 분야의 방대한 학술 연구에 힘입어 건강한 음식과 건강하지 않은 음식에 대한 지식이 상당히 탄탄하게 구축되었다. 가령 국립보건원의 연구에 따르면 카로티노이드 색소, 폴리페놀, 비타민 C(아스코르브산), 비타민 E(토코페롤)와 같은 항산화제가 풍부하게 들어 있는 음식은 우리 몸에서 형성되는 자유라디칼의 산화스트레스를 낮춤으로써 암, 당뇨병, 심혈관 질환, 알츠하이머병, 파킨슨병, 눈병의 위험을 낮춘다. 또 여러 보건 기관이 수집한 방대한 정보에 따르면 일부 지방, 그중에서도 트랜스지방은 심장마비와 뇌졸중의 위험을 크게 증가시킬 뿐 아니라 염증, 인슐린 저항성, 당뇨병의 원인이 된다.

이에 비하면 가정 요리가 음식의 영양에 미치는 영향에 대한 지식은 아직 충분히 구축되지 않았다. 그 이유 중 하나는 과일과 채소는 같은 종류라 할지라도 언제, 어디서, 어떻게 재배되었는지, 언제 수확되었는지, 또 어떻게 가공되고 배송되고 보관되었는지에 따라 작물마다 영양소 함량이 천차만별이기 때문이다. 이번 장에서 살펴보겠지만, 식재료는 어떻게 요리하느냐에 따라 영양소 구성이 좋은 방향으로도, 나쁜 방향으로도 완전히 달라질 수 있다. 우리는 요리와 영양의 관계를 과학적으로 탐구함으로써 음식이 인간의 신체에 미치는 중대한 영향을 파악하고 요리 과학에 대한 관심을 한층 확대할 수 있을 것이다.

음식을 요리하는 과정이 인체에 필요한 50여 가지 영양소에 미치는 영향에 관한 연구는 1930년대 말에 시작되어 지금까지 꾸준히 확대되었다. 로버트 S. 해리스와 엔델 카마스가 편집한 『음식 가공의 영양 평가』(제2판이 1975년에 나왔고 지금도 발행되고 있다)는 1930년대 말부터 1970년대 초까지의 연구를 철저히 분석한 결과물이다. 책에 수록된 방대한 자료가 이제는 시대에 뒤떨어진 면이 있긴 하나, 영양소의 화학은 변하지 않는다는 점, 그리고 각각의 요리법이 음식의 영양에 미치는 상대적인 영향은 예나 지금이나 똑같다는 점에서 여전히 타당성이 높은 책이다.

폴 라샹스와 존 어드먼(둘 다 러트거스대학교 식품학과와 관계가 있다)이 집필한 17장 「가정 요리의 관행이 음식의 영양 성분에 미치는 영향」은 가정 요리에 초점을 맞추고 있고, 폴 라샹스가 집필한 16장 「요식업계의 관행을 중점으로 살펴본 요리 절차가 영양소 유지에 미치는 영향」은 상업적 요리와 관계된 내용이다. 저자 로버트 해리스(1904~1983)가 내 어머니의 사촌이며 매사추세츠공과대학의 영양 생화학과 교수로 33년간 재직한 인물이라는 점에서 나에게도 의미가 각별한 책이다. 해리스는 아카데믹프레스에서 펴낸 31권짜리 시리즈 〈비타민과 호르몬〉의 선임 편집자이기도 했다. 나는 그를 통해서 처음으로 영양학에 관심을 갖게 되었다. 그 후 곧 유기분자의 구조와 콜레스테롤, 프로게스테론, 테스토스테론 같은 스테로이드 물질의 화학으로 관심 분야를 옮기긴 했지만 말이다.

건강한 식생활과 레시피에 관한 저서 가운데 읽기에 재미있는 동시에 과학적으로 정밀한 내용을 찾는 사람에게는 의학박사 월터 C. 윌렛의 『하버드 의대가 당신의 식탁을 책임진다』를 강력히 추천한다. 윌렛은 하버드 공중보건대학원 영양학과 학과장으로 25년간 재직한 세계적인 영양학자이다. 마지막으로 요리와 영양의 관계를 다룬 학술 논문을 찾는 사람은 아드리아나 파브리와 내가 함께 쓴 「요리가 채소와 콩류의 영양 품질에 미치는 영향 검토」를 찾아 읽길 바란다. 마리안토넬라 팔레르모, 니콜레타 펠레그리니, 빈센조 포글리아노의 「요리가 채소의 식물화학 구성에 미치는 영향」도 추천한다.

요리 과학을 응용하여 음식의 영양 품질을 개선하는 것은 내 오래된 관심사였다. 2013년 5월 나는 하버드 공중보건대학교 영양학과에서 "요리 과학과 영양의 짝짓기"라는 제목으로 강연을 했다. 이 강연에서 나는 이 학교에서 가르치는 '음식의 과학, 기술, 지속 가능성 세미나'의 내용을 압축해서 전달했다. 2014년 1월에는 세계적인 레스토랑 안내서인 자갓Zagat의 게스트 셰프로서 구글의 캘리포니아주 마운틴 뷰 본사에 초청되어 다시 한번 같은 내용을 강연했다. 당시 구글 본사에는 약 35개의 외부 업체가 카페테리아를 운영하며 하루 세 번 무료 식사를 제공했는데, 그 대부분이 건강한 음식에 초점을 맞추고 있었다. 그 밖에도 나는 2015년 앤드루 웨일 박사가 피닉스에서 주최한 '영양과 건강 컨퍼런스'를 비롯한 여러 자리에서 같은 강연을 진행했다. 이제부터 내가 강연에서 이야기했던 요리와 영양의 관계에 관한 내용 중 몇 가지 사례를 소개하고자 한다.

요리 과학을 알면 영양이 보인다

음식은 다양한 성분으로 이루어진 아주 복잡한 혼합물이기에 요리 과학을 연구하고 이해하는 것은 쉽지 않은 과제이다. 음식의 성분은 크게 두 가지로 분류할 수 있다. 첫째 범주는 음식의 중량에서 98퍼센트를 차지하는 다량영양소인데, 단백질, 탄수화물, 지방, 물이 여기에 속한다. 또 하나는 매우 적은 양으로 존재하는 미량영양소인데, 여기에는 다양한 비타민, 미네랄, 식물에 들어 있는 식물화학물질이 있으며 그중 다수가 생리 활성에 관여하고 영양학적으로도 중요하다. 요리는 주로 다량영양소에 변화를 일으키면서 음식의 풍미와 질감, 겉모습, 단백질과 녹말의 소화율 등에 영향을 미치지만, 영양 품질 면에서는 요리가 미량영양소에 미치는 영향이 더 중요하다. 여기에는 요리의 온도, 시간, 산성도, 매질(물, 증기, 지방, 무수분 등) 같은 인자가 매우 중요한 역할을 한다. 예를 들어 채소를 삶을 때 물의 부피를 늘리면 수용성 비타민과 미네랄이 더 많이 손실되기 때문에 채소를 삶는 물의 양처럼 간단한 조건도 영양 품질에 상당한 영향을 미칠 수 있다 (참고로 물과 채소의 일반적인 비율은 5:1이다).

비타민은 우리 몸이 전혀 또는 충분히 만들어 내지 못하기에 음식을 통해 섭취해야만 하는 필수 영양소이다. 아래 표는 식재료를 여러 다양한 방법으로 조리할 때 발생하는 비타민 최대 손실량을 보여 준다. 모든 요리법이 비타민을 최대 손실량까지 파괴하는 것은 아니지만, 이 표의 수치는 해당 비타민이 상대적으로 얼마나 안정적인지를 나타낸다. 이런 표를 읽을 때는 절대적인 수치보다는 전체적인 윤곽에 주목해야 한다. 각 식재료의 영양 구성에 따라 수치의 변화 폭이 매우 크기 때문이다.

요리 과정에서의 비타민 최대 손실량 (*수용성 비타민)

비타민	최대 손실량 (%)
비타민 A	40
비타민 B6*	40
비타민 B12*	10
비타민 C*	100
비타민 D	40
비타민 K	5
니아신*	75
리보플래빈*	75
티아민*	80
엽산*	100

출처: Harris and Karmas 1975

요리 중 손실량이 가장 큰 영양소는 비타민 C(아스코르브산)인데, 그 이유는 비타민 C가 수용성이고 열에 불안정하며 쉽게 산화되기 때문이다. 이러한 특성상 비타민 C는 '탄광의 카나리아' 같은 역할을 하며, 각각의 요리법이 식재료의 영양에 미치는 영향을 비교할 때 기준 영양소로 자주 쓰인다. 비타민 C가 가장 풍부하게 들어 있는 과일과 채소는 우리 몸에서 여러 가지 중요한 역할을 담당한다. 비타민 C는 결합 조직 내의 주요 단백질로서 상처를 치유하고 괴혈병 발병을 억제하는 콜라겐의 합성에 관여한다. 항산화제 기능을 하는 환원제인 비타민 C는 LDL(저밀도 지질단백질) 콜레스테롤의 산화를 억제함으로써 심혈관 질환을 예방하는 중요한 역할도 한다. 비타민 C가 부족하면 뼈와 결합조직에서 콜라겐이 충분히 생성되지 못해 괴혈병이 시작된다. 하지만 비타민 C가 부족할 때 그보다 더 먼저 나타나는 증상은 많은 사람이 호소하는 피로감이다.

다시 한번 강조하지만, 요리가 음식의 영양 품질에 미치는 영향을 고려할 때는 특정한 수치보다는 데이터의 전체적인 윤곽에 주목하는 것이 좋다. 제아무리 정교하게 설계된 연구라도 수치의 변화량이 크기 때문이다. 모든 종류의 십자화과 채소에서 발견되는 글루코시놀레이트를 예로 들어 보겠다. 글루코시놀레이트는 생리 활성에 관여하는 중요한 식물화학물질이며 지금까지 십자화과 채소에서 약 30종이 발견되었다. 글루코시놀레이트와 그 분해 생성물인 이소티오시아네이트는 유방암, 위암, 방광

암 등 여러 종류의 암 발병률을 낮추는 데 상당한 효과가 있는 것으로 알려졌다.

그러나 이소티오시아네이트가 조리 중에 거의 완전히 손실된다는 사실은 십자화과 채소의 항암 효과를 의심케 한다. 연구에 따르면 십자화과 채소를 부드러워질 때까지(즉 적당한 종료점까지) 삶으면 글루코시놀레이트 총량이 18~59퍼센트 손실되며 평균 손실량은 37퍼센트인 것으로 밝혀졌다. 요리 연구에는 이처럼 변화 폭이 넓은 수치가 자주 등장한다.

또 한 가지 예를 들면, 십자화과 채소에 들어 있는 글루코시놀레이트의 총량은 같은 종류의 채소라도 표본에 따라 5~8배까지 차이가 난다. 품종, 토양 비옥도(황과 미네랄 함유량 등), 날씨, 재배 방식, 수확 후 보관 조건 등에 따라 달라지는 것이다. 다만 재래식으로 재배한 작물과 유기농으로 재배한 작물 함량에는 별 차이가 없다. 거기다 요리 중 손실까지 고려하면 십자화과 채소로 만든 음식에 들어 있는 글루코시놀레이트의 양은 천차만별이다. 반면에 십자화과 채소를 날것으로 과도하게 섭취할 때도 문제점이 하나 있다. 글루코시놀레이트에서 형성되는 여러 이소티오시아네이트 중 한 종류인 프로고이트린은 갑상샘의 요오드 흡수를 방해하는 화합물을 만들어 갑상샘종을 일으킨다. 이 화합물은 십자화과 채소를 조리하지 않고 생으로 먹었을 때만 형성되는 것이다.

수년 전, 하버드대학교 내 연구실에서 일하던 박사후 과정학생 아드리아나 파브리는 지난 25년간 브로콜리의 글루코시놀레이트 함량이 토양 비옥도(특히 황 함유량) 변화나 비료 사용 여부에 따라 달라졌는지 확인해 보았다. 미국에서 생산되는 브로콜리의 90퍼센트가 캘리포니아산인데, 이 지역에서 브로콜리 재배에 사용한 비료의 양은 그동안 겨우 몇 퍼센트 증가했기 때문에 비료 사용 여부는 변인에서 제외되었다. 파브리는 지난 25년간 다양한 품종의 캘리포니아산 브로콜리의 글루코시놀레이트 총량을 분석한 여러 연구를 검토했다. 그랬더니 연구 자료에 보고된 글루코시놀레이트 총량의 차이가 지나치게 커서, 재배 시기에 따른 경향을 발견하기도 어려웠고 토양 비옥도 차이가 변인으로 작용하는지의 여부도 확인할 수 없었다.

이 사례는 어느 한 가지 통계나 연구만 가지고 명확한 결론에 이르기가 어려운 이유를 잘 보여 준다. 우리는 마땅히 다양한 연구 결과를 바탕으로 결론을 도출해야 한다. 영양학 분야에서 다수의 연구 결과를 바탕으로 경향을 분석하는 것을 메타분석이라고 한다. 하지만 언론이나 인터넷에는 한 가지 연구 결과만 가져와서 어떤 음식이나 영양소가 인간의 건강에 미치는 극적인 영향을 논하는 글이 여전히 많다.

과일과 채소는 이처럼 작물마다 영양소 함량이 천차만별일 뿐만 아니라 수확 후 영양소의 안정성이 영양 품질에 미치는 영향이 매우 크다. 오른쪽 표는 다섯 종류의 채소를 수확 후 각각 다른 조건에서 보관했을 때 비타민 C의 손실 정도를 나타낸 것이다. 보다시피 갓 수확한 채소의 비타민 C 함량을 기준으로 했을 때, 영하 20도에서 냉동하여 12개월간 보관한 채소가 4도(냉장) 또는 20도(실온)에서 일주일간 보관한 채소에 비해 비타민 C가 덜 손실되었다. 이러한 이유로 많은 종류의 채소를 수확한 즉시 데쳐서 급속 냉동한다. 시금치와 그린빈의 경우에는 비타민 C의 산화를 촉진하는 활성 효소가 들어 있기 때문에 비타민 C가 쉽게 파괴된다. 이런 채소는 살짝 데쳐서 냉동하면 효소가 비활성화된다. 엽산과 티아민도 손실되기 쉬운 불안정한 영양소이다.

미국 내에서 먼 거리를 이동하거나 외국에서 수입하여 유통 센터를 거쳐 슈퍼마켓 매대에 이르는 과일과 채소는 그사이에 습기는 충분하지만 냉장 온도보다 높은 온도에서 며칠간 보관되기 때문에 비타민 C 같은 불안정한 영양소가 상당량 파괴될 수 있다. 이런 '신선한' 과일과 채소는 구입한 즉시 냉장고에 보관해야 영양소 손실을 줄일 수 있다. 10~20년 전부터 유통업계에서는 가스 저장법, 기체 조절 포장법과 같은 기술로 신선 식품

보관 조건에 따른 비타민 C 손실 (건조중량의 백분율)

식재료	20도(실온)에서 7일간 보관	4도(냉장)에서 7일간 보관	영하 20도(냉동)에서 12개월간 보관
브로콜리	-56	0	-10
당근	-27	-10	0
그린빈	-55	-77	-20
완두콩	-60	-15	-10
시금치	-100	-75	-30

의 유통기간을 늘이고 영양소의 안정성을 강화하고 있다. 두 방법 모두 저장 공간이나 포장재에 들어 있는 산소의 양을 원래의 22퍼센트에서 약 2.5퍼센트까지 줄이고 이산화탄소 양을 원래의 0.04퍼센트에서 2.5퍼센트까지 늘리며 빈 공간은 질소로 채운다. 이산화탄소를 더하고 산소를 빼면 신선한 과일과 채소의 호흡과 부패가 상당히 지연된다.

요리는 식재료 속의 영양소를 (전부는 아니고 일부) 파괴하지만, 요리의 방법과 조건에 따라서도 영양소 구성이 크게 달라진다. 오른쪽 표들은 우리가 가장 흔히 쓰는 세 가지 요리법이 세 종류 채소에 들어 있는 특정 영양소를 얼마나 늘리거나 줄이는지 자세히 보여 준다. 비슷한 연구가 다수 있지만 그중에서도 파르마대학교와 나폴리대학교 연구진의 결과를 인용한 이유는 이 연구의 설계와 범위가 가장 적당하기 때문이다. 앞서 한 가지 연구에 의존하지 말라고 한 경고를 떠올리는 독자도 있을 텐데, 여기서 제시하는 연구들은 다른 많은 연구 결과와 일치하는 것이다.

이러한 성격의 연구는 대부분 특정한 시간(가령 10분) 동안 채소를 가열한 뒤 영양소의 손실량을 측정한다. 이처럼 시간을 고정하면 한 채소 안에서 각각의 영양소가 얼마나 손실되는지 비교할 수 있고 또 어떤 영양소가 각각의 채소에서 얼마나 손실되는지 비교할 수 있다. 그러나 가정 요리에서는 채소를 가열할 때 특정한 시간 동안 가열하는 게 아니라 채소가 원하는 만큼 부드러워질 때까지 가열한다. 여기에 인용한 연구는 실험실 요리

브로콜리의 요리법에 따른 영양소 변화

영양소	날것일 때	삶았을 때	쪘을 때	튀겼을 때
카로티노이드	28*	+32%	+19%	-67%
페놀	100*	-73%	-38%	-60%
비타민 C	847*	-48%	-32%	-87%
글루코시놀레이트	71†	-59%	+30%	-84%
가열 시간		8분	13분	3분

*건조중량 기준으로 식재료 100그램당 해당 영양소의 밀리그램 수
†건조중량 기준으로 식재료 1그램당 해당 영양소의 마이크로몰 수
영양소의 증가량 혹은 감소량은 건조중량 기준 백분율로 표시

당근의 요리법에 따른 영양소 변화

영양소	날것일 때	삶았을 때	쪘을 때	튀겼을 때
카로티노이드	118*	+14%	-6%	-13%
페놀	70*	-100%	-43%	-31%
비타민 C	31*	-10%	-39%	-100%
가열 시간		25분	30분	8분

*건조중량 기준으로 식재료 100그램당 해당 영양소의 밀리그램 수
영양소의 증가량 혹은 감소량은 건조중량 기준 백분율로 표시

돼지호박의 요리법에 따른 영양소 변화

영양소	날것일 때	삶았을 때	쪘을 때	튀겼을 때
카로티노이드	50*	-4%	-22%	-35%
페놀	59*	-70%	-41%	-63%
비타민 C	194*	-4%	-14%	-14%
가열 시간		15분	24분	4분

*건조중량 기준으로 식재료 100그램당 해당 영양소의 밀리그램 수
영양소의 증가량 혹은 감소량은 건조중량 기준 백분율로 표시

가 아니라 가정 요리를 재현하고자 가열 시간을 바로 그렇게 설정했다. 연구진은 브로콜리, 당근, 돼지호박을 숙련된 맛 평가단이 결정한 정도로 부드러워질 때까지 가열했다. 시작점과 종료점의 상태는 질감 분석기라는 매우 정밀한 실험 도구로 음식을 관통하는 데 필요한 힘의 크기를 측정하여 수량화했다. 그런 다음에 가열 전과 가열 후의 채소를 관통하는 데 필요한 각각의 힘을 기준으로 채소가 부드러워진 정도를 백분율로 측정했다. 측정 시 온도는 우리가 보통 요리한 채소를 먹을 때의 온도인 50도였다.

다음으로 가열 전과 가열 후 음식의 표본에 들어 있는 특정 영양소의 함량을 측정했다. 이때 날것 상태에서 표본 간 영양소 함량에 차이가 없도록 같은 작물에서 표본을 채취했다. 또한 각 채소에서 얻은 표본 세 개를 세 가지 방법으로 가열한 다음, 각 표본의 영양소 함량을 열 번 측정하여 실험 재현성을 확보했다. 함량을 측정한 영양소는 카로티노이드 색소(노란색, 주황색, 빨간색 색소. 베타카로틴은 비타민 A의 전구물질이다), 폴리페놀, 비타민 C(아스코르브산), 글루코시놀레이트였다. 앞의 세 가지는 항산화제 기능을 하는 영양소

도판 2 저자가 프레이밍햄 주립대학교 연구실에서 사용한 이전 모델과 유사한 질감 분석기

이고, 글루코시놀레이트와 그 분해 생성물인 이소티오시아네이트는 생리 활성에 관여하는 식물화학물질이다. 이 네 가지 영양소가 풍부하게 들어 있는 식단은 심혈관 질환 같은 퇴행성 질환 및 특정 암의 발병 위험을 낮춘다. 글루코시놀레이트가 첫번째 표에만 들어 있는 이유는 이 물질이 브로콜리 등 십자화과 채소에만 들어 있기 때문이다.

이 모든 수치를 설명하기에 앞서, 이 연구가 이탈리아에서 수행되었고 맛 평가단이 이탈리아인의 입맛을 기준으로 가열 종료점을 설정했기 때문에 다른 나라에서는 요리 조건이 달라질 수 있다는 점을 짚어야겠다. 채소를 얼마나 부드럽게 요리하고 싶은지에 따라 가열 시간이 더 길어질 수도 있고 짧아질 수도 있다는 뜻이다. 연구진 중 한 사람인 니콜레타 펠레그리니의 설명에 따르면, 물에 삶는 요리는 물이 끓기 시작한 뒤 채소를 넣는 방법을 기준으로 가열 시간을 설정했고 물과 채소의 비율은 5:1이었다. 증기에 찌는 요리는 증기의 온도가 끓는 물의 온도와 동일한 대기압에서 이루어졌다. 기름에 튀기는 요리는 땅콩기름 9.3컵(2.2리터)을 170도로 가열하여 수행했다. 식재료 준비 방법은 이탈리아 요리의 전통을 따랐으므로, 씻는 방법이나 자르는 방법, 자른 크기 등이 다른 나라와 다를 수 있다. 그러나 이러한 차이점을 다 고려하더라도 채소의 요리가 영양 품질에 큰 영향을 미친다는 사실은 분명해 보인다.

이 정교한 실험에서 우리가 파악할 수 있는 중요한 경향은 무엇일까? 첫째, 세 가지 요리법 가운데 찜이 영양소를 가장 적게 파괴하고 고온에서 튀기기가 영양소를 가장 많이 파괴한다는 사실이다(특히 브로콜리와 당근의 비타민 C가 많이 파괴되었다). 찜은 채소를 부드럽게 익히기까지 시간이 가장 오래 걸리긴 하나 삶기와 달리 수용성 영양소인 비타민 C, 폴리페놀, 글루코시놀레이트가 밖으로 빠져나오지 않는다. 반면에 튀기기는 고열이 필요하고 지용성 영양소인 카로티노이드가 밖으로 빠져나온다. 찜 요리의 한 가지 단점이라면 가열 시간이 길어 돼지호박에 들어 있는 폴리페놀 등 빛에 민감한 영양소가 더 빨리 산화된다는 것이다.

둘째, 당근과 브로콜리에 들어 있는 카로티노이드 등 일부 영양소는 요리를 통해 가용성이 더 높아진다는 사실이다(브로콜리는 녹색을 내는 엽록소가 소량의 카로티노이드를 보이지 않게 감추고 있다). 특히 브로콜리를 쪘을 때 글루코시놀레이트의 가용성이 높아지는데, 이는 열 때문에 세포벽에서 글루코시놀레이트가 방출되기 때문인 것으로 보인다.

요리가 식재료의 카로티노이드를 증가시킨다는 사실은 토마토에 들어 있는 대표적인 붉은색 카로티노이드 색소인 리코펜을 통해 잘 알려져 있다. 지용성인 리코펜은 토마토를 날것으로 먹었을 때보다 소스나 페이스트 등으로 익혀 먹었을 때 혈액에 흡수되는 양이 거의 네 배 늘어나며, 올리브유 등 기름에 요리하면 80퍼센트나 증가한다. 일주일에 토마토소스를 2~3인분 섭취하면 모든 종류의 전립선암 발병률을 35퍼센트 낮출 수 있고 전이 위험률을 50퍼센트 낮출 수 있다고 보고되었다. 신선한 토마토의 리코펜은 단백질에 묶여 있어 체내에 흡수되기 어려운 반면, 요리한 토마토의 리코펜은 단백질에서 방출되어 기름이나 지방과 함께 더 쉽게 체내에 흡수된다.

카로티노이드 외에도 요리를 통해 가용성과 흡수성이 높아지는 영양소가 있다. 미국 농무부 연구진은 케일, 브로콜리, 양배추, 콜라드잎, 겨자잎, 브뤼셀 스프라우트, 시금치, 피망 등의 다양한 채소가 장내 담즙산의 결합력에 영향을 미친다는 사실을 밝혀냈다. 콜레스테롤로부터 합성되는 스테로이드인 담즙산은 지방, 기름, 지용성 비타민을 용해하여 장에서 흡수되게 한다. 우리는 체내에서 매일 생산되는 콜레스테롤 약 800밀리그램의 최소 절반을 담즙산을 만드는 데 쓴다. 하지만 담즙산의 약 95퍼센트가 체내에 재흡수되어 장에서 재사용되기 때문에 담즙산 합성에 쓰이는 콜레스테롤 양에는 한계가 있다. 위에 나열한 채소는 날것일 때보다 10~14분간 삶거나 10~20분간 찌거나 15~20분간 살짝 튀겼을 때 담즙산과 결합하여 담즙산을 체내에서 제거하는 능력이 강화된다. 따라서 익힌 채소를 먹으면 담즙산이 체내에서 재사용되는 대신 밖으로 배출되면서 콜레스테롤 사용량이 늘고 혈중 콜레스테롤 수치가 감소한다.

이러한 효과는 식약청이 담즙산 및 콜레스테롤 감소 효과를 승인한 약물인 콜레스티라민의 약효와 비슷하다. 연구에 따르면 익힌 채소 100그램은 콜레스티라민 100그램의 4~14퍼센트에 달하는 효과가 있다. 대수롭지 않은 수치로 보일지 모르겠지만, 이는 식약청이 콜레스테롤 감소 효과 때문에 심장에 좋은 음식으로 승인한 귀리 기울이나 귀리 기울 시리얼의 담즙산 결합력에 맞먹거나 그보다 살짝 높은 수치이다. 이 효과가 가장 높은 채소와 요리법은 케일과 겨자잎을 살짝 튀기거나 찌는 것이고 그다음이 브로콜리, 양배추, 피망을 살짝 튀기는 것이다. 채소를 요리하면 불용성 식이섬유가 가용성 섬유로 바뀌어 담즙산과 결합하는 것으로 알려져 있다. 그러니 다음번 채소 요리에는 얼얼한 맛이 나는 겨자잎에 다진 마늘을 넣고 올리브유에 살짝 볶은 다음, 치킨 스톡이나 국물 큐브를 몇 작은술 넣은 물에 넣고 부드러워질 때까지 잠깐 삶아 보자. 얼얼한 맛이 싫다면 튀기기 전에 뜨거운 물에서 30초간 데쳐서 자극적인 맛을 내는 미로시나아제 효소를 비활성화하면 된다(5장 참조).

이 밖에도 전자레인지 요리, 압력솥 요리, 볶기, 오븐 구이 등의 요리법에 대해서도 요리가 음식의 영양 품질에 미치는 영향이 연구되고 있다. 일반적으로 말해, 음식을 데우는 용도로 전자레인지에서 3분 이하로 가열하는 경우에는 비타민 C, 글루코시놀레이트 같은 영양소가 거의 달라지지 않는다. 하지만 채소나 육류를 전자레인지에서 장시간(15분 이상) 가열하면 전자레인지의 에너지가 열에 민감한 분자를 파괴하기 때문에 영양소에 큰 변화가 일어날 수 있다. 채소는 시간이 좀 더 걸리더라도 증기로 찌는 게 좋다.

압력솥 요리법은 물에 삶는 방법에 비하면 영양소를 덜 파괴한다. 압력솥은 대기압에서 물의 온도를 120도까지 높이지만 가열 시간은 훨씬 짧다. 원하는 질감까지 식재료를 가열하는 데 걸리는 시간이 끓는 물에 삶는 시간보다 짧으므로 식재료의 영양소가 15~20퍼센트 덜 파괴된다. 하지만 모든 식재료는 물로 요리할 경우에 수용성 비타민과 미네랄이 녹는다는 점을 기억해야 한다. 육류와 채소의 중요한 영양소를 그대로 섭취하려면 요리에서 나온 액체를 수프나 소스, 그레이비에 활용해야 한다.

볶는 요리법은 걸리는 시간이 아주 짧다. 그러나 가열 온도가 매우 높고 (표면적을 높이기 위해) 요리를 잘게 썰어야 하므로 비타민 C와 폴리페놀 같은 영양소는 대부분 파괴된다.

오븐에 굽는 요리법은 영양소 중에서도 티아민(비타민 B1)에 큰 영향을 미친다. 티아민은 중요한 비타민이다. 호흡의 대사 경로에 관여하여 몸의 중요한 에너지원이 되는가 하면 신경 기능에서도 중요한 역할을 맡는 것으로 알려져 있다. 티아민은 육류에 많이 들어 있기 때문에 오븐 구이가 영양 품질에 미치는 영향을 알아보기 좋은 영양소이다. 돼지고기의 티아민 함량은 소고기, 양고기, 가금류, 생선보다 열 배 많다. 티아민은 수용성이고 열에 불안정하기 때문에 그 대부분이 물에 삶을 때나 육즙이 유실될 때 손실된다. 예를 들어 내부 온도를 90도로 구운 닭고기는 티아민이 약 42퍼센트 손실되는데, 그중 일부는 수분 손실 때문인 것으로 추측된다. 소고기와 닭고기를 오븐에 구우면 열로 인해 근섬유가 수축하면서 수분이 최대 25퍼센트까지 손실된다. 오븐에 구운 고기는 가열 후에 육즙이 근육조직에 다시 흡수될 수 있도록 최소 15분간 휴지시켰다가 잘라야 한다. 이 방법은 티아민을 비롯한 수용성 영양소가 육즙과 함께 손실되는 것도 방지할 수 있다.

통곡물과 콩류도 티아민이 풍부한 식재료로, 주로 기울이나 겉껍질에 많이 들어 있다. 수용성인 티아민은 콩을 물에 불렸다가 삶을 때 50퍼센트가량 손실된다. 리보플래빈, 니아신 같은 다른 수용성 비타민도 콩을 물에 불리고 삶는 과정에서 각각 50퍼센트, 70퍼센트씩 손실된다. 쌀의 겉껍질과 배아를 제거하는 도정 과정에서도 티아민이 손실된다. 도정하기 전에 쌀을 데치면 티아민이 훨씬 덜 손실되는데, 이는 데치는 과정에서 티아민이 쌀의 내배유로 확산되기 때문이다. 이때 데치는 방법은 뜨거운 물에 넣는 것이 아니라(물에 삶으면 티아민이 대거 손실된다) 쌀을 물에 불려 증기로 찐 뒤 건조하는 것이다. 마지막으로 티아민은 빵을 구울 때도 많이 손실되는데, 밀가루에 들어 있는 티아민의 최대 30퍼센트에 이른다.

요즘 저렴한 수비드 도구가 출시된 덕에 수비드 요리법이 레스토랑만이 아니라 가정 요리에서도 많이 쓰이고 있다. 식재료의 영양 품질과 관련하여 이 요리법에는 두 가지 장점이 있다. 첫째, 진공으로 밀봉한 식재료를 저온의 특정한 온도에서 일정하게 가열하면 고열에 의한 영양소 손실(티아민, 엽산, 비타민 B)과 산화에 의한 영양소 손실(비타민 C와 식물화학물질)을 모두 막을 수 있다. 둘째, 육즙이 주머니 안에 그대로 남아 있기 때문에 그것으로 소스나 양념을 만들면 수용성 비타민과 미네랄, 식물화학물질이 손실되지 않는다. 이러한 장점은 육류, 가금류, 생선, 채소 모두에 해당한다. 수비드 요리법은 입에서 살살 녹는 질감을 구현할 수 있을 뿐 아니라 식재료의 진정한 풍미와 영양 품질을 그대로 보존할 수 있다는 점에서 완벽에 가까운 요리법이다.

십자화과 채소로 암에 맞서기

식단과 암의 상관관계가 처음 밝혀진 것도 벌써 40여 년 전 일이다. 예를 들어 서양인의 고지방 식단은 결장암 위험을 높이는 것으로 알려졌고, 저지방 식단을 실천하는 중국, 일본, 한국은 결장암과 유방암 발병 위험이 미국에 비해 4~10배 낮다. 미국에서 진단되는 암의 거의 절반이 폐, 결장, 직장, 유방, 전립선에서 발병한다. 다행히 과일과 채소는 화학적 항암제로 알려진 생리 활성 분자가 들어 있어 특정 종류의 암 발병률을 낮춰 준다. 그러나 식단과 암 발병률 사이의 관계를 정확히 규명하기는 어려운데, 그 이유는 과일과 채소에 들어 있는 화학적 항암제의 양이 재배 방식, 토양 구성, 날씨, (물을 비롯한) 환경, 비료 사용, 수확 후 보관, 가공, 요리 방식 등에 따라 천차만별이기 때문이다.

십자화과 채소는 30여 년 전부터 특정 암의 발병 위험을 낮추는 것으로 알려졌으며 최근에는 유방암과 방광암은 물론 어쩌면 폐암과 전립선암까지 예방하는 것으로 밝혀졌다. 십자화과 채소의 예방 효과는 채소를 씹거나 잘라 파괴할 때 세포벽 내에서 형성되는 생리 활성 분자가 담당한다고 한다. 이 물질은 십자화과 채소의 얼얼한 맛과 냄새를 담당하는 화합물이기도 하다. 전 세계에서 식용으로 쓰이는 십자화과 채소는 약 36종에 이르는데, 미국에서는 그중에서도 주로 케일, 콜라드

도판3 식물학자 피에르 장 프랑수아 터핀이 그린 십자화과 채소(1833년)

잎, 중국 브로콜리(카이란), 양배추, 사보이 양배추, 브뤼셀 스프라우트, 콜라비, 브로콜리, 브로콜리 로마네스코, 콜리플라워, 브로콜리니 등 배추속에 속한 채소를 먹는다. 그 밖에 호스래디시, 청경채, 브로콜리 라베, 순무, 아루굴라, 물냉이, 무도 많이 소비된다.

앞서 살펴보았듯이 모든 십자화과 채소에는 글루코시놀레이트라는 식물화학물질이 자연적으로 존재한다. 이 화합물은 세포가 파괴되면 미로시나아제라는 효소와 만나 이소티오시아네이트라는 생리 활성 분자를 만들어 낸다. 이 화합물이 자연에서는 곤충의 공격을 막는 억제제 역할을 하므로 인체에 대해서도 생물학적 영향을 미치리라고 짐작할 수 있다. 실제로 글루코시놀레이트에서 만들어지는 이소티오시아네이트와 인돌 3-카르비놀에는 여러 종류의 암을 예방하는 화학적 효과가 있는 것으로 알려졌다.

그러나 이번 장에서 지적했듯이, 이소티오시아네이트를 가열하면 거의 완전히 손실되는데 십자화과 채소에 정확히 어떤 항암제가 들어 있다는 것인지 의문이 들 법하다. 이에 관한 가능성을 살펴보자. 이소티오시아네이트의 항암 효과는 수많은 동물 대상 연구 및 시험관 세포 연구를 통해 확인되었다. 이 물질이 암을 억제하는 메커니즘은 발암물질의 독성을 제거하는 것부터 DNA가 파괴되지 않도록 세포를 보호하는 것, 종양 안에 혈관이 형성되지 않게 막는 것, 종양 세포의 이동을 저지하는 것 등으로 다양하다(국립암연구소 2012). 정확히 어떤 종류의 항암제가 들어 있는지는 알 수 없지만 십자화과 채소가 암 발병률을 낮춘다는 사실은 수많은 연구를 통해 입증되었다.

하지만 동물과 세포 연구는 순수한 생리 활성 분자를 특정한 양으로 사용하기 때문에 실험을 통제하기가 쉽고 정해진 시간 안에 명확한 결과를 낼 수 있다. 이에 비해 인체 연구는 소수의 피험자를 고도로 통제할 수 있는 경우가 아니면 실험 자체가 불가능하다. 다수의 피험자를 대상으로 하는 전염병학 연구는 흔히 피험자가 어떤 음식을, 언제, 얼마나 자주, 얼마나 많이 먹었는지를 묻는 방식으로 이루어진다. 실험의 어려움이 이것뿐이라면 다수의 피험자를 장기간에 걸쳐 연구함으로써 꽤 명확한 결과를 도출할 수도 있을 것이다. 그러나 과일과 채소에 들어 있거나 새롭게 만들어지는 생리 활성 분자의 양은 천차만별이며 가공하고 요리하는 방법에 따라서도 달라지므로, 피험자가 섭취한 생리 활성 분자의 양을 정확히 측정하기가 매우 어려워진다. 예를 들어 같은 브로콜리라고 하더라도 글루코시놀레이트 양은 5배에서 8배까지 차이가 나며, 물에 삶으면 이 물질을 60퍼센트 가까이 제거할 수 있다. 따라서 매주 일정한 양의 브로콜리를 섭취하는 사람이 다른 피험자보다 이소티오시아네이트를 더 많이 섭취할 때도 있고 더 적게 섭취할 때도 있다. 게다가 브로콜리를 쪄서 먹느냐, 아니면 삶아 먹느냐에 따라서도 글루코시놀레이트와 이소티오시아네이트의 섭취량이 달라진다. 삶는 요리법은 이 수용성 분자들을 밖으로 빠져나오게 하는 반면, 찌는 요리법은 이소티오시아네이트 양을 증가시키기 때문이다.

십자화과 채소가 날것일 때와 익혔을 때의 이소티오시아네이트 양을 비교한 연구는 많지 않다. 미국 건강재단 연구진(Getahun and Chung 1999)은 물냉이를 생으로 먹었을 때와 익혀 먹었을 때 각각의 이소티오시아네이트 섭취량을 비교한 뒤, 소변으로 배출된 이소티오시아네이트 양을 분석했다. 같은 물냉이를 날것으로 먹은 경우와 익혀 먹은 경우를 비교했더니 날것으로 먹은 피험자가 이소티오시아네이트를 4.6배 많이 섭취했을 뿐만 아니라 소변으로 10배 많은 이소티오시아네이트를 배출했다. 물냉이를 물에 익히면 글리코시놀레이트와 이소티오시아네이트가 녹아나고 미로시나아제 효소가 비활성화되는 두 가지 작용으로 인해 이소티오시아네이트 섭취량이 크게 감소하므로 이러한 결과가 나왔다고 설명할 수 있다. 그러나 피험자들이 일정 기간 동안 동일한 분량의 십자화과 채소를 섭취하는 대규모 연구에서도 각 피험자의 생리 활성 분자 섭취량은 채소에 따라서나 요리법에 따라서 큰 차이를 보일 수 있다.

물냉이 연구진은 또 한 가지 흥미로운 결과를 확인했다. 물냉이를 3분간 삶으면 미로시나아제 효소가 모조리 파괴되는데도, 익힌 물냉이를 섭취한 피험자의 소변에서 (생 물냉이를 먹은 피험자에 비하면 훨씬 적긴 했지만) 이소티오시아네이트가 검출된 것이다. 연구진에 따르면 익힌 십자화과 채소의 분해되지 않은 글루코시놀레이트가 인체에서 이소티오시아네이트로 분해될 수 있다는 사실이 이 연구를 통해 처음으로 입증되었다. 다시 말해 십자화과 채소를 익힌다고 해서 유익한 생리 활성 분자가 모두 사라지는 것은 아니다.

나아가 이 연구진은 물냉이를 삶은 물(글루코시네이트만 들어 있고 이소티오시아네이트는 없다)을 인체 배설물과 함께 배양하여 상당량의 이소티오시아네이트를 얻어 냈다. 이는 장내 미생물총에서 배설물로 배출되는 모종의 세균이 미로시나아제와 비슷한 활성도를 보유하여 이소티오시아네이트를 만들어 내기 때문일 수 있다. 요컨대 십자화과 채소를 가열하면 글루코시놀레이트에서 형성된 이소티오시아네이트는 대부분 파괴되지만, 이소티오시아네이트가 여러 다양한 경로로 만들어지기 때문에 십자화과 채소의 항암 효과가 완전히 사라지는 것은 아니다.

종합하자면 십자화과 채소는 시험관 세포, 동물, 인체 연구를 통해서 방광암과 유방암을 비롯한 암을 예방하는 효과가 있는 것으로 확인되었다.

돼지고기를 고르는 절대 법칙

지방이 악당으로 지목되고 저지방 음식이 대유행하기 시작한 때를 기억하는 독자가 있을지 모르겠다. 식품업계는 지방이 들어간 거의 모든 음식에서 지방 함량을 줄이기 시작했고 특히 혈중 콜레스테롤 수치와 심혈관 질환과 관련된 포화지방을 줄이는 데 혈안이 되었다. 이 추세는 1980년대 말에 시작되었고 1990년대를 거치며 더욱 강해졌다. 1987년 미국 돼지고기협회는 시류를 놓치지 않고 "돼지고기는 흰 고기"라는 광고 캠페인을 시작했다. 돼지고기는 소고기 등 포화지방이 많은 붉은 고기가 아니라 지방 함량이 낮고 몸에 더 좋은 닭고기와 비슷하다는 주장이었다. 사실 돼지고기 사육업계에서는 이 광고가 나오기 훨씬 전부터 전보다 비계가 적은 돼지고기를 생산하는 데 힘을 쏟고 있었다. 붉은 고기가 몸에 미치는 영향을 우려한 육류 소비자들은 1992년부터 소고기보다 닭고기를 더 많이 소비하기 시작했다. 돼지고기 생산자들은 돼지고기가 닭고기와 비슷한 육류로 인식되기를 원했다.

예나 지금이나 미국 농무부는 지방 함량과 구성을 기준으로 돼지고기를 붉은 고기로 분류하고 있다. 비계가 적은 새로운 돼지 품종은 과거보다 지방 함량이 줄긴 했으나 지방의 구성은 그대로이다. 1970년대 이래 소와 돼지는 곡물을 먹여 키워 왔기 때문이다. 지방 함량이 적은 돼지고기가 좀 더 건강한 붉은 고기일지도 모르지만, 미국의 1인당 돼지고기 소비량은 닭고기와 달리 1970년 이래 지금까지 약 23킬로그램에서 변하지 않았다. 비계가 적어 맛이 떨어지는 돼지고기는 소비자에게 매력이 떨어지기 때문인 걸까?

비계가 적은 돼지고기는 풍미와 촉촉함이 덜한 데다 가죽처럼 마르고 질기지 않게 요리하려면 요리 조건에 신경 써야 한다. 돼지고기가 치킨만큼 소비량이 증가하지 못한 데는 아마 이런 이유가 있을 것이다. 몇 년 전까지만 해도 미국 농무부는 돼지고기로 인한 선모충증을 피하려면 71도로 가열해야 한다고 권고했다. 그러나 사육 환경이 실내로 바뀌고 고도로 통제된 안전한 사료를 먹여 키우면서 선모충증 발병률이 미국 전체에서 연간 2건 정도로 감소했다. 이에 따라 2011년 미국 농무부는 돼지고기를 63도에서 가열한 뒤 3분간 휴지시키라고 지침을 바꾸었다. 다만 다진 고기는 소와 돼지 모두 71도까지 가열해야 한다. 이 지침은 올바른 변화이긴 하지만 돼지고기의 풍미를 강화하는 것과는 무관하다.

슈퍼마켓에서 돼지고기를 구입할 때 대부분의 소비자는 감에 의존한다. 어느 고기가 풍미가 좋고 촉촉하고 부드러울지 어떻게 알 수 있단 말인가? 그런 고기를 알아보는 방법이 있기는 할까? 어떤 방법일까? 그런데 사실은 돼지고기의 과학을 조금만 알면 쉽게 좋은 고기를 고를 수 있다. 고기의 색깔을 보면 된다. 이 과학을 이해하기에 앞서 잠시 돼지고기의 품질 분류법을 살펴보자.

돼지고기 품질에는 세 단계가 있다. 최상급은 RFN육(선홍색이며 단단하고 삼출물이 없음)이고 그 아래로 PSE육(색이 연하고 부드럽고 삼출물이 있음)과 DFD육(색이 진하고 단단하고 표면이 건조함)이 있다. PSE육은 질감과 풍미, 촉촉함 면에서 질이 떨어진다. DFD육은 사실 수분 보유력이 뛰어나고 부드러운 좋은 고기인데, 선명한 붉은색 때문에 소비자가 신선도가 떨어지거나 나이 든 돼지에서 나온 고기라고 잘못 생각한다. 전체 돼지고기의 약 25퍼센트가 소비자가 덜 선호하는 PSE육과 DFD육으로 분류된다.

돼지고기 생산에서 고기의 품질에 영향을 주는 중요한 세 단계가 있다. 도축 전, 도축 도중, 도축 후이다. 요즘은 식용으로 사육한 동물을 도축하는 것을 '수확'이라고 부른다. 당연한 말이지만 돼지가 도축 전과 도축 도중에 경험하는 스트레스 양은 돼지고기의 품질에 엄청난 영향을 미친다. 스트레스를 받은 돼지는 젖산을 더 많이 만들어 내어 고기의 산성도를 낮춘다. 동물이 살아 있을 때는 근육의 산성도가 중성인 pH 7이다. 스트레스로 생긴 과도한 젖산은 근육의 산성도를 약산성인 pH 5.2~5.5까지 떨어뜨린다. 근육조직의 산성도는 고기가 부드럽고 육즙이 풍부할지, 아니면 질기고 건조할지를 결정한다. 또 고기의 풍미에도 직접적인 영향을 미친다.

돼지고기의 산성도는 도축하고 45분 후에 측정하며 보통은 pH 6.2에 근접한 결과가 나오는데 pH 6.5에 가까울수록 품질이 좋다. 산성도가 pH 6.2보다 낮은 경우, 가령 pH 5.7의 고기는 근섬유가 경직되어 요리 시 수분 보유력이 떨어진다. 그러나 가장 중요한 사실은 근육 단백질을 분해하여 고기를 더 부드럽고 풍미 있게 만드는 칼파인이라는 효소가 pH 7에서 가장 활발하게 작용한다는 것이다. 이 효소는 동물을 도축한 뒤에도 계속해서 고기를 부드럽게 만든다. 산성도가 pH 6.5인 고기는 산성도가 pH 5.7 이하인 고기에 비해 훨씬 더 부드럽고 풍미가 강하다.

하지만 우리가 돼지고기를 사러 슈퍼마켓에 갈 때 산성도 측정기를 들고 갈 수는 없는 노릇이다. 다행히 고기의 산성도를 판별할 수 있는 간단한 방법이 있다. 색깔을 보는 것이다. 모든 붉은 고기에는 미오글로빈이라는 붉은 색소 단백질이 들어 있다. 모든 근육세포에 들어 있는 미오글로빈은 근육이 움직이는 데 필요한 산소를 저장하는 역할을 한다. 또 다른 붉은색 단백질인 헤모글로빈은 혈액에서 폐부터 근육세포까지 산소를 운반하는 역할을 한다. 헤모글로빈은 네 개의 미오글로빈 분자가 결합한 화합물이다. 그러나 헤모글로빈은 크기가 너무 커서 근육세포에 들어갈 수 없다. 산소를 세포 안으로 운반하려면 각 헤모글로빈 분자가 네 개의 미오글로빈 분자로 분해되어야 한다.

미오글로빈의 붉은 정도는 산성도에 따라 달라진다. 산성도가 높을수록 미오글로빈이 더 붉다. 따라서 돼지고기의 산성도는 색만 봐도 알 수 있다. 고기의 붉은색이 진할수록 산성도가 높다는 뜻이다. 진한 붉은색일수록 고기가 더 부드럽고 촉촉하고 풍미가 강하다. 안타깝게도 소비자들은 단단하고 표면이 건조하다는 이유로 DFD육이 좋은 고기가 아니라고 생각하는 경향이 있다. 다음번에 슈퍼마켓에 갈 때는 색이 진하고 지방이 골고루 분포되어 있으며 포장재 안에 물이 흘러나오지 않은 고기를 찾아보길 바란다. 색이 연하고 물컹한 PSE육은 질기고

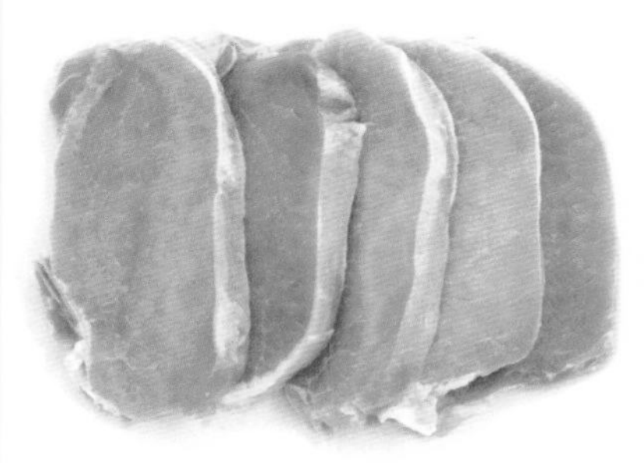

(도판 4) 돼지고기는 고기의 산성도에 따라 색이 다르다. 색이 진한 고기(왼쪽)는 색이 연한 고기(오른쪽)보다 산성도가 높다.

풍미가 떨어지고 건조하므로 선택하지 않는 것이 좋다.

이제 업계 최고의 돼지고기 사육자들은 색이 진하고 풍미가 강하고 부드러운 고기를 생산하기 위해 사육과 도축 과정에서 돼지의 스트레스를 최소화하는 데 심혈을 기울이고 있다. 이렇게 사육된 돼지의 고기는 값은 비싸지만 비싼 값을 치를 가치가 있다. 고기의 품질이 좋아서이기도 하지만 사육과 도축 과정에서 동물이 더 인도적으로 취급받기 때문이다. 다음번에 슈퍼마켓에 갈 때는 돼지고기의 색이 얼마나 진한지 살펴보라. 어쩌면 전미 돼지고기 협회는 슬로건을 다시 바꿀 때가 왔는지도 모르겠다. "돼지고기는 붉은 고기가 맞습니다!"라고.

피망 토마토소스

재료(파스타 소스로 사용 시 6~8인분)

으깬 토마토 통조림(800그램) 1개

토마토 페이스트 85그램

당근 가늘게 썬 것 1개

양파 가늘게 썬 것 1개

빨간 피망 가늘게 썬 것(중간 크기 1개 또는 큰 크기 1/2개)

올리브유 3큰술

설탕 1작은술

마늘 다진 것 1작은술

오레가노 말린 것 1작은술

바질 말린 것 1작은술

Tomato sauce with red bell peppers

이 소스에는 토마토의 리코펜, 빨간색 피망의 캡산틴(파프리카에도 들어 있다), 당근의 베타카로틴 등 몸에 좋은 오렌지색, 붉은색 카로티노이드 색소가 풍부하게 들어 있다. 우리 몸에서 항산화제 기능을 하는 카로티노이드는 심혈관 질환, 일부 암(특히 전립선암과 폐암), 노화로 인한 황반 변성(베타카로틴 같은 몇몇 카로티노이드는 비타민 A의 전구물질, 곧 이를 합성하는 데 재료가 되는 물질이다)의 발병률을 낮추는 것으로 알려져 있다. 또한 인지 건강에도 도움이 된다는 증거가 있다.

식재료에 든 카로티노이드는 흔히 단백질에 묶여 있기 때문에 생 토마토 등 날것으로 섭취했을 때는 체내에 흡수되는 양이 비교적 적다. 반면에 식재료를 가열하면 카로티노이드가 단백질에서 떨어져 나와 더 쉽게 흡수된다. 모든 카로티노이드는 지용성이므로, 올리브유로 요리한 토마토소스는 소장에서 더 잘 흡수되고 혈중 수치도 높아진다. 이 레시피에서처럼 식재료를 오래 가열하면 더 많은 카로티노이드가 기름에 용해되어 소화율이 높아질 뿐만 아니라 카로티노이드를 얼마간 산화시켜 더 복합적인 풍미를 만들어 낼 수 있다.

이 레시피는 내 어머니가 처음 개발하여 내 누이에게, 내 아내 크리스틴에게, 마지막으로 나에게 전수한 것이다. 보통의 토마토소스와 다른 점은 피망을 넉넉히 넣는다는 것이다. 피망은 요리의 풍미를 강화함은 물론, 붉은색 카로티노이드를 풍부하게 제공한다. 이 레시피를 따라 하면 파스타 6~8인분에 해당하는 넉넉한 양의 소스가 만들어진다. 토마토소스는 산성도가 pH 4.6 이하로 낮아서 세균과 곰팡이의 성장 속도가 느린 편이다. 따라서 남은 소스는 몇 주간 냉장 보관해도 된다. 이 소스는 콩 수프, 피자 토핑 등에도 안성맞춤이다.

파스타 섭취량을 제한하는 사람은 파스타 대신 어슷썰기한 돼지호박을 다진 마늘과 올리브유에 볶아 이 소스를 끼얹어 드시라. 파스타가 사실은 고녹말 고혈당지수 음식이 아닌 이유는 7장의 「파스타는 생각보다 건강하다」에서 자세히 설명하겠다.

만드는 법

1. 2리터 용량의 소스 팬에 올리브유, 빨간 피망, 당근을 넣고 피망과 당근의 끝이 부드러워면서 갈색으로 익을 때까지 중불에서 가끔 저으며 약 5분간 가열한다.
2. 여기에 양파를 넣고 양파가 부드러워지고 끝이 살짝 갈색을 띨 때까지 가끔 저어 가며 중불에서 4분간 더 가열한다(채소의 색이 어두워져도 이 레시피에서는 지나치게 익은 것이 아니니 괜찮다).
3. 마늘을 넣는다. 마늘이 타서 쓴맛이 나지 않도록 자주 저으면서 1분 더 가열한다.
4. 토마토 페이스트를 넣고 채소와 잘 섞어 페이스트에 든 카로티노이드를 추출한다(기름이 붉게 변하는 것으로 확인할 수 있다).
5. 으깬 토마토 통조림을 넣고 골고루 섞는다. 마지막으로 물 1/2컵, 또는 소스가 지나치게 걸쭉하면 그보다 많은 양을 넣고 불을 줄인다.
6. 그 상태에서 45분간 뭉근히 끓인다. 소스가 팬 밖으로 튈 정도로 졸면 물을 더해 부피와 점도를 유지한다. 소스가 타지 않도록 간간이 저어 준다.
7. 토마토의 산미를 중화하기 위해 설탕을 넣는다.

8. 향을 더하기 위해 말린 오레가노와 바질을 뿌리고 골고루 섞는다. 마음에 드는 맛과 향이 날 때까지 간간이 저으며 1시간가량 약불에서 뭉근히 끓인다.
9. 소스가 너무 걸쭉해지거나 열에 타지 않도록 필요한 만큼 물을 더한다.
10. 맛과 냄새를 확인하고 소금, 후추, 설탕을 기호에 맞게 더한다. 지나치게 걸쭉하다 싶으면 물을 더한다.

7 좋은 성분과 나쁜 성분, 요리 과학의 미래

좋은 탄수화물, 나쁜 탄수화물

우리가 건강한 식단을 구성하고자 할 때 부딪히는 어려운 문제는 좋은 탄수화물과 나쁜 탄수화물, 좋은 지방과 나쁜 지방을 구별하는 것이다. 탄수화물과 지방은 우리가 다량으로 섭취하는 다량영양소이다. 우리가 음식으로 섭취하는 탄수화물에는 단순당(단당류인 과당, 포도당, 이당류인 수크로오스 등)과, 단순당 3~10개로 이루어진 중간 크기의 올리고당(라피노스, 스타키오스, 이눌린 등), 그리고 수백 개에서 수천 개의 당 분자가 서로 연결된 매우 큰 다당류(녹말, 셀룰로오스, 헤미셀룰로오스, 펙틴, 베타글루칸 등)가 있다. 우리가 음식으로 섭취하는 지방도 소고기의 우지, 돼지의 라드 같은 고체 포화지방부터 올리브유, 대두유, 포도씨유 같은 액체 불포화지방까지 다양하다. 요즘에는 건강과 관련하여 가공

도판1 염차우의 비단화(12세기 중후반)로, 알 수 없는 앞날의 일을 그린 그림이다. 우리는 미래를 볼 수 없고 오직 상상만 할 수 있다.

식품과 조리 식품에 들어 있는 당(과일과 채소에 자연적으로 존재하는 당과 구분하기 위해 첨가당이라고 부른다)이 비만, 당뇨병, 심혈관 질환, 간 질환 발병률을 높인다는 점에서 큰 문제가 되고 있다.

첨가당은 혈중 포도당 수치를 증가시켜 인슐린 분비를 촉진한다. 인슐린의 여러 생리학적 효과 중 하나는 인체가 음식의 잉여 칼로리를 지방으로 저장하게 함으로써 인슐린 저항성, 비만, 당뇨병, 심혈관의 발병 가능성을 높이는 것이다. 산업계의 압력을 이기지 못한 미국 식약청은 가공식품의 라벨에 첨가당 함유량을 의무적으로 표시하게 하는 요구안을 연기했다가 2021년 7월부터 시행하기 시작했다. 미국 심장협회가 권고하는 첨가당 1일 최대 섭취량은 성인 여성은 6작은술, 성인 남성은 9작은술, 아동은 3~6작은술이다. 2017년 미국인의 1일 평균 첨가당 섭취량은 22작은술이었다. 1년 동안 30킬로그램의 첨가당을 먹은 것이다. 미국인이 첨가당을 섭취하는 주요 경로는 청량 음료와 스포츠 음료로, 성인과 아동은 이러한 종류의 음료에서 전체 섭취 첨가당의 거의 절반을 섭취한다. 일부 가당 음료는 350밀리리터 한 캔에 무려 11작은술의 첨가당이 들어 있다.

수많은 음식에 들어 있는 올리고당이라는 성분은 이제 많은 사람에게 알려져 있다. 최근에는 오스트레일리아 모나시대학교에서 복부 팽만, 가스, 속쓰림, 위통 등 문제의 해결책으로 포드맵 식단을 개발하여 세간의 주목을 받았다. 포드맵FODMAP은 '발효 가능한 올리고당, 이당류, 단당류 및 폴리올(당 알코올)'의

도판 2 저항성 녹말은 좋은 탄수화물의 하나로 귀리, 콩, 호밀빵, 감자 등에 풍부하게 함유되어 있다.

머리글자를 딴 이름이다. 앞서 말한 증상의 주범이 바로 올리고당이다. 올리고당은 소장에서 거의 소화되지 않고 대장에 이르러 특정 세균에 의해 활발히 발효되며 이로 인해 가스를 비롯한 불쾌한 반응이 나타난다. 그러므로 우리는 '나쁜 탄수화물' 그룹에 첨가당과 함께 올리고당을 넣을 수도 있겠다. 그러나 올리고당은 혈중 포도당 수치나 인슐린 분비에 영향을 미치지 않기 때문에 첨가당처럼 질병을 일으키지는 않는다.

강낭콩은 단백질, 미네랄, 식이섬유가 풍부하게 들어 있어 몸에 아주 좋은 데다 저렴한 식재료이다. 2017년 가을 내가 하버드대학교에서 가르치는 '음식의 과학, 기술, 지속 가능성 세미나'에 멕시코시티에서 온 학생이 참여했는데, 그가 설명하기를 지난 25년 사이에 멕시코인의 강낭콩 섭취량이 거의 절반으로 줄었다고 했다. 이는 강낭콩이 가난한 사람이 먹는 음식이라는 이미지 때문이기도 하지만 위장에 문제를 일으킨다는 이유도 큰 듯하다. 강낭콩의 식이섬유에는 삼당류 올리고당인 라피노스와 사당류 올리고당인 스타키오스가 들어 있다. 이 두 가지 올리고당이 대장에서 발효되면서 가스와 방귀를 유발하는 것이다.

미국 농무부의 연구에 따르면, 말린 콩을 다량의 물에 넣고 끓는점까지 가열했다가 불을 끈 채 한 시간가량 수화시킨 다음(또는 말린 콩을 하룻밤 물에 불려도 된다) 깨끗하게 헹구면 두 가지 올리고당이 40~50퍼센트가량 제거되어 배에 가스가 차는 문제를 완화할 수 있다. 이렇게 불린 콩은 그대로 수프나 스튜, 칠리콘카르네에 사용해도 좋고 냉동했다가 나중에 사용해도 된다. 통조림 콩은 말린 콩을 대체할 수 있는 좋은 식품이지만 콩의 질감을 유지하기 위해 다량의 소금이 첨가되어 있다. 통조림 콩은 깨끗하게 헹구면 소금과 나트륨을 40퍼센트가량 제거할 수 있다는 연구 결과가 있고 통조림 속 액체에 녹아 있는 올리고당도 일부 제거할 수 있으므로 통조림 콩을 요리에 사용할 때는 먼저 헹구는 것이 바람직하다.

좋은 탄수화물은 체내에서 소화되지 않는 다당류이다. 식이섬유라고 부르는 이런 탄수화물은 비교적 적은 칼로리로 포만감을 주고 배변을 촉진한다. 식이섬유가 풍부한 대표적인 식품이 통곡물과 콩류이다. 식이섬유라는 개념을 잘 모르는 독자도 있을 텐데, 그건 독자 탓이 아니다. 미국 식약청은 20여 년간의 논쟁 끝에 2016년에야 식이섬유에 관한 정의를 내놓았고 그와 함께 성인의 1일 섭취 권장량을 28그램으로 결정했다. 미국인의 하루 평균 식이섬유 섭취량은 이에 못 미치는 16그램이다.

식약청이 정의한 식이섬유는 "식물에 자연적으로 존재하는 탄수화물로 소화되지 않는 가용성 및 불용성 탄수화물(3개 이상의 단위체로 구성)과 리그닌, 그리고 소화되지 않는 추출 및 합성 탄수화물 가운데 식약청이 인간의 건강에 이로운 생리학적 효과를 인정한 탄수화물"이다. 그런데 복합다당류 중 하나인 녹말은 소장에서 느리게든 빠르게든 이당류인 말토오스와 단당류인 포도당으로 소화되기 때문에 식약청이 정의한 식이섬유에 해당하지 않는다. 녹말은 단순당으로 분해되어 혈중 포도당 수치를 높이고 인슐린 분비를 촉진하는 동시에 1그램당 약 4칼로리의 에너지를 생성하므로 '나쁜 탄수화물' 그룹으로 분류하기에 충분하다.

그런데 녹말에 소량으로 들어 있는 저항성 녹말(노화 녹말)만큼은 결정 구조 때문에, 또는 소화효소에 거의 반응하지 않기 때문에 소장에서 소화되지 않으므로 혈중 포도당 수치와 인슐린 수치에 영향을 덜 미친다. 또한 대장에 이른 저항성 녹말은 우리 몸에 이로운 익균에 의해 활발히 발효되어 짧은 사슬 지방산으로 분해되며, 대장 안쪽을 감싸고 있는 세포들이 이 짧은 사슬 지방산에서 에너지를 얻는다. 나는 지난 20년간 틈틈이 식이섬유와 저항성 녹말을 연구했다(Fabbri, Schacht, and Crosby 2016). 저항성 녹말은 그 자체로는 불용성 섬유이지만 가용성 프리바이오틱스로 기능하고 칼슘의 체내 흡수를 촉진한다. 나아가 대장암 및 대장의 염증성 질환 발병률을 낮추는 효과도 밝혀졌다. 저항성 녹말의 칼로리는 일반 녹말의 절반도 안 된다. 요컨대 저항성 녹말은 건강한 식단에 반드시 포함되어야 하는 좋은 탄수화물이다. 건강 관련 단체가 권장하는 저항성 녹말 섭취량은 하루 20그램이지만 안타깝게도 미국인의 하루 평균 섭취량은 겨우 3~8그램이다.

저항성 녹말을 섭취하기에 가장 좋은 식재료는 콩류와 통곡물이며, 그다음이 곡물 가공식품이다. 강낭콩, 완두콩, 렌틸콩은 저항성 녹말 함유량이 중량 기준으로 35퍼센트에 달한다. 물론 콩류는 가열해야만 섭취가 가능하며, 그 과정에서 보존되는 저항성 녹말은 중량 기준으로 5~6퍼센트이다. 가열 후까지 살아남은 저항성 녹말은 매우 안정적이어서 이후 조리 단계에서 손실되지 않는다. 예를 들어 통조림 콩을 재가열했을 때의 저항성 녹말 양은 한 번 가열한 콩과 거의 비슷하다. 5~6퍼센트라는 함유량이 대단해 보이지 않을지 모르지만 실제로는 가열한 식재료를 통틀어 가장 높은 비율이며, 저항성 녹말을 좋아하는 대장 내 익균에 충분한 연료를 공급한다.

오른쪽 표는 여러 종류의 조리 식품과 가열한 식재료에 들어 있는 저항성 녹말의 수치를 보여 준다. 저항성 녹말 섭취량을 늘리고 싶은 사람은 아침 식사에 건조 압착 귀리를 추가하면 되겠다. 흰 강낭콩, 리마콩은 통으로 썬 양파와 함께 겨자가루와 소금을 약간 뿌리고 생 로즈메리 줄기도 얹어서 오븐에서 저온으로 구운 뒤, 닭고기구이에 곁들이면 완벽하다.

식재료에 들어 있는 저항성 녹말

식재료	저항성 녹말의 100그램당 평균 그램 수
그래놀라	0.1
오트밀 쿠키	0.2
통곡물 시리얼	0.7
구운 감자	1.0
통밀빵*	1.0
스파게티	1.1
삶은 감자	1.3
현미밥	1.7
익힌 완두콩 또는 통조림	2.6
크래커	2.8
콘플레이크	3.2
호밀빵	3.2
익힌 렌틸콩	3.4
익힌 흰 강낭콩	4.2
캔에 든 흑빵	4.5
익히지 않은 압착 귀리	11.2

*통밀가루 함량 51퍼센트

좋은 탄수화물 가운데 요리 면에서나 건강 면에서 지금보다 더 주목받아야 마땅한 탄수화물이 있다. 펙틴은 식물의 세포벽을 구성하는 중요한 성분인 동시에 세포와 세포를 결합하는 물질이다. 우리에겐 잼이나 젤리를 만드는 겔화제로 더 잘 알려져 있다. 펙틴은 알칼리성 환경에서는 덜 안정적이고 산성 환경에서 더 안정적이다. 그래서 그린빈은 맹물에서 익힐 때보다 산성인 토마토소스에 넣어 익힐 때 시간이 더 오래 걸린다. 그린빈을 익힐 때나 굵은 옥수수가루로 폴렌타를 만들 때 알칼리성인 베이킹소다를 한 꼬집 넣으면 조리 시간이 반으로 줄어드는 것도 마찬가지 이유다. 복합다당류인 펙틴은 펙틴 메틸에스테라제(PME)라는 효소에 의해 분해될 수 있다. 과일이 익으면서 질감이 점점 부드러워지는 것이 이 효소 때문이다.

펙틴은 열에 의해서도 분해되므로 과일과 채소는 가열하면 부드러워진다. 이와 관련하여 과일과 채소를 본 요리에 앞서 미리 익히는 기술이 있다. 펙틴 메틸에스테라제를 활성화하여 이후 오븐에서 오래 가열해도 과일과 채소가 물러지지 않게 하는 방법이다. 이는 펙틴 메틸에스테라제가 펙틴의 구조를 바꿈으로써 펙틴과 칼슘 이온의 가교 결합을 촉진하는 것인데, 그 결과 펙틴이 열에 잘 분해되지 않는다. 펙틴 메틸에스테라제는 55~60도에서 가장 활발하게 작용하고 70도가 넘어가면 비활성화된다.

펙틴 메틸에스테라제가 가장 많이 들어 있기 때문에 본 요리에 앞서 익히는 방법이 가장 잘 어울리는 식재료는 사과, 체리, 강낭콩, 콜리플라워, 토마토, 비트, 당근, 감자, 고구마이다. 이런 식재료를 오븐에서 55~60도로 약 30분간 익힌 뒤에 고온으로 요리하면 흐늘거리거나 물러지지 않고 부드러워지기만 한다. 이 기법을 잘 활용할 수 있는 요리가 사과파이이다. 사과를 먼저 익힌 뒤에 파이를 구우면 사과가 물렁물렁해지지 않는다. 특히 제철이 아닐 때 구입한 사과는 몇 달씩 가스 저장법으로 보관한 탓에 신선한 사과보다 더 쉽게 물러지므로 이 방법이 유용하다. 고

도판 3 펙틴은 과일류에 많이 들어 있는 다당류의 하나로 사과, 토마토, 강낭콩, 콜리플라워 등에 풍부하게 함유되어 있다.

구마의 경우, 오븐에 구워도 중심이 부드러워지지 않는 '하드 코어' 고구마가 있는데, 이는 고구마를 냉장고에서 장기 보관하여 펙틴 메틸에스테라제가 작용한 결과이다. 차가운 저장 환경에서는 펙틴 메틸에스테라제가 방출된 칼슘 이온과 함께 세포벽의 펙틴을 서서히 강화하기 때문에 열을 가해도 고구마가 익지 않는 것이다.

소장에서 소화되지 않는 가용성 물질인 펙틴은 저항성 녹말과 비슷하게 대장에서 수십 억 마리의 익균에 의해 활발히 분해된다. 학계에는 펙틴이 건강에 이로운 점이 많다는 연구 결과가 쌓여 가고 있다. 다만 펙틴이 식물 세포벽에 들어 있는 다른 다당류와 밀접하게 결합해 있다가 장내세균에 의해 분해된다는 사실 때문에 펙틴의 이점을 구체적으로 규명하기가 쉽지만은 않다. 겔화하는 특성이 있는 펙틴은 콜레스테롤을 붙잡아 몸 밖으로 배출함으로써 혈중 콜레스테롤 수치를 낮추는 것으로 알려져 있다. 펙틴이 염증을 완화하고 종양 세포의 성장을 지연할 수 있다는 연구 결과도 있다. 안타깝게도 지난 30년간 미국인의 과일 및 채소 섭취량은 권장량의 절반이었다.

좋은 지방, 나쁜 지방

좋은 탄수화물과 나쁜 탄수화물에 대한 지식은 대중에게 비교적 잘 알려져 있는 듯하고, 이는 아마도 지난 20~30년 동안 영양학계와 언론이 탄수화물과 건강의 관계에 대해 비교적 일관된 메시지를 대중에게 전해 왔기 때문일 것이다. 그런데 좋은 지방과 나쁜 지방에 대해서는 상황이 다르다. 식품업계와 언론은 1990년대 이후 지금까지 지방을 악당으로 지목하고 저지방이나 무지방 식품을 찬양해 왔다. 이들이 대중에게 전하는 메시지는, 고지방 식단이 과체중과 비만, 심혈관 질환의 원인이라는 것이다. 하지만 영양학계는 섭취 열량의 최대 40퍼센트를 지방에서 얻는 식생활로도 얼마든지 체중을 일정하게 유지할 수 있고 감량까지 할 수 있다는 사실을 일관되게 입증해 왔다. 핵심은 칼로리가 어디에서 왔느냐가 아니라 섭취한 칼로리와 소모한 칼로리의 비율이다.

지방 때문에 뚱뚱해진다는 속설이 어디에서 왔을까? 탄수화물과 단백질은 1그램당 4칼로리의 에너지를 만들어 내는 반면 지방은 1그램당 9칼로리의 에너지를 만들어 낸다는 사실에서 기인한 게 아닐까 싶다. 지방이 건강에 미치는 영향은 1970년대에 안셀 키스 박사가 포화지방과 심혈관 질환의 관계를 밝혀내면서 처음 대중에게 알려지기 시작했다. 요즘에는 지방에 대한 관심 범위가 더욱 넓어져, 요리유가 건강에 미치는 영향이라든가 뜨거운 냄비나 팬에서 연기가 나기 시작하는 발연점의 위험성까지 논의되고 있다. 지방과 기름의 안전성에 대한 여러 다른 주장 가운데 과학적인 근거가 있는 것은 무엇이고 없는 것은 무엇일까?

먼저 지방과 기름의 화학에 관한 기초적인 사실부터 알아보자. 두 물질을 아주 간단히 구별하면, 지방은 실온에서 고체이고 기름은 실온에서 액체이다. 때때로 지방과 기름을 구분하지 않고 '지방'으로 뭉뚱그리기도 하므로, 지방에는 고체 지방과 액체 지방(기름)이 있다고 생각해도 무방하다. 지방과 기름의 화학적 명칭은 트리글리세리드로, 글리세롤이라는 알코올 분자에 긴 사슬 지방산이 세 개 연결된 분자라는 뜻이다.

지방산은 탄소-탄소 결합의 종류와 각 탄소 원자에 붙은 수소 원자의 개수에 따라 포화지방산과 불포화지방산으로 나뉜다. 포화지방산은 수소 원자가 최대로 들어가 있다고 해서$(-CH_2-CH_2-)$ 수소로 '포화된' 지방산이라고 부른다. 불포화지방산은 탄소-탄소 이중 결합(-CH=CH-)이 다양한 개수로 들어 있고 수소 원자는 더 적게 들어 있다. 7장의 「형태가 기능을 결정한다: 지방과 기름」에서 자세히 다루겠지만, 포화지방산 분자는 원자들이 가지런하게 모여 있는 직선형 구조이며 녹는점이 실온보다 높은 결정체이다. 불포화지방산 분자는 구부러진 지점이 있어 가지런한 결정체가 될 수 없으며 녹는점이 실온보다 낮다.

고체인 포화지방에는 포화지방산이 많이 들어 있는 반면, 액체인 불포화지방(기름)에는 불포화지방산이 많이 들어 있다. 포화지방은 혈관 안에서 결정체가 되기도 한다(혈중 지방은 LDL 콜레스테롤 같은 복합 입자의 일부로 나타난다). 혈관벽에 붙은 지방 결정이 산화하면 플라크라고 하는 불용성 침전물이 형성되어 심장, 뇌 등으로 가는 혈류를 방해한다. 불포화지방은 포화지방보다 훨씬 쉽게 산화되긴 하지만 결정체를 이루는 경향이 훨씬 적어 혈관을 막는 일은 드물다.

마지막으로 트랜스지방은 자연 상태의 지방에서는 비교적 적게 나타나는 지방이지만, 불포화지방산에 촉매와 함께 수소 기체를 인공적으로 주입하면 탄소-탄소 이중 결합의 형태가 달라지면서(이를 이성질체라고 한다) 다량의 트랜스지방이 만들어진다. 트랜스지방은 포화지방산과 비슷하게 직선형의 고체 결정체인 동시에 포화지방산보다 쉽게 산화된다. 트랜스지방은 화학 구조상 포화지방보다도 더욱 쉽게 혈관을 막고 플라크를 형성할 수 있다.

지방과 기름의 포화도

종류	아이오딘 값*	포화 비율 (%)	불포화 비율 (%)
버터	33	65	35
고기(우지)	47	48	51
팜유	52	49	51
돼지고기(라드)	56	42	58
닭고기	77	33	67
올리브유	82	12	88
땅콩 기름	92	18	81
유채 기름(카놀라유)	107	7	92
옥수수유	123	14	86
대두유	131	15	85
청어 기름	162	21	79

*아이오딘 값은 평균치이다.

뒤에서 자세히 설명하겠지만 식물과 생선에서 얻는 불포화지방은 여러 가지 이유에서 포화지방, 특히 붉은 고기의 지방보다 건강에 이롭다. 위 표에서 여러 종류의 지방과 기름의 포화도를 볼 수 있다. 여기에 쓰인 아이오딘 값은 지방산에 들어 있는 탄소-탄소 이중 결합의 수를 알아내는, 오래되었지만 믿을 만한 척도이다(Stauffer 1996). 표 맨 위쪽은 탄소-탄소 이중 결합이 가장 적고 포화도가 높아 아이오딘 값이 낮은 지방이다. 아래로 내려갈수록 탄소-탄소 이중 결합이 많고 포화도가 낮은 지방이다. 이 표를 보면 동물성 지방이 식물성 기름에 비해 포화도가 높고, 닭고기의 지방이 소고기와 돼지고기의 지방보다 포화도가 낮은 것을 알 수 있다.

그런데 아이오딘 값과 불포화 비율이 완벽하게 일치하지는 않는 것을 알 수 있는데, 이는 아이오딘 값이 불포화지방산의 중량 비율을 측정한 값이 아닌 지방산에 들어 있는 이중 결합의 개수를 나타냈기 때문이다. 예를 들어 올리브유는 약 79퍼센트가 올레산(HC=CH 이중 결합이 한 개인 불포화지방산)이고, 청어 기름에는 이중 결합이 3~6개인 불포화지방산이 많이 들어 있다. 그래서 아이오딘 값은 청어 기름이 올리브유의 두 배이지만 불포화지방산의 비율은 청어 기름이 올리브유보다 낮다.

좋은 지방과 나쁜 지방을 이야기할 때 가장 먼저 악당으로 지목되는 지방은 트랜스지방이다. 트랜스지방이 심혈관 질환 발병률을 높인다는 사실이 분명하게 밝혀졌기 때문에 미국 식약청은 가공식품의 영양성분표에 트랜스지방 함유량을 표기할 것을 의무화했다. 트랜스지방은 동물성 지방과 정제된 식물성 기름에는 아주 적은 양(1~2퍼센트)이 들어 있으나, 식품업계는 대두유 등 식물성 기름을 부분 수소화하는 방법으로 트랜스지방을 생산해 왔다. 가공식품의 라벨에 '부분 경화유'라는 말이 쓰여 있다면 그 식품에는 트랜스지방이 들어 있다는 뜻이다. 2015년 미 식약청은 '일반적으로 안전하다고 여겨지는' 식품 첨가물 목록에서 부분 경화유를 삭제했다.

트랜스지방은 보통 실온에서 고체이며 불포화 식물성 기름보다 산화에 강하기 때문에 과거에는 튀김 요리에 유용하게 쓰였고, 제빵에서는 고체 쇼트닝(우지와 라드 등의 포화지방) 대신 트랜스지방으로 만든 고체 스프레드(마가린 등)가 널리 쓰였다.

그러다 1990년대 들어 하버드 공중보건대학원을 비롯한 여러 연구 기관에서 트랜스지방과 심혈관 질환의 관계를 입증하기 시작했다. 트랜스지방은 몸에 나쁜 LDL 콜레스테롤 수치를 높이고 몸에 좋은 HDL 콜레스테롤 수치를 낮추어, 그 결과 심장마비와 뇌졸중을 일으킬 수 있는 혈전이 더 쉽게 형성된다. 그동안 가공식품과 튀김용 기름에서 트랜스지방을 몰아내려는 노력이 큰 성과를 거두어 이제는 트랜스지방이 고체 지방과 액체 지방의 혼합물로 거의 대체되었다. 세계보건기구는 전 세계 모든 정부에 2023년까지 트랜스지방 사용을 중단하라고 요구한 상태이다.

포화지방 역시 LDL 콜레스테롤 수치를 높여 심혈관 질환을 일으킬 수 있다는 점에서 나쁜 지방으로 분류할 수 있다. 포화지방은 HDL 콜레스테롤 수치를 낮추지는 않으므로 트랜스지방만큼 나쁜 지방은 아니지만 지나치게 많이 섭취해선 안 된다.

식물과 생선의 기름은 단일 및 다가불포화지방산이 풍부한 좋은 지방이다. 앞서 설명했듯이 인간은 화학적으로 유사한 다가불포화지방산 두 종류를 음식을 통해 얻는다. 오메가-6 지방산인 리놀레산과 오메가-3 지방산인 리놀렌산이 그것이다(3과 6이라는 숫자는 지방산에서 탄소-탄소 이중 결합이 위치하는 지점을 나타낸다). 이 두 지방산은 여러 가지 중요한 생리 활성 분자를 만들어내는 필수 지방산이다. 그중 하나인 에이코사노이드는 평활근의 수축 및 이완, 혈액의 응고 및 희석, 염증의 생성 및 감소 등 수많은 조절 과정에 관여하는 지방산이다.

기이하게도 인체는 진화 과정에서 리놀레산과 리놀렌산을 만드는 효소를 얻지 못했기 때문에 음식을 통해 두 필수 지방산을 섭취해야 한다. 리놀레산과 리놀렌산은 대두유와 카놀라유 같은 식물성 기름, 호두 같은 견과류, 녹색 이파리 채소 등에 들어 있다. 또한 인체에 들어온 리놀렌산은 아주 적은 양이 두 종류의 중요한 긴 사슬 오메가-3 지방산으로 바뀐다. 에이코사펜타엔산(EPA)과 도코사헥사엔산(DHA)이 그것이다. 두 지방산은 인체 전체에서 세포막을 구성하는 필수 성분으로, 세포 안으로 들어오고 나가는 물질을 조절하는 문지기 역할을 한다. 우리 뇌에 가장 많은 비율을 차지하는 지방산이 바로 도코사헥사엔산이다. 이 두 지방산은 연어, 정어리, 고등어 같은 생선에 많이 들어 있다. 뜻밖에도 양식 연어는 사료 때문에 두 지방산이 자연산 연어보다 두 배 많이 들어 있는 좋은 식품이다.

이번에는 액체 기름과 고체 지방을 요리에 사용할 때 어떤 일이 벌어지는지 알아보자. 요리 중에 기름과 지방에 나타나는 가장 중요한 화학적 변화는 산화, 중합, 분해 이 세 가지이다. 기름과 지방은 공기가 있는 상태에서 고열에 노출되면 지방산이 산화된다. 이때 알데히드, 케톤, 알코올 등의 수십 가지의 새로운 화합물이 미량으로 형성되면서 튀긴 음식 특유의 맛과 냄새가 난다. 그중에서도 가장 많이 형성되는 화합물은 알데히드의 일종인 2,4-데카디에날로, 튀긴 음식의 유혹적인 풍미 대부분이 이 물질에서 비롯된다.

중합은 볶음이나 튀김 요리에서 기름이 고열과 공기에 노출될 때 발생한다. 고기나 채소를 요리할 때 팬 안쪽에 밝은 갈색의 끈적끈적한 물질이 띠처럼 형성되는데, 이것이 기름의 중합물이다. 이 물질은 쉽게 제거되지 않아 뜨거운 물과 세제가 필요하고 베이킹소다 같은 연마제를 동원해야 할 때도 많다. 기름을 얼마나 오래 가열했는가에 따라서 사용한 기름의 25퍼센트까지 중합될 수 있다.

마지막으로 요리 중에 기름과 지방이 수분 또는 식재료의 입자상 물질이 있는 상태에서 고열에 노출되면 트리글리세리드 분자가 훨씬 더 쉽게 유리지방산과 글리세롤로 분해된다. 소량의 색소를 포함하는 이 생성물은 기름을 오래 가열할 때 형성·축적되며 특히 장시간 사용한 기름에서 쉽게 형성된다. 튀김을 시켰는데 풍미와 색이 이상한 음식이 나왔을 때만큼 실망스러운 순간도 없다. 주방에서 요리유를 자주 갈지 않았다는 뜻이다. 그런 음식은 먹어 보지 않아도 맛이 형편없다는 것을 알 수 있다.

요리유를 지나치게 높은 온도로 가열하면 분해된 글리세롤에서 물 분자 두 개가 탈락되면서 아크롤레인이 형성된다. 아크롤레인은 매캐한 냄새가 나는 유독 물질로, 기름을 발연점까지 가열할 때 형성되며 푸른 '연기'가 난다. 이 연기의 정체는 중합된 아크롤레인과 (식재료에 수분이 있을 경우) 약간의 수증기이다.

순수한 아크롤레인은 끓는점이 약 50도로 매우 낮기 때문에 뜨거운 기름에는 남아 있지 않다. 미국 직업안전보건국은 상업 시설의 주방에, 기화된 아크롤레인의 양을 0.1ppm으로 제한하도록 권고하고 있다. 시간으로 환산하면 14일 중 1초에 해당하는 양이니 아크롤레인이 얼마나 독한 물질인지 알 수 있다.

그런데 사실 요리유는 발연점(대략 205도 이상)까지 가열할 필요가 전혀 없다. 왜냐하면 수분이 있는 고기를 팬에 넣는 순간 고기 표면의 수분이 빠르게 기화하면서 기름의 온도를 발연점 밑으로 낮추어 버리기 때문이다. 고기를 구울 때는 키친 타올을 사용하거나 아주 건조한 냉동고에 넣어 표면의 물기를 완전히 제거한 다음에, 기름을 연기가 날 정도로 가열하지 말고 은은히 빛날 정도(약 200도)로만 가열한 상태에서 고기를 팬에 넣는 것이 좋다. 이렇게 하면 더 맛있게 구워지고 뜨거운 기름이 사방으로 튀는 일도 훨씬 줄어든다. 고기를 굽기에 적당한 온도에서 기름이 은은히 빛나는 것은 열에 의한 대류 때문이다.

기름은 식재료와 수분을 만나면 발연점이 크게 떨어지므로 장기간 사용하거나 많은 양의 식재료를 요리한 기름은 분해되어 훨씬 더 낮은 온도에서 연기가 난다. 신선한 대두유를 예로 들면, 가열 중에 기름이 분해되어 유리지방산이 기름 중량의 1퍼센트만 형성되어도 발연점이 210도에서 150도로 떨어진다. 엑스트라버진 올리브유 중 등급이 낮은 기름은 유리지방산이 최대 0.5퍼센트까지 들어 있어 정제유보다 발연점이 낮다. 매우 높은 등

도판 4 기름마다 발연점이 다른데, 요리유를 가열하기에 가장 적당한 온도는 180도이며 190도를 넘지 않는 것이 좋다.

급의 엑스트라버진 올리브유는 유리지방산이 거의 들어 있지 않아 발연점이 정제된 카놀라유(205도)보다도 높은 210도이다. 정제된 올리브유의 발연점은 정제된 옥수수유, 팜유, 땅콩기름(230도)보다도 높은 240도이다. 그러므로 올리브유는 발연점이 낮으니 요리에 사용해선 안 된다는 속설에 속지 말자. 올리브유 자체가 문제가 아니라 등급이 문제이다.

기름의 발연점과 관련하여 한 가지 더 알아 두어야 할 사실은, 적절한 장비 없이는 발연점을 정확하게 측정하기가 쉽지 않다는 것이다. 그런 장비가 있으면 기름 표면 전체에 강한 빛을 쬐어 연기 입자가 발생하는 온도를 쉽게 확인할 수 있다. 기름의 발연점은 자료마다 수치가 다르므로, 이와 관련하여 결정을 내릴 때는 각별히 주의할 필요가 있다.

요즘 요리유와 건강의 관계를 둘러싼 논쟁이 점점 뜨거워지고 있다. 요리유의 화학을 연구하는 사람들 사이에서도 의견이 갈린다. 누구는 요리유의 산화 생성물이 건강을 크게 위협한다고 말하고 또 누구는 산화된 기름의 유해한 영향은 체내에서 충분히 해독된다고 말한다. 내 의견을 밝히자면 가정에서 사용하는 식물성 기름은 건강에 거의 해를 끼치지 않는다. 보통의 가정 요리에서는 기름을 그렇게 오래 가열하지 않으며, 그것도 한 번 사용하고 버리기 때문이다. 또한 가정 요리에서는 아크롤레인을 비롯한 해로운 물질이 만들어지는 발연점까지 온도가 높아지지 않게 조절할 수 있다. 요리유를 가열하기에 가장 적당한 온도는 180도이며 190도를 넘지 않는 것이 좋다.

반면에 음식을 밖에서 사 먹을 때는 며칠 이상 갈지 않고 계속 사용하여 산화 생성물과 색소가 축적된 요리유가 문제이다. 기름의 산화된 정도는 색과 냄새를 통해 쉽게 알 수 있다. 식당에서 흔히 쓰는 대형 튀김기는 하루에 최소 여덟 시간씩 가동하고, 발연점을 낮추고 산화를 촉진하는 식재료의 입자성 물질을 제거하기 위해 매일 기름을 여과한다. 하지만 기름을 일주일에 두세 번 이상 교체하지 않는 식당이 많고 오래된 기름에 새 기름을 약간 섞어 사용하는 경우도 많다. 최근 프랜차이즈가 아닌 자영 식당을 대상으로 튀김 기름 사용 실태를 조사한 연구에서는 조사 대상의 35퍼센트가 현행 품질 기준에 못 미쳤다.

일반적으로 말해 대형 튀김기의 기름은 사용 시간 기준으로 20시간에 한 번씩 기름을 교체하지 않으면 품질 기준을 만족할 수 없다. 하버드 공중보건대학원 영양학과의 연구진은 일주일에 네 차례 이상 (대부분 외식으로) 튀긴 음식을 섭취할 경우 제2형 당뇨병, 심부전, 비만, 고혈압, 관상동맥질환 등 만성 질환에 걸릴 위험이 크게 증가한다는 사실을 연구를 통해 분명하게 확인했다. 지난 40년간 외식이 42퍼센트 증가했다. 그러므로 우리는 가정 요리에서 기름을 뺄 것이 아니라, 우리가 요리유의 품질에 관여할 수 없는 외식 상황에서 튀긴 음식을 먹는 양을 줄이는 것이 현명하다.

가정 요리에는 올리브유, 카놀라유, 옥수수유, 땅콩기름, 대두유 등 다양한 기름을 활용할 수 있어 오메가-3, 오메가-6 지방산 같은 다가불포화지방산과 올레산 같은 단일불포화지방산을 골고루 섭취할 수 있다. 내가 가장 즐겨 쓰는 기름은 엑스트라버진 올리브유이지만 볶음 요리만큼은 땅콩기름으로 한다. 올리브유의 강한 풀냄새가 싫다는 사람들도 있는데, 사실 올리브유는 180도에서 10분만 가열해도 풀냄새 성분이 모두 휘발되고 정제한 대두유를 가열했을 때와 똑같은 맛을 낸다. 올리브유, 그중에서도 엑스트라버진 올리브유는 다가불포화지방산을 함유한 카놀라유, 대두유보다 산화 속도가 훨씬 느리다. 2,4-데카디에날을 산화의 지표로 삼았을 때, 카놀라유는 엑스트라버진 올리브유보다 2,4-데카디에날을 3.4배 많이 만들어 내고, 대두유는 4.5배 많이 만들어 낸다. 올리브유의 단일불포화지방산인 올레산은 카놀라유와 대두유의 다가불포화지방산인 리놀레산, 리놀렌산보다 10배에서 25배가량 느리게 산화되는 데다 올리브유에는 지방산의 산화를 막아 주는 아주 강력한 항산화제인 폴리페놀이 풍부하게 들어 있다.

한 실험에서는 올리브유를 이용하여 프렌치프라이를 180도에서 튀겼다. 같은 기름을 사용하여 한 번에 10분씩 여섯 번 연속으로 식재료를 튀겼더니 올리브유의 항산화 활동이 처음의 3분의 1로 감소했다. 이는 항산화제가 실제로 지방산의 산화를 막는 역할을 했다는 뜻이다. 그러니 요리유의 산화가 건강에 미칠 수 있는 영향이 걱정되는 사람은 나처럼 엑스트라버진 올리브유를 사용하면 된다. 과체중, 고혈압, 콜레스테롤 수치로 인해 심혈관 질환에 걸릴 위험이 높은 55~80세 남녀 7,447명을 대상으로 약 4년 10개월간 진행한 에스파냐의 유명한 프레디메드 식단 연구에 따르면, 엑스트라버진 올리브유(한 가정당 일주일에 1리터)를 포함한 지중해식 식단을 따른 사람은 같은 기간 동안 저지방 식단을 따른 사람에 비해 심혈관 질환 사건(심장마비, 뇌졸중, 사망) 건수가 30퍼센트 적었다. 혼합 견과류(한 사람당 하루에 30그램) 섭취도 그와 비슷한 효과를 가지는 것으로 밝혀졌다.

좋은 단백질, 나쁜 단백질

인간은 포도당 같은 단순당을 빠르게 흡수하여 글리코겐이라는 복합 분자의 형태로 체내에 저장한다. 글리코겐은 에너지가 필요할 때 다시 포도당으로 전환된다. 지방과 기름은 소화 후 지방산 형태로 흡수되고, 지방의 잉여 칼로리는 지방 조직에 지방 형태로 저장된다. 단백질은 소화를 통해 아미노산으로 분해된 뒤 체내에 흡수되며 근육, 결합조직, 혈액의 헤모글로빈, 다양한 효소, 인슐린 같은 호르몬 등 인체의 중요한 요소를 구성하는 데 필요한 새로운 단백질이 된다. 우리가 음식 섭취를 통해 소화하는 단백질 아미노산은 몸 안에서 약 1만 가지의 단백질을 형성한다.

우리가 음식을 통해 섭취하는 단백질은 우리 몸에 스무 가지의 아미노산을 공급한다. 우리 몸은 건강을 유지하는 데 단백질이 필요할 때면 염색체의 DNA에서 아미노산을 재료로 단백질을 합성한다. 인체는 스무 가지 아미노산 가운데 열한 가지를 합성할 수 있고, 합성할 수 없는 나머지 아홉 가지는 음식을 통해 단백질로 섭취한다. 필수 아미노산 아홉 가지를 포함하여 스무 가지 아미노산을 충분히 만들 수 있는 단백질을 완전단백질이라고 부른다. 아홉 가지 필수 아미노산을 충분히 만들지 못하는 단백질은 불완전단백질이라고 부른다.

불완전단백질이라고 해서 필수 아미노산을 전혀 포함하지 않는 것이 아니다. 우리 몸에 필요한 양보다 적게 들어 있다는 뜻일 뿐이다. 완전단백질에는 달걀, 육류, 가금류, 생선, 유제품이 있다. 콩류와 곡물의 단백질은 불완전단백질인 경우가 많다. 다행히 쌀과 옥수수에 부족한 필수아미노산이 콩류와 빵에 충분히 들어 있으므로 콩과 쌀을 함께 먹으면 건강에 필요한 필수 아미노산을 모두 섭취할 수 있다. 완전단백질을 좋은 단백질로 분류할 수는 있지만, 그렇다고 불완전단백질이 나쁜 단백질이라고 말하는 것은 옳지 않다. 대부분의 사람, 특히 선진국에 사는 사람은 건강을 유지하는 데 필요한 아미노산보다 두 배 많은 단백질을 섭취하고 있기 때문이다.

모든 지방 중에 트랜스지방, 모든 당류 중에 첨가당처럼 모든 단백질 가운데 악당을 하나 꼽으라면 그것은 셀리악병을 일으키는 글리아딘일 것이다. 글리아딘은 주로 밀에 존재하고 호밀과 보리에도 들어 있으며, 밀가루에 물을 넣고 반죽할 때 형성되는 글루텐의 주성분이 된다. 밀 자체에는 글루텐 단백질이 들어 있지 않다. 반죽 과정에서 글리아딘이 글루테닌이라는 또 다른 단백질과 화학적으로 결합할 때 비로소 글루텐이 만들어진다. 그래서 글리아딘과 글루테닌을 밀가루의 글루텐 형성 단백질이라고 부른다.

셀리악병은 글리아딘에 들어 있는 아미노산의 특정 서열에 대한 자가면역 반응으로 위장관 안쪽을 감싸고 있는 융모를 파괴하여 영양 흡수를 방해하고 가스, 복부 팽만, 위통, 설사, 체중 감소 등을 불러일으킨다. 아주 적은 양의 글리아딘(약 50밀리그램)에 노출되기만 해도 증상이 시작될 수 있는 질환이며, 미국의 경우 100명 중 한 명이 이 병을 앓는다. 밀가루 반죽에서 글루텐이 형성될 때도 병을 일으키는 글리아딘 속 아미노산 서열이 그

도판5 완전단백질 식품에는 육류, 가금류, 생선, 유제품 등이 있고, 불완전단백질 식품에는 견과류, 통곡물, 채소 등이 있다.

대로 유지되기 때문에 셀리악병 환자는 글루텐이 들어 있는 모든 음식에 민감하다.

이보다 많은 사람이 자신이 '글루텐에 민감'하다고 의심하는데 적절한 검사 없이 이 질환이 있다고 말하기는 매우 어렵다. 유일한 해결책은 글루텐 프리 식단을 따르는 것인데, 글루텐이 포함된 식품이 어마어마하게 많다는 점에서 이 또한 만만치 않다. 다행히 이제는 시중에 글루텐 프리 식품이 나와 있고 가정에서 글루텐 프리 음식을 요리하는 레시피를 담은 서적도 많이 출간되었다. 최근 에스파냐 과학자들은 일반 밀보다 글리아딘 함량이 최대 97퍼센트 적은 유전자 변형 밀을 개발하기도 했다.

대부분의 단백질은 생리 활성 상태에서 구형과 섬유형 두 가지 형태로 존재한다. 인슐린, 헤모글로빈, 달걀, 각종 효소의 구상단백질 속에는 아미노산의 긴 사슬이 똬리처럼 빙빙 틀어져 둥근 공 같은 모양을 이루고 있는 반면, 근육 단백질인 액틴과 미오신, 결합조직의 주요 단백질인 콜라겐 같은 섬유상단백질 속의 아미노산은 섬유처럼 길게 배열되어 있다.

단백질은 열을 가하면 변성이라는 과정을 거치는데, 이때 구상단백질은 똬리가 풀리고 섬유상단백질은 수축한다. 예를 들어 달걀을 가열하면 흰자와 노른자에 들어 있는 수많은 구상단백질이 풀어지고 서로 간에 화학적 가교를 형성하면서 무한에 가까운 단백질 그물망이 생긴다. 그래서 가열한 달걀은 고무와 비슷한 단단한 구조를 가지는 것이다. 날달걀에 들어 있던 수분은 가열한다고 해서 사라지는 것이 아니라 무한한 단백질 그물망 안에 갇힌다.

고기를 가열할 때는 섬유상 단백질과 결합 단백질이 굵기와 길이 모두 수축하면서 단백질 그물망 안에 갇혀 있는 수분이 일부 밖으로 빠져나온다. 그래서 고기는 지나치게 오래 가열하면 마른다. 고기의 수분 상실을 줄이는 한 방법은 가열하기 전에 소금물(염화나트륨 용액)에 담가 두는 것이다. 소금이 고기 속으로 서서히 확산되면서 근육 단백질을 일부 용해시킨다. 염수 처리한 고기를 가열하면 용해되었던 단백질이 겔로 변하여 수분을 가두는데, 이는 결합조직의 콜라겐에서 형성되는 젤라틴이 수분을 머금는 것과 거의 비슷하다.

단백질의 변성은 단백질의 종류에 따라 각각 다른 특정한 온도에서 일어난다. 예를 들어 달걀흰자(단백질 10퍼센트, 수분 90

퍼센트)는 약 63도에서 응고하기 시작하고 80도에서 고무처럼 단단해지는 반면, 달걀노른자(단백질 16퍼센트, 지방 32퍼센트, 수분 50퍼센트)는 약 65도에서 응고하기 시작하고 78도에서 완전히 익는다. 달걀은 흰자의 단백질이 노른자의 단백질보다 더 넓은 온도 범위에서 응고하기 때문에 달걀을 통째로 가열할 때는 원하는 질감을 내기가 쉽지 않다.

고기의 근육 단백질과 콜라겐 단백질은 수축하기 시작하는 온도가 비슷하다. 놀랍게도 소고기의 근육 단백질은 40도라는 낮은 온도에서 수축하기 시작하고 최대 수축과 최대 수분 손실은 60도 이상에서 일어난다. 여기에 이 모든 온도를 자세히 소개하는 이유는 육류, 가금류, 생선, 달걀 등을 요리할 때 가열 온도를 특정한 범위로 정확하게 조절하고 가열 시간을 적절하게 설정하는 것이 얼마나 중요한지를 강조하기 위해서이다.

안심과 같은 소고기의 부드러운 부위는 내부 온도를 49~52도로 가열해야 한다(54도에서 가열하면 웰던 단계가 된다). 크게 썬 소고기 덩어리는 내부에 균이 없으므로 비교적 낮은 온도에서 가열해도 되지만 그래도 표면이 아주 뜨거워질 정도로는 가열해야 안전하다. 최근 미국 농무부는 돼지고기의 안전한 가열 온도를 60도로 낮추었다. 소고기와 돼지고기의 어깨 부위는 결합조직 비율이 높아 질기므로, 오븐에서 구울 때는 163도에서 장시간 가열하여 내부 온도를 88도까지 올려야 결합조직 속의 콜라겐이 젤라틴으로 분해된다.

콜라겐은 젤라틴 사슬 세 개가 수소 결합을 통해 삼중 나선을 이루고 있는 강력한 단백질이다. 콜라겐은 40도에 이르러서야 서서히 분해되기 시작하고, 완전히 풀어져 젤라틴이 되려면 그보다 더 높은 온도에서 길게는 여섯 시간 동안 가열해야 한다. 젤라틴은 자기 무게의 열 배에 달하는 수분을 가둘 수 있는 독특한 단백질이다. 바비큐용 돼지고기 같은 질긴 고기를 내부 온도 88도까지 가열해도 비교적 촉촉한 이유가 바로 젤라틴 때문이다. 닭고기와 칠면조고기는 근육 조직에 살모넬라균이 들어 있을 수 있으니 내부 온도 71도에서 완전히 익혀야 안전하다. 닭과 칠면조 외에 소와 돼지의 간고기도 내부 온도를 71도까지 가열해야 한다.

요리 과학이 우리를 구할 것이다

최근 의학 교육계에 '요리 의학'이라는 분야가 새롭게 떠오르기 시작했다. 지금까지의 정의에 따르면 요리 의학은 '음식과 요리의 예술을 의학적 과학에 접목하는 증거 중심의 새로운 연구 분야'이다. 이 학문의 목표는 '음식과 음료를 핵심 치료법으로 보고 환자가 안전하고 효율적이고 행복하게 스스로를 치유할 수 있게 돕는 것'이다. 툴레인대학교, 하버드대학교, 노스웨스턴대학교의 의학대학원을 비롯한 여러 연구 기관에서 요리 의학 수업과

자격증 과정을 개설하여 의사와 환자에게 음식과 요리를 이용한 가정에서의 건강 증진 방법을 교육하고 있다.

그런데 요리 의학의 현재적 정의를 잘 들여다보면 음식과 요리는 '예술'로 분류되고 의학은 '과학'으로 분류되어 있다. 요리를 의학에 버금가는 과학으로 이해하지 않는 한, 요리 의학은 소기의 목표를 달성하기 어려울 것이다. 각각의 요리법이 음식의 영양 품질에 미치는 영향을 완벽하게 이해하지 못한 채 환자에게 건강한 음식이 무엇인지 어떻게 알려 줄 수 있을까? 몸에 좋은 채소를 더 많이 먹으라고 권할 때는 그 채소에 들어 있는 특정 비타민과 주요 식물 영양소 함량을 최적화할 수 있는 요리법도 함께 권해야 옳다. 예를 들어 브로콜리에 들어 있는 글루코시놀레이트를 효과적으로 섭취하려면 브로콜리를 쪄야 하고, 토마토의 리코펜을 최대로 섭취하려면 토마토를 올리브유에 구워야 한다.

요리는 예술의 영역을 넘어 과학의 세계에 진입한 지 오래이다. 의학도 불과 몇십 년 전에 같은 과정을 거쳤다. 요리 과학은 의학과 마찬가지로 인간의 삶의 질을 개선하는 데 중요한 역할을 담당할 수 있다.

요리 과학은 아직 초기 단계에 있지만 지난 20년 동안 요리계에서 큰 화두가 되었고 앞으로 폭발적인 성장이 기대된다. 단순히 육즙이 풍부한 부드러운 스테이크를 굽는 방법이나 완벽한 파이 반죽을 만드는 방법, 생선의 풍미를 강화하는 방법을 알려

도판 6 요리는 앞으로 예술과 과학의 융합으로 받아들여질 것이며, 요리 과학은 우리 삶을 더욱 윤택하게 할 것이다.

주기 때문에 폭발적인 성장이 기대되는 것은 아니다. 요리 과학의 잠재적인 폭발력은 우리가 먹는 음식의 영양 품질을 최대화하는 동시에, 비타민, 미네랄 등 필수 영양소의 손실을 최소화하고 항산화제, 프리바이오틱스, 식물 영양소 같은 영양소를 강화하는 법을 우리에게 알려 준다는 데 있다.

우리가 음식을 '과학적'으로 요리할수록 심혈관 질환, 뇌졸중, 비만, 제2형 당뇨병, 치매, 각종 암 같은 만성 질환의 발병률도 낮아질 것이다. 요리 과학은 우리 삶의 질과 기쁨을 드높여 줄 것이다. 요리는 더 이상 기술이나 예술이 아니라 예술과 과학의 융합으로 이해될 것이고, 맛있고도 건강한 음식을 우리에게 선사할 것이다.

파스타는 생각보다 건강하다

어려서 매사추세츠주에 살던 시절, 어머니는 마카로니를 '겨울 채소'라고 불렀다. 채소가 귀해지고 가격이 비싸지는 겨울철에 우리 집에서는 마카로니를 즐겨 먹었다. 내가 가장 좋아하는 겨울 채소는 일요일 오후에 로스트 비프에 늘 곁들이는 브라운 그레이비 마카로니였다. 브라운 그레이비가 없을 때는 녹인 버터에 소금과 후추만 뿌려도 충분했다. 어머니는 마카로니로 만드는 한 그릇 요리에 일가견이 있었다. 중국식 찹수이로도 만들고, 소시지 캐서롤(프랑크 소시지와 토마토 스튜 통조림으로 만들었다)로도 만들고, 물론 마카로니앤드치즈도 만들었다.

지금까지도 나는 마카로니를 비롯해 모든 종류의 파스타를 사랑한다. 안타깝게도 요즘 파스타는 고탄수화물, 고열량 음식이라는 악명을 얻었고, 그런 이유로 파스타를 먹지 않는 가정도 많다. 사실 파스타는 조리하기 쉽고 여러 방법으로 응용할 수 있으며 영양가도 높은 맛있는 음식이라 어른과 아이 모두가 좋아한다. 탄수화물이 건강에 미치는 영향과 관련하여 가장 중요한 척도는 음식을 섭취한 후 혈당이 상승하는 속도를 나타내는 혈당지수(GI)이다.

일부 고탄수화물 음식, 특히 녹말 함량이 높은 음식은 포도당 수치를 가파르게 증가시킨다. 그러면 곧 인슐린이 분비되면서 포도당을 세포의 에너지원으로 저장하라고 세포에 신호를 보낸다. 포도당이 그 즉시 에너지로 쓰이지 않으면 인슐린이 혈액 속의 잉여 포도당을 지방 세포로 보내고, 그곳에서 포도당이 지방으로 전환·저장된다. 따라서 고탄수화물 음식은 몸 안에서 지방이 되고 체중을 늘릴 수 있으며 그 결과 당뇨병과 심혈관 질환을 일으킬 수 있다. 요약하면 혈당지수는 혈액에 갑자기 많은 포도당을 방출하는 음식일수록 높고, 포도당 방출 속도가 느린 음식일수록 낮다. 그러므로 가장 바람직한 선택은 혈당지수가 낮은 고탄수화물 음식을 섭취하는 것이다.

음식의 혈당지수는 어떤 음식이 혈액으로 방출하는 포도당의 양을 순수 포도당에 대한 백분율로 나타낸 것이다. 각 음식의 혈당지수는 일정량(보통 50그램)을 섭취한 후 2시간 동안(당뇨병 검사에서는 3시간 동안) 혈중 포도당 수치 변화를 분석하여 0부터 100 사이의 값으로 결정된다. 혈당지수가 55를 넘는 음식은 고혈당지수 식품으로 분류되고, 55 이하의 음식은 저혈당지수 식품으로 분류된다. 구운 감자 1인분은 혈당지수가 평균 85이고 프렌치프라이 120그램은 75이다. 길이가 짧은 백미 한 컵(170그램)은 72인 반면 긴 쌀은 56밖에 되지 않는다. 같은 쌀이라도 품종에 따라 혈당지수가 이렇게 다른 이유는 무엇일까?

1장의 「녹말의 세계」에서 설명했듯이 녹말은 아밀로오스와 아밀로펙틴, 이 두 가지 분자로 이루어져 있다. 아밀로오스는 결정 구조가 되기 쉽기 때문에 소화효소에 더 강한 반면, 비결정 구조를 가진 아밀로펙틴은 더 쉽게 소화되어 포도당으로 전환된다. 짧은 쌀은 긴 쌀에 비해 아밀로펙틴 함량이 높고 아밀로오스는 미량만 들어 있다. 강낭콩, 렌

도판 7 파스타의 밀가루는 듀럼밀을 제분한 세몰리나인데, 혈당지수가 낮아 당뇨병 환자도 섭취할 수 있다.

틸콩, 흰 강낭콩, 병아리콩 등의 콩류는 식물성 식품 중에서 아밀로오스 함량이 가장 높아서 녹말을 다량 함유하고 있음에도 혈당지수가 27~38 사이로 낮다. 즉 녹말이라고 해서 다 같은 녹말이 아니고, 고녹말 식품을 먹는다고 해서 무조건 살이 찌는 것이 아니다.

그렇다면 스파게티 1인분(170그램)의 혈당지수는 얼마나 될까? 놀랍게도 겨우 41로 저혈당지수 식품으로 분류된다. 마카로니 한 컵(140그램)의 혈당지수도 겨우 45이다. 그런데 그 이유는 파스타에 들어가는 밀가루가 긴 쌀이나 콩처럼 아밀로오스 함량이 높아서가 아니다. 파스타의 혈당지수가 낮은 데는 다른 이유가 작용한다. 듀럼밀의 단백질 함량이 그것이다. 파스타의 재료가 되는 밀가루는 듀럼밀을 제분한 세몰리나이다. 흰 빵을 만드는 밀가루는 밀을 고도로 정제하여 아주 가는 입자로 제분하지만, 세몰리나는 입자가 굵어 단백질과 녹말 입자가 파괴되지 않고 많이 남아 있다. 녹말 함량은 어느 밀가루나 건조중량 기준 약 73퍼센트로 거의 똑같다. 아밀로오스(전체 녹말의 22~28퍼센트)와 단백질(건조중량 기준 12~14퍼센트) 함량도 마찬가지이다.

그런데 흰 빵의 혈당지수는 70이고 스파게티의 혈당지수는 41이다. 건조 파스타를 만들 때는 굵게 간 세몰리나에 물을 섞어 반죽을 만든 다음, 스파게티 등의 형태로 성형하여 건조하는데 이 과정에서 녹말 입자는 글루텐 가닥으로 짜인 보호망에 둘러싸여 파괴되지 않는다(글루텐의 과학에 관해서는 2장의 「글루텐의 정체」를 참조). 흰 빵을 만드는 밀가루를 만들 때는 밀을 아주 곱게 가는데, 여기서는 녹말 입자가 다수 파괴되고 단백질 망이 조각조각 부서진다. 파스타는 흰 빵과 달리 단백질 보호망 덕분에 가열했을 때 녹말 입자가 터지거나 밖으로 빠져나가지 않는다. 이렇게 단백질에 둘러싸여 녹말이 포도당으로 쉽게 소화되지 않기 때문에 파스타는 혈액에 포도당을 방출하는 속도가 흰 빵보다 훨씬 느리다.

그러나 모든 파스타가 이런 특징을 가지는 것은 아니다. 일부 브랜드는 단백질 함량이 적은 밀가루로 파스타를 만들기 때문이다. 파스타를 익힐 때 물이 너무 뿌예진다면, 단백질 보호망이 부족한 탓에 녹말 입자가 터져 밖으로 빠져나온 것이라고 보면 된다. 이런 파스타는 고단백의 질 좋은 파스타에 비해 혈당지수가 높을 것이다. 마찬가지로 파스타를 알 덴테까지만 익히면 좋은 이유는 녹말 입자가 일부 그대로 남아 있어 혈당지수가 높아지지 않기 때문이다.

형태가 기능을 결정한다: 지방과 기름

"형태는 기능을 따른다." 건축 분야에서 자주 강조하는 원칙이다. 그러나 화학에서는 그 반대가 참이다. 단백질은 그 형태에 따라 소화효소가 되거나 호르몬이 되는 등 기능이 정해진다. 화학적 형태가 물질의 기능을 결정한다는 사실을 가장 분명하게 보여 주는 예가 지방과 기름이다. 지방은 실온에서 고체이고 기름은 액체인데, 이 차이는 바로 두 물질의 화학적 구조에서 비롯된다. 그리고 이 화학적 구조는 녹는점과 같은 물질의 물리적 특성은 물론, 물질이 인체에서 하는 작용과 건강에 미치는 영향, 요리에서의 반응까지 결정한다.

지방과 기름 모두 지질이라는 분자의 일종이다. 콜레스테롤, 프로게스테론, 담즙산 같은 스테로이드도 지질이고 지용성인 비타민 A, D, E, K도 지질이며 리코펜, 베타카로틴 같은 카로티노이드 색소도 지질이다. 화학적으로 볼 때 모든 종류의 지방과 기름은 트리글리세리드 분자인데 글리세롤이라는 알코올에 지방산 세 개가, 산과 알코올이 만날 때 형성되는 에스테르 결합을 통해 결합되어 있음을 알 수 있다(글리세롤의 끝 글자인 '-ol'이 알코올임을 의미한다). 모든 트리글리세리드 분자에는 글리세롤이 들어 있으나, 나머지 지방산 세 개의 구조는 탄소-탄소 이중결합(C=C)의 개수와 종류에 따라 달라진다.

식물, 동물, 생선에 들어 있는 지방산은 이중 결합이 하나도 없는 것(포화지방산)도 있고, 탄소 원자가 10~22개(18개인 경우가 가장 많다)로 이루어진 긴 사슬에 이중 결합이 최대 여섯 개까지 들어 있는 것(다가불포화지방산)도 있다. 또한 각 지방산은 세 가지 다른 위치에서 글리세롤에 결합할 수 있기 때문에 지방과 기름에는 매우 다양한 종류의 트리글리세리드가 들어 있다. 옥수수유 등 식물성 기름과 소고기의 지방(우지)은 여러 종류의 트리글리세리드 분자로 이루어진 물질이다.

아래 그림은 트리글리세리드 분자의 화학구조이다. 빨간색, 녹색, 파란색으로 표시한 지그재그 모양의 긴 사슬이 세 개의 지방산이고, 한가운데 산소(O) 원자들에 연결되어 있는 검은색의 짧은 선이 글리세롤이다. 세 개의 지방산은 에스테르 결합(-O-C=O)으로 글리세롤 분자에 붙어 있다. 빨간색과 녹색의 지방산 안에 보이는 두 겹의 선은 탄소-탄소 이중 결합을 의미한다. 지그재그 선의 각 모서리에는 탄소 원자가 위

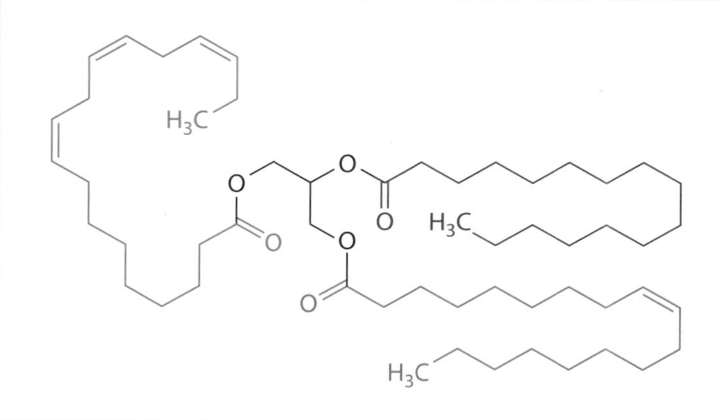

트리글리세리드 지방 분자의 화학구조

치한다. 빨간색 지방산과 녹색 지방산에는 탄소 원자가 18개씩 들어 있고, 파란색 지방산에는 탄소 원자가 16개 들어 있다(맨 끝의 C=O와 CH_3에도 탄소가 들어 있다).

빨간색 지방산과 녹색 지방산의 탄소-탄소 이중 결합을 자세히 들여다보면 양쪽 탄소 원자가 같은 방향에 위치하는 것을 알 수 있다. 이처럼 탄소 원자가 같은 방향에서 이중 결합한 것을 시스 이중 결합이라고 한다. 자연적으로 존재하는 이중 결합은 거의 모두 〈도판 8〉과 같은 시스 이중 결합이다. 탄소 원자가 서로 다른 방향에서 결합하는 트랜스 이중 결합은 상업적으로 생산되는 몸에 나쁜 트랜스지방에서 발견된다. 트랜스 이중 결합에서는 탄소 원자가 서로 다른 방향에서 결합하고 탄소에 붙은 원자나 원자단의 위치도 반대가 된다.

트리글리세리드 분자의 구조 모형

시스 이중 결합이 트랜스 이중 결합으로 바뀌는 정도의 간단한 구조 변화만으로도 몸에 좋은 지방이 몸에 나쁜 지방으로 바뀔 수 있다. 그 이유는 무엇일까? 〈도판 8〉은 지방산 분자의 세 가지 모형이다. 각 분자에는 탄소가 9개씩 들어 있다. 드라이딩 모형이라고 부르는 이 구조물은 실제 원자의 결합 길이와 각도를 거의 정확하게 반영하여 제작된다.

세 분자 모형의 오른쪽 끝에는 산소 원자(빨간색)가 두 개 들어 있는 카복실기(-COOH)가 있다. 포화지방산을 나타내는 맨 위 분자 모형에서는 탄소 원자(검은색)와 수소 원자가 직선에 가까운 지그재그 형태로 결합되어 있다. 트랜스지방산을 나타내는 가운데 분자에서는 카복실기

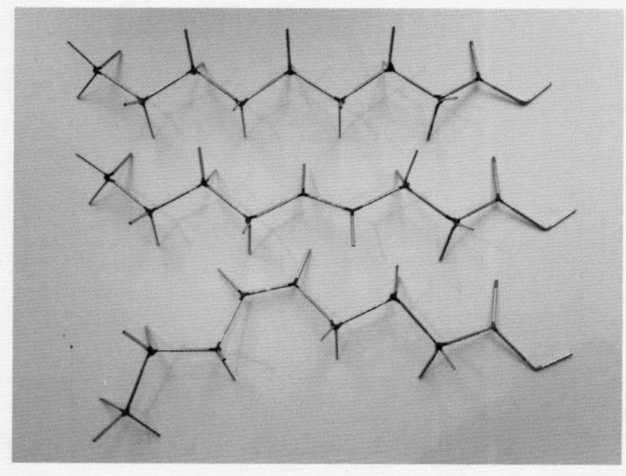

도판 8 트리글리세리드 지방 분자의 화학구조포화지방산(위), 트랜스지방산(가운데), 시스지방산(아래)의 구조를 정밀하게 재현한 드라이딩 분자 모형. 포화지방산과 트랜스지방산은 시스지방산과는 구별되는 3차원 구조를 비슷하게 가지고 있다.

로부터 세 번째 탄소 원자와 네 번째 탄소 원자가 이중 결합으로 결합되어 있으며, 두 탄소 원자에 결합한 수소 원자가 서로 반대 방향을 향하고 있다.

여기서 가장 중요한 사실은 트랜스지방산 분자가 위의 포화지방산과 거의 똑같이 직선에 가까운 지그재그 형태라는 것이다. 포화지방은 혈관 안에 점점 축적되다가 산화하여 딱딱한 침전물을 형성하고, 이것이 심혈관 질환을 일으킨다. 형태가 거의 똑같은 트랜스지방도 비슷한 결과를 낳는데, 트랜스지방은 불포화 상태라 더 쉽게 산화하기 때문에 포화지방보다도 더 쉽게 침전물을 만들어 동맥을 막을 수 있다.

맨 아래 분자 모형에서는 카복실기로부터 네 번째 탄소 원자와 다섯 번째 탄소 원자가 시스 이중 결합으로 결합되어 있다. 여기서는 두 탄소 원자에 결합한 수소 원자가 같은 방향을 향하고 있다. 시스지방산 분자는 이중 결합 부분에서 지그재그 형태가 한 번 휘므로 직선형이 아니다. 직선형 구조인 포화지방과 트랜스지방은 지방산 분자가 상자 속 크레파스처럼 가지런히 배열되어 있으며 녹는점이 실온보다 높은 결정체이다. 그래서 우지, 라드 같은 포화지방이 실온에서 고체인 것이다.

식물성 기름에 자연적으로 존재하는 시스지방산은 결정 구조를 형성하기가 어렵기 때문에 녹는점이 실온보다 낮다. 트랜스 이중 결합을 시스 이중 결합으로 바꾸면 고체 상태의 지방이 액체 상태의 기름으로 바뀐다. 불포화지방산은 동맥 안에 딱딱한 침전물을 만드는 능력이 포화지방산과 트랜스지방산에 비해 떨어진다. 지방의 형태가 기능을 결정한다는 사실을 보여 주는 가장 효과적인 예는 초콜릿에 들어 있는 포화지방인 카카오 버터이다. 이 지방은 여섯 가지의 결정 구조로 존재할 수 있는데, 그중에서 한 가지 결정 구조만이 고급 초콜릿의 매끈한 광택과 단단한 질감, 손이 아니라 입안에서 녹는 중요한 성질과 관계있다.

마지막으로 오메가-3 지방산과 오메가-6 지방산에 대해 알아보자. 오메가-3이 건강에 미치는 이로운 영향은 잘 알려져 있다. 3과 6이라는 숫자는 지방산에서 탄소-탄소 이중 결합이 위치하는 지점을 나타낸다. 리놀렌산 같은 오메가-3 지방산에 들어 있는 마지막 이중 결합은 302쪽의 빨간색 지방산처럼 지그재그 사슬의 끝에서부터 세 번째 탄소 원자와 네 번째 탄소 원자 사이의 이중 결합이다(오메가는 그리스어 알파벳의 맨 마지막 문자로 사슬의 '끝'을 의미한다). 녹색 지방산의 유일한 이중 결합은 끝에서부터 아홉 번째와 열 번째 탄소 원자 사이의 이중 결합으로, 이 분자는 올리브유에 풍부하게 들어 있는 올레산 같은 오메가-9 지방산임을 알 수 있다.

이 그림에는 없지만 리놀레산 같은 오메가-6 지방산의 마지막 이중 결합은 사슬 끝에서부터 여섯 번째 탄소 원자와 일곱 번째 탄소 원자의 이중 결합이다. 심장에 좋은 오메가-3 지방산을 얻을 수 있는 가장 좋은 식품은 연어, 참치, 정어리 등 지방이 풍부한 생선 및 호두, 아몬드, 아마씨이다. 오메가-6 지방산은 식물성 기름에 풍부하게 들어 있다.

올리브유의 진실

누가 나에게 가장 좋아하는 요리용 기름을 꼽으라면 답은 두말할 것 없이 올리브유이다. 나는 거의 모든 것을 굽고 볶을 때 올리브유를 쓴다. 그런데 몸에 좋은 이 기름이 생각보다 인기가 없다. 이에 관해 전문가들의 의견을 들어 보자.

몇 해 전 나는 저명한 교육기관인 미국 요리학교에서 가르치는 요리사에게 왜 올리브유를 요리유로 추천하지 않는지 물었다. 그의 대답은 "올리브유를 쓰면 풍미가 지나치거든요"였다. 이에 대한 나의 대답은 "맙소사, 그건 완전히 잘못된 속설이라고요!"였다. 나는 〈아메리카스 테스트 키친〉에서 과학 편집자로 일할 때 올리브유로 간단한 실험을 진행했다. 높은 등급의 엑스트라버진 올리브유를 175도에서 10분간 가열한 뒤 식혔을 때 어떤 맛이 나는지 알아보는 실험이었다. 열 명으로 구성된 맛 평가단은 똑같은 과정을 거친 정제 대두유와 맛이 구분되지 않음을 확인해 주었다. 가열하지 않은 올리브유의 풋풋한 풀 향이 모두 휘발되고 다른 식물성 정제유와 똑같은 무난한 맛만 남는 것이다.

여기에는 과학적인 이유가 있다. 올리브유의 냄새를 담당하는 주요 화합물인 헥사날과 Z-3-헥사날은 끓는점이 각각 130도와 125도이기에 식재료를 올리브유에 볶으면 올리브유의 과일 향이나 풀 향, 풋내

도판 9 올리브유는 특유의 향 때문에 요리유로 적합하지 않다고 여겨지지만, 냄새를 담당하는 화합물의 끓는점이 130도이므로 대체로 식재료를 볶는 과정에서 올리브유의 향은 소실된다.

가 나지 않는다. 〈아메리카스 테스트 키친〉에서는 토마토소스 요리와 감자 오븐 구이를 가지고 각 요리사가 선호하는 올리브유와 식물성 정제유를 비교하기도 했는데, 여기에서도 두 기름의 맛을 구분할 수 없었다. 그렇다면 굳이 비싼 가격의 등급이 높은 엑스트라버진 올리브유를 쓸 필요가 없는 걸까? 좋은 엑스트라버진 올리브유에는 하이드록시티로솔과 티로솔 같은 항산화성 페놀이 많이 들어 있는 데다 항염증제인 올레오칸탈이라는 독특한 물질이 요리 과정에서 페놀이 소실되지 않게 막아 준다. 그래서 나는 요리에 늘 엑스트라버진 올리브유를 쓴다(평범한 요리에는 가격이 비교적 저렴하면서도 품질이 좋은 것을 쓴다).

모든 식물성 기름은 그 화학구조 때문에 요리 중에 최소 세 가지의 변화를 겪는다. 산화, 중합, 분해가 그것이다. 반응이 일어나는 정도는 기름 속 지방산의 구성에 따라 달라진다. 단일불포화지방산인 올레산이 다량 함유된 올리브유는 다가불포화지방산이 많은 대두유, 해바라기유, 옥수수유, 카놀라유에 비해 쉽게 산화되지 않는다. 다가불포화지방산인 리놀레산이 산화할 때 주로 생성되는 물질은 2,4-데카디에날로, 180도에서 15시간 동안 가열했을 때 카놀라유는 일반 올리브유보다 3.4배 많은 2,4-데카디에날을, 대두유는 거의 4.5배 많은 2,4-데카디에날을 만들어 낸다. 이 수치는 요리유의 산화와 건강의 관계에서 중요한 의미를 가진다.

버진 올리브유는 하이드록시티로솔, 티로솔 같은 항산화성 페놀이 풍부하고, 그 파생물인 엘레놀산은 가열 중에 기름의 산화를 막는 역할을 한다. 버진 올리브유를 180도로 가열하여 10분간 감자를 한 번 튀기면 기름에 들어 있던 하이드록시티로솔의 40~50퍼센트가 소실된다. 한 번에 10분씩 여섯 번 연속으로(60분) 감자를 튀기면 하이드록시티로솔의 90퍼센트가 소실된다. 티로솔과 그 파생물은 훨씬 더 안정적이어서 감자를 열두 번 튀긴 뒤에도 20퍼센트밖에 소실되지 않는다. 이러한 결과는 버진 올리브유의 항산화성 페놀이 다른 식물성 기름에 비해 지방산의 산화를 억제하는 능력이 크다는 사실을 보여 준다.

강력한 항염증제인 올레오칸탈은 다른 식물성 기름에는 없고 올리브유에만 들어 있는 물질이다. 올레오칸탈은 화학구조가 간단한데도 요리에 상당히 안정적이다. 한 연구에 따르면 1킬로그램당 53.9밀리그램의 올레오칸탈을 함유한 엑스트라버진 올리브유를 240도로 90분간 가열했을 때 올레오칸탈 소실량은 겨우 16퍼센트였다. 다만 올레오칸탈의 생물학적 활성도는 최대 31퍼센트까지 소실되었다.

가정에서 올리브유를 쓰지 않는 또 다른 이유는 올리브유의 발연점이 낮다는 우려 때문이다. 그러나 알고 보면 올리브유의 발연점은 정제 정도에 따라 다르다. 기름이 발연점에 도달하면 트리글리세리드 분자가 글리세롤과 유리지방산으로 분해되기 시작하고, 분해된 글리세롤이 빠르게 수분을 잃으며 유독 물질인 아크롤레인으로 변성한다. 발연점을 넘어 아크롤레인이 형성되면 푸른 연기가 난다. 여과하지 않은 엑스트라버진 올리브유는 발연점이 190도로 낮은 편이지만, 냉압착한 고급 엑스트라버진 올리브유는 유리지방산 함량이 매우 적기 때문에 발연점이 210도나 된다. 정제한 올리브유의 발연점은 240도에 이른다. 몇 가지 예외적인 상황이 있지만 요리유는 발연점까지 가열할 필요가 없다. 어느 종류의 기름이든 190도 이상으로는 가열하지 않는 게 좋다.

《밀크 스트리트》의 창립자 크리스토퍼 킴볼은 뜨거운 엑스트라버진 올리브유를 이용해 달걀을 말랑말랑하고 보슬보슬하게 스크램블하는 레시피를 우연히 개발했다. 달걀은 증기로 서서히 가열할 때도 비교적 낮은 온도에서 단백질이 풀어지고 가교가 형성되면서 말랑말랑하고 보슬보슬한 질감이 형성된다. 나는 《밀크 스트리트》의 과학 편집자로서 올리브유 스크램블의 원리를 설명하기 위해 관련 문헌을 살펴보았다. 그 결과 올리브유에 들어 있는 독특한 인지질 계면활성제가 비교적 낮은 온도에서 단백질의 변성을 촉진하고 약간의 가교를 만들어 낸다는 사실을 발견했다. 이 때문에 달걀을 지나치게 높은 온도에서 가열하면 가교가 너무 많이 형성되어 스크램블이 질겨지는 것과 달리, 올리브유로 익히면 말랑말랑하고 보슬보슬한 질감을 얻을 수 있는 것이다. 이 흥미로운 특성에 주목하여 올리브유를 에멀션, 소스, 제빵에 활용하는 방법도 찾을 수 있을 듯하다.

풍미의 비밀: 확산

요리사들은 육류, 가금류, 생선을 염수나 양념에 담가 두는 방법으로 고기를 부드럽게 만들고 수분을 유지하며 풍미를 강화한다. 소금이 식재료 안에 확산되면 나트륨 이온과 염소 이온이 근육 단백질을 얼마간 용해시켜 질감이 부드러워지고, 이를 가열하면 물을 가두고 수분을 유지하는 겔이 형성된다. 또한 소금은 식재료의 맛도 강화한다. 식재료를 양념에 재우는 마리네이드 요리법도 비슷한 기능을 한다고 여겨지지만, 과학적으로 말하면 마리네이드에 들어 있는 식초, 레몬즙 등의 산은 식재료에 침투하는 능력이 매우 떨어져 음식의 표면 근처에만 효과를 낸다. 마리네이드는 간장과 같이 소금 함량이 높은 양념일 때만 식재료 안으로 침투할 수 있다.

'확산'의 정의는 분자 또는 이온이 단위 시간(대개 1초)에 이동 방향과 수직인 평면의 단위 면적(대개 1제곱센티미터)을 통과하는 양이다. 분자 또는 이온이 기체나 액체, 고체 상태인 다른 물질을 통과하는 확산 현상은 분자나 이온의 불규칙한 움직임인 브라운 운동 때문에 발생한다. 브라운 운동은 입자가 기체나 액체, 고체인 물질의 원자 또는 분자와 부딪힐 때 일어난다. 소금이나 산이 일정 시간 동안 육류, 가금류, 생선에 얼마나 깊이 확산되는지를 측정하는 방법은 자동차가 평균 시속

80킬로미터로 세 시간 동안 얼마만큼의 거리를 가는지를 계산하는 방법과 비슷하다고 할 수 있다. 여기에서 성립하는 방정식은 '거리=속력×시간'이다. 시속 80킬로미터로 세 시간을 운전하면 그 거리는 240킬로미터이다.

자동차가 움직이는 거리를 계산하는 방법은 간단하다. 자동차는 정해진 길을 따라 특정한 방향으로 움직이기 때문이다. 오프 로드 차량이 아닌 이상, 아무 데로나 갈 수는 없다. 이와 달리 분자 또는 이온은 육류나 생선 안으로 확산될 때 오프 로드 차량처럼 아무 방향으로나 불규칙하게 움직인다. 그러므로 우리는 거리=속력×시간이라는 간단한 방정식만으로는 얼마나 많은 분자 또는 이온이 일정 시간 동안 얼마나 움직이는지 계산할 수 없다. 하지만 확산의 특성 한 가지가 방정식을 좀 더 간단하게 만들어 준다. 많은 양의 분자 또는 이온이 확산될 때는 언제나 분자 또는 이온의 농도가 높은 곳에서 낮은 곳으로 향한다. 육류와 생선을 고농도의 염수나 마리네이드에 담그면 분자 또는 이온이 농도가 낮은 곳으로, 즉 육류와 생선 안으로 확산된다.

소금이나 산이 일정 시간 동안 육류와 생선 안에 확산되는 거리를 측정하려면 해당 식재료에 대한 물질의 확산 계수를 알아야 한다. 확산 계수(D)란 물질(소금 또는 산)의 이동 속도이다. 자동차의 시속과 비슷한 개념이다. 다만 자동차의 시속을 나타내는 단위는 킬로미터/시(km/h)이지만 물질의 확산 계수를 나타내는 단위는 제곱센티미터/초(cm^2/s)이다. 요컨대 확산 계수는 분자 또는 이온(가령 소금 또는 산)이 단위 시간(초)에 단위 면적(제곱센티미터)을 얼마나 빠르게 통과하는지 보여 주는 값이다.

확산 계수는 실험실에서 측정한다. 소금과 산의 확산 계수를 측정하는 방법은 여러 가지가 있다. 실험실에서는 결과에 영향을 미치는 농도, 온도, 시간 등의 변수를 정밀하게 설정하여 각 식재료에 대한 확산 계수를 측정한다.

소고기를 예로 들어 보자. 최근 《육류 과학》에 발표된 논문(Lebert and Daudin 2014)의 연구에서는 온도는 10도로 고정하고 다양한 농도(1.5~10퍼센트)와 다양한 시간(2일, 4일, 6일) 조건에서 소금 용액이 소고기로 확산되는 평균 확산 계수를 측정했다. 그 결과는 5.1×10^{-6}cm^{2}/s였다. 이것이 자동차가 톨게이트를 통과할 때처럼 나트륨·염소 이온이 매우 짧은 시간에 매우 짧은 면적을 통과하는 속도이다. 이 연구는 아세트산의 이온화로 만들어지는 양성자(H^{+}, 산성)의 평균 확산 계수도 측정했다. 온도를 10도로 고정하고 다양한 농도와 시간에서 측정했을 때 그 값은 3.5×10^{-7}cm^{2}/s였다. 양성자의 이동 속도가 나트륨·염소 이온(이온의 이동 속도는 동일하다)의 이동 속도보다 10배 이상 느리다. 소고기에 대한 양성자의 확산 계수는 순수한 물에 대한 양성자의 확산 계수보다 약 60배 낮다. 이는 양성자가 소고기의 단백질, 특히 결합조직의 단백질에 붙어 움직임이 느려지기 때문이다.

오래전 《음식 과학 저널》에 발표된 논문(Rodger et al. 1984)에 따르면 청어에 대한 소금과 양성자의 확산 계수는 각각 2.3×10^{-6}cm^{2}/s와 4.5×10^{-6}cm^{2}/s였다. 이 경우에는 산성인 양성자의 속도가 소금보다 약 두 배 빠르다. 이는 생선에는 양성자의 움직임을 방해하는 결합조직이 거의 들어 있지 않으며, 순수한 물에서는 양성자가 소금보다 더 빠르게 확산되기 때문이다.

소금이나 산(H^+ 등의 양성자)이 육류나 생선 안으로 확산되는 속도를 측정하는 데는 '거리=속력×시간'보다 더 복잡한 방정식이 필요하다. 이 방정식은 1905년 칼 피어슨이 처음 고안한 '불규칙한 걸음' 개념을 바탕으로 한다. 모기떼가 숲에 퍼지는 양상을 탐구하던 피어슨은 모기의 움직임을 '불규칙한 걸음' 개념으로 설명했다. 같은 해 알베르트 아인슈타인은 공기 중의 먼지 입자가 기체 분자와 충돌할 때 발생하는 불규칙한 걸음 개념을 바탕으로 먼지 입자가 브라운 운동으로 취하는 복잡한 경로를 측정하여 발표했다. 물속에서 소금이나 산이 확산되는 현상도 이와 매우 유사하다. 아인슈타인은 해답을 찾기 위해 브라운 운동으로 움직이는 먼지 입자의 확산 계수를 계산해 냈다. 그 덕분에 우리도 확산 계수를 계산하는 비교적 간단한 방정식을 사용하여 소금이나 산이 일정 시간 동안 소고기에 얼마나 확산되는지를 측정할 수 있다.

소금과 산의 불규칙한 걸음을 계산하는 방정식은 $L=\sqrt{4\times D\times t}$ 이다. D는 확산 계수, t는 시간(초)이며 L은 소금이나 산이 주어진 시간에 육류나 생선 안에서 움직이는 거리이다. 그런데 왜 4×D×t의 제곱근을 구할까? 확산 계수의 단위는 cm^2/s인데 우리가 구하고자 하는 값은 면적(제곱센티미터)이 아니라 거리(센티미터)이므로 제곱센티미터의 제곱근을 구하면 센티미터 값을 도출할 수 있다(가령 3×3=9이고 9의 제곱근은 3이다). 몇 가지 예시를 계산해 보자.

1. 소금은 3시간 동안 소고기 안에서 얼마나 확산될까?

먼저 3시간=10800초(3h×60min×60sec)=10.8×10^3이다.

답: $L = \sqrt{(4\times5.1\times10^{-6}\ cm^2/s\times10.8\times10^3)} = \sqrt{0.22} = 0.5\ cm$

2. 산은 3시간 동안 소고기 안에서 얼마나 확산될까?

답: $L = \sqrt{(4\times3.5\times10^{-7}\ cm^2/s\times10.8\times10^3)} = \sqrt{0.015} = 0.1\ cm$

3. 산은 3시간 동안 생선 안에서 얼마나 확산될까?

답: $L = \sqrt{(4\times4.5\times10^{-6}\ cm^2/s\times10.8\times10^3)} = \sqrt{0.19} = 0.4\ cm$

우리는 이 계산 결과를 눈으로도 확인할 수 있을까? 5퍼센트 소금 용액으로 염수 처리한 고기와 아세트산 5퍼센트의 식초에 재운 고기를 비교해 보자. 여기서 소금과 아세트산의 중량은 똑같다. 그런데 용액 상태에서 소금은 나트륨 이온과 염소 이온으로 완전히 이온화되기 때문에 5퍼센트의 소금 용액 1리터에는 50그램의 나트륨·염소 이온이 들어 있다. 반면에 아세트산은 약한 산이라 그중 극히 일부만이 수소 이온(H^+)으로 이온화된다. 산의 강도는 용액 속 수소 이온의 농도로 측정되며, 수소 이온이 육류와 생선에 든 단백질에 영향을 미친다. 식초의 산성도는 pH 3으로, 1리터당 수소 이온이 겨우 0.001그램 들어 있다. 따라서 아세트산 5퍼센트의 식초에는 1리터당 수소 이온이 0.001그램 들어 있다. 1리터당 나트륨·염소 이온이 50그램씩 들어 있는 소금 용액보다 이온이 훨씬 적게 들어 있는 것이다.

이처럼 나트륨·염소 이온 농도와 약산성 용액의 양성자 농도가 다르기 때문에 소금이 산보다 훨씬 빠르게 식재료 안에 확산된다. 사실

양성자는 나트륨·염소 이온에 비하면 육류에 거의 확산되지 않는다. 그러므로 나트륨·염소 이온과 비교하면 양성자(수소 이온)는 육류와 생선에 거의 침투하지 못한다. 이는 수소 이온이 육류 안에 확산되는 속도가 훨씬 느리기 때문인 동시에, 식초의 수소 이온 농도가 아주 낮기 때문이다(레몬즙의 산성도는 pH 2로 1리터당 수소 이온이 겨우 0.01그램 들어 있다. 식초의 이온 농도보다는 10배 높지만 소금의 이온 농도에 비하면 아주 낮다). 그래서 칠면조를 염수하면 소금이 24~48시간 안에 고기 안에 완전히 침투하는 반면, 산성 마리네이드는 고기 표면의 약 0.6센티미터도 파고들지 못한다.

Recipe 7

흰콩을 곁들인 구운 닭고기 칠리

재료(3인분)

구운 닭고기(흰 살코기) 170그램

할라피뇨 고추와 세라노 고추 또는 포블라노 고추 총 60~80그램

토르티야 칩 잘게 부순 것 60그램

흰 강낭콩 통조림(450그램) 1개

양파 굵직하게 썬 것 1개

치킨 스톡 2.5컵

저지방 사워크림 3큰술

커민 1.5큰술

올리브유 1큰술

마늘 다진 것 약간

고수 줄기 약간

토르티야 칩

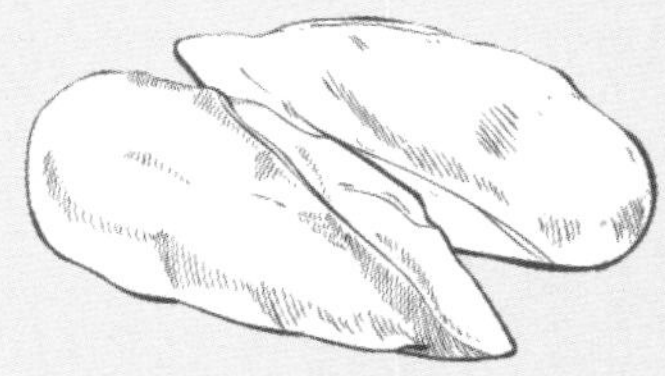

White bean and roasted chicken chili

내 아내 크리스틴과 나는 캘리포니아주 팰로앨토에 갈 때면 언제나 에머슨가에 있는 '페닌술라 파운틴 앤드 그릴'에서 아침이나 점심을 먹는다. 1923년에 섀타나 가족이 설립한 이 고풍스러운 식당은 메뉴는 평범하지만 모든 재료를 직접 준비하여 끝내주는 요리를 내놓는다. 우리가 점심으로 가장 즐겨 먹는 메뉴는 흰콩을 곁들인 칠면조 칠리이다. 한동안 팰로앨토에 가지 못했을 때 나는 이 영양가 높고 몸에 좋은 요리를 집에서 만들어 보기로 했다. 구운 칠면조 고기는 우리 집에서 그렇게 자주 먹는 음식이 아니라 구운 닭고기의 먹다 남은 살코기를 대신 썼다.

이 요리의 핵심 재료는 세 가지이며 각각 약간의 실험을 요구한다. 첫째는 고추의 조합이다. 페닌술라 파운틴 앤드 그릴에서는 할라피뇨 고추와 세라노 고추를 섞어서 쓰는데, 그 맛이 생각만큼 맵지 않다. 그 비결은 고추 속에 들어 있는 하얀 심을 대부분 제거하는 것이다. 고추의 얼얼한 풍미를 담당하는 화합물인 캡사이신은 바로 그 심에만 들어 있고 그중 일부가 씨로 옮겨 간다. 심과 씨를 제거하면 매운맛이 거의 다 사라진다. 매운맛을 선호하는 경우에는 심을 약간 남기거나 홍고추를 바순 플레이크를 더하면 된다. 또한 나는 고추를 불에 구워 그을린 껍질을 벗겨서 사용하지만, 오븐에 굽는 것도 얼마든지 가능하다.

두 번째 핵심 재료는 얼핏 봐서는 중요하지 않을 것 같은 토르티야 칩이다. 굵은 옥수수가루로 만든 토르티야 칩을 넣으면 풍미가 살아나고 국물이 걸쭉해진다. 나는 여러 번의 실험 끝에 이 재료가 꼭 필요하다는 것을 깨달았다.

세 번째 핵심 재료는 풍미를 더해 주는 치킨 스톡이다. 시판 치킨 스톡을 쓸 때는 염분이 낮은 제품을 골라야 한다(높은 것은 1컵당 나트륨이 680밀리그램이나 들어 있다). 먹다 남은 구운 닭고기를 쓸 때는 닭의 남은 뼈를 가지고 육수를 만들면 된다. 이 방법은 나트륨 함량을 직접 조절할 수 있을 뿐 아니라 재료의 신선한 풍미를 즐길 수 있다는 장점이 있다. 육수의 재료는 네 컵 기준으로 굵

직하게 썬 당근 1개, 셀러리 줄기 1개에 약간의 이파리를 다진 것, 중간 크기 양파 다진 것 1개, 세이지 다진 것 1작은술, 소금 1/2작은술(1컵당 나트륨 함량 295밀리그램)이다. 이 모든 재료에 닭고기의 뼈를 넣고 물 네 컵을 부은 뒤에 두 시간가량 뭉근히 끓여 식힌다. 체에 거르고 다시 물을 더해 네 컵 분량을 만든다.

이 레시피에는 굳이 흰콩이 아니라도 모든 콩이 잘 어울리지만, 나는 크기가 작은 흰콩을 추천한다(보스턴식 베이크드 빈스에 쓰는 바로 그 콩이다). 통조림으로 나온 흰콩을 쓰면 편하다. 통조림 콩은 풍미와 식감을 유지하기 위해 다량의 염분이 첨가되어 있지만, 깨끗하게 헹구면 소금과 나트륨을 40퍼센트까지 제거할 수 있다는 연구 결과가 있다(Duyff, Mount, and Jones 2011).

만드는 법

1. 고추를 반으로 가른 다음 심과 씨를 제거한다.
2. 불이나 오븐에 구운 뒤 식혔다가 탄 껍질을 제거하고 1.5센티미터 크기로 썬다.
2. 3리터 용량의 소스팬에 올리브유와 고추, 양파를 넣고 양파가 투명해질 때까지 약 5분간 가열한다.
4. 마늘을 넣고 30초 더 가열한다(마늘이 쓴맛을 내지 않도록 짧게 가열한다).
5. 치킨 스톡, 닭고기, 깨끗이 헹군 콩을 넣은 다음, 잘게 부순 토르티야 칩을 넣는다.
6. 커민을 넣고 재료를 골고루 섞는다. 토르티야 칩이 녹아 국물이 걸쭉해질 때까지 약 20분간 뭉근히 가열한다.
7. 맛을 보고 소금과 흑후추를 필요한 만큼 더한다.
8. 고추가 원하는 만큼 맵지 않다면 홍고추 플레이크를 살짝 더하고 몇 분 더 가열한다.
9. 한 접시당 사워크림을 1큰술씩 얹고 고수 줄기와 토르티야 칩을 얹는다.

| 감사의 말 |

나는 하버드대학교 리처드 랭엄 교수의 『요리 본능』에서 영감을 얻어 이 책을 썼다. 컬럼비아대학교 출판부에 나를 추천한 예일대학교의 고든 셰퍼드 교수에게 감사드린다. 출판 과정에서 도움을 주신 컬럼비아대학교 출판부의 행정부장 제니퍼 크레위를 비롯하여 모니크 브리오네스, 리사 햄, 멀린다 리, 마리엘 포스, 메레디스 하워드, 저스틴 에번스, 브라이언 스미스, 패트릭 피츠제럴드, 그리고 에디토리얼 서비스 매니저인 벤 콜스타드와 센비오 퍼블리싱 서비시즈의 셰리 골드베커에게 감사드린다. 사진을 제공한 캐서린 랜겐버그와 세이빈 오르, 그 밖에 시각 자료를 제공한 진 브루스터, 내딘 소부사, 저스틴 홉슨, 로리 론스베리 맥패든, 댄 수저, 이언 마첸에게 감사드린다.

과학, 글쓰기, 내용 검토에 관해서는 피아 소런슨, 애드리아나 파브리, 니콜레타 펠레그리니, 알리 부자리, 리베카 도기어트에게 큰 도움을 받았다. 책을 쓰는 초기 단계에서 지크 루빈, 제임스 르바인, 대니엘 스베트코프에게 큰 도움을 받았다. 나는 크리스토퍼 킴벨과 잭 비숍이 기회를 준 덕분에 내 첫 요리 과학책 두 권을 '아메리카스 테스트 키친'에서 출간했다. 또한 월터

윌렛 교수가 기회를 준 덕분에 하버드 공중보건대학교에서 음식 과학 기술을 가르쳤으며, 그 수업을 통해 이 책을 쓰는 데 필요했던 많은 정보를 수집했다. 캐롤 러셀 교수는 내가 은퇴 후에 프레이밍햄 주립대학교에서 강의할 기회를 마련해 주었다. 요리 과학에 대한 대중적인 관심을 불러일으킨 주역 중 하나인 해럴드 맥기에게도 감사한다.

마지막으로 음식, 와인, 요리에 대한 공통의 사랑으로 우정과 영감의 원천이 되어 준 루스와 빌 벤츠 부부, 마거릿과 릭 페레스 부부, 샌디와 제리 피터스 부부, 수와 론 대니얼스 부부, 대리스와 밥 웨어햄 부부에게 감사한다. 이 책이 세상에 나올 수 있도록 힘을 보탠 모든 사람에게 감사한다.

| 참고 문헌 |

요리 분야에는 근거 없는 오래된 낭설이 수두룩하다. 얼마나 많은지 이 주제에 대한 책이 최근 출간되었을 정도이다. 낭설이란 어떤 일이 왜 일어나는지를 설명하려고 만들어 낸 거짓말, 허구, 절반의 진실을 뜻하는데, 결국 그런 것들은 사실에 어긋나는 날조된 설명이다. 가장 전형적인 예가 고기를 불에 지지면 육즙을 가둘 수 있다는 것이다. 이미 1930년에 그렇지 않다는 사실이 입증되었는데도 아직 그런 이야기를 하는 사람들이 있다. 더 최근의 예로, 리조토에 들어가는 아르보리오 쌀이 걸쭉하고 부드러운 소스를 만들어 내는 이유가 이 품종에 아밀로오스가 거의 없기 때문이라는 설이 있다(아밀로펙틴만으로 이루어진 녹말을 찰녹말이라고 한다). 상당히 그럴듯하게 들리지만, 이 또한 틀렸다. 과학 문헌을 조금만 검색해도 아르보리오 쌀에 든 녹말은 건조 상태 기준으로 17퍼센트가 아밀로오스임을 알 수 있다. 긴 쌀에 든 녹말은 아밀로오스 함량이 24퍼센트이고, 끈적끈적한 찰녹말이 많은 쌀은 아밀로오스 함량이 4퍼센트 미만이다(2010년 「곡류 화학」에 발표된 그웰프 식량 연구 센터의 연구). 요컨대 요리에서 어떤 일이 왜 일어나는지에 관한 '과학적'인 설명이라면 반드시 과학 문헌이나 정교한 현장 실험으로 그 사실을 뒷받침할 수 있어야 한다. 요리 과학 분야에서는 과학적인 실험으로 입증하기보다는 관찰된 사실을 확증하는 방향으로 설명을 지어내는 경우가 부지기수이다.

다음 참고 문헌 목록은 이 책에서 가장 중요한 부분이다. 이 책에 쓴 모든 내용을 뒷받침하는 문헌을 여기 수록했다. 하버드대학교에 재직한 덕분에 이 중요한 자료들을 입수할 수 있었다.

서문: 불로 요리하는 원시인에서 요리로 예술하는 현대인까지

Barki, R., J. Rosell, R. Blasco, and A. Gopher. "Fire for a Reason: Barbeque at Middle Pleistocene Qesem Cave, Israel." *Current Anthropology* 58, supp. S16 (2017): S314–S327.

Bentley, G. E., Jr. *The Stranger from Paradise—A Biography of William Blake*, 309. New Haven, CT: Yale University Press, 2001.

Bronowski, J. *The Ascent of Man*, 351. Boston: Little Brown, 1973.

Wrangham, R. W. *Catching Fire: How Cooking Made Us Human*. New York: Simon and Schuster, 2009.

Wrangham, R. W. "Control of Fire in the Paleolithic: Evaluating the Cooking Hypothesis." *Current Anthropology* 58, supp. 16 (2017): S303–S313.

Chapter 1 - 요리: 더 비기닝 (200만~1만 2,000년 전)

Barki, R., J. Rosell, R. Blasco, and A. Gopher. "Fire for a Reason: Barbeque at Middle Pleistocene Qesem Cave, Israel." *Current Anthropology* 58, supp. S16 (2017): S314–S327.

Breslin, P. A. S. "An Evolutionary Perspective on Food and Human Taste." *Current Biology* 23 (2013): R409–R418.

Bronowski, J. *The Ascent of Man*, 62. Boston: Little Brown, 1973.

Burton, F. D. *Fire: The Spark That Ignited Human Evolution*. Albuquerque: University of New Mexico Press, 2009.

Carmody, R. N., G. S. Weintraub, and R. W. Wrangham. "Energetic Consequences of Thermal and Nonthermal Food Processing." *Proceedings of the National Academy of Sciences* 108, no. 48 (2011): 19199–19203.

Craig, O. E., H. Saul, A. Lucquin, Y. Nishida, K. Tache, L. Clarke, A. Thompson et al. "Earliest Evidence for the Use of Pottery." *Nature* 496 (2013): 351–354.

Crosby, G. "Super-tasters and Non-tasters: Is It Better to Be Average?" *The Nutrition Source*(Harvard T. H. Chan School of Public Health), May 31, 2016. https://www.hsph.harvard.edu/nutritionsource/2016/05/31/super-tasters-non-tasters-is-it-better-to-be-average.

Editors of America's Test Kitchen and G. Crosby. *Cook's Science*, 44. Brookline, MA: America's Test Kitchen, 2016.

Fernandez-Armesto, F. *Near a Thousand Tables—A History of Food*, 11.

New York: Free Press, 2002.

Gowlett, J. A. J., and R. W. Wrangham. "Earliest Fire in Africa: Towards the Convergence of Archeological Evidence and the Cooking Hypothesis." *Azania: Archeological Research in Africa* 48, no. 1 (2013): 5–30.

Hoffmann, D. L., D. E. Angelucci, V. Villaverde, J. Zapata, and J. Zilhão. "U-Th Dating of Carbonate Crusts Reveals Neanderthal Origin of Iberian Cave Art." *Science Advances* 4 (2018): eaar5255.

Hoover, K. C. "Smell with Inspiration: The Evolutionary Significance of Olfaction." *Yearbook of Physical Anthropology* 53 (2010): 63–74.

Leonard, W. R., and M. L. Robertson. "Evolutionary Perspectives on Human Nutrition: The Influence of Brain and Body Size on Diet and Metabolism." *American Journal of Human Biology* 6 (1994): 77–88.

Pelchat, M. L., A. Johnson, R. Chan, J. Valdez, and J. D. Ragland. "Images of Desire: Food-Craving Activation During fMRI." *Neuroimage* 23 (2004): 1486–1493.

Prescott, J. *Taste Matters: Why We Like the Foods We Do*. London: Reaktion Books, 2012.

Shepherd, G. M. *Neurogastronomy: How the Brain Creates Flavor and Why It Matters*. New York: Columbia University Press, 2012.

Smith, B. D. *The Emergence of Agriculture* (New York: Scientific American Library, 1995).

Speth, J. D. "When Did Humans Learn to Boil?" *PaleoAnthropology* (2015):

54–67.

Svoboda, J., M. Kralik, V. Culikova, and S. Hladilova. "Pavlov VI: An Upper Paleolithic Living Unit." *Antiquity* 83, no. 320 (2009): 282–295.

Watford, M., and A. G. Goodridge. "Regulation of Fuel Utilization." In M. H. Stipanuk, *Biochemical and Physiological Aspects of Human Nutrition*. Philadelphia: Saunders, 2000.

Wrangham, R. W. *Catching Fire: How Cooking Made Us Human*. New York: Simon and Schuster, 2009.

인간은 몇 가지 맛을 느낄까?

Kurihara, K. "Glutamate: From Discovery as a Food Flavor to Role as a Basic Taste (Umami)." *American Journal of Clinical Nutrition* 90, supp. (2009): 719S–22S.

Pepino, M., L. Love-Gregory, S. Klein, and N. Abumarad. "The Fatty Acid Translocase Gene CD36 and Lingual Lipase Influence Oral Sensitivity to Fat in Obese Subjects." *Journal of Lipid Research* 53(2012): 561–566.

Running, C., B. Craig, and R. Mattes. "Oleogustus: The Unique Taste of Fat." *Chemical Senses* 40 (2015): 1–10. https://doi.org/10.1093/chemse/bjv036.

녹말의 세계

Buleon, A., P. Colonna, V. Planchot, and S. Ball. "Starch Granules: Structure and Biosynthesis." *International Journal of Biological Macromolecules* 23 (1998): 85–112.

Crosby, G. A. "Resistant Starch Makes Better Carbs." *Functional Foods and*

Nutraceuticals (June 2003): 34–36.

Tester, R. F., and W. R. Morrison. "Swelling and Gelatinization of Cereal Starches. I. Effects of Amylopectin, Amylose, and Lipids." *Cereal Chemistry* 67, no. 6 (1990): 551–557.

Thomas, D. J., and W. A. Atwell. *Starches*. St. Paul, MN: Eagan Press, 1997.

밥을 먹으면 벌어지는 일

Tso, P., and K. Crissinger. "Overview of Digestion and Absorption." In *Biochemical and Physiological Aspects of Human Nutrition*, ed. M. H. Stipanuk, 75–90. Philadelphia: Saunders, 2000.

Chapter 2 - 게임체인저 농경의 등장 (1만 2,000년 전~1499년)

Albala, K. *Three World Cuisines: Italian, Mexican, Chinese*, 86–88. Plymouth, UK: AltaMira Press, 2012.

Bronowski, J. *The Ascent of Man*, 70, 170. Boston: Little Brown, 1973.

Coultate, T. *Food: The Chemistry of Its Components*, 116–122. 6th ed. Cambridge, UK: Royal Society of Chemistry, 2016.

Crosby, G. "Do Cooking Oils Present a Health Risk?" *Food Technology* 72, no. 5 (2018): 50–56.

Harlan, J. R. "A Wild Wheat Harvest in Turkey." *Archaeology* 20, no. 3 (1967): 197–201.

Hawkes, J. *The Atlas of Early Man*. New York: St. Martin's Press, 1976.

Leicester, H. M., and H. S. Klickstein. *A Source Book in Chemistry: 1490–*

1900, 1–2. Cambridge, MA: Harvard University Press, 1952.

Lu, H., Y. Li, J. Zhang, X. Yang, M. Ye, Q. Li, C. Wang, and N. Wu. "Component and Simulation of the 4000-Year-Old Noodles Excavated from the Archaeological Site of Lajia in Qinghai, China." *Chinese Science Bulletin* 59 (2014): 5136–5152.

Müller, N. S., A. Hein, V. Kilikoglou, and P. M. Day. "Bronze Age Cooking Pots: Thermal Properties and Cooking Methods." *Prehistoires Mediterranéennes* 4 (2013): 1–11.

Resnick, R., and D. Halliday. "Heat and the First Law of Thermodynamics." Chap. 22 in *Physics for Students of Science and Engineering*, 466–488. New York: Wiley, 1960.

Smith, B. D. *The Emergence of Agriculture*. New York: Scientific American Library, 1995.

Symons, M. *A History of Cooks and Cooking*, 67–69, 77–78. Chicago: University of Illinois Press, 2000.

Yin-Fei Lo, E. *Mastering the Art of Chinese Cooking*, 60–61. San Francisco: Chronicle Books, 2009.

글루텐의 정체

Amend, T., and H.-D. Belitz. "The Formation of Dough and Gluten—A Study by Scanning Electron Microscopy." *Zeitschrift fur Lebensmittel-Untersuchung und-Forschung* 190 (1990): 401–409.

물이 없으면 음식도 없다

Collins, J. C. *The Matrix of Life—A View of Natural Molecules from the Perspective of Environmental Water*. East Greenbush, NY: Molecular Presentations, 1991.

Coultate, T. "Water." Chap. 13 in *Food: The Chemistry of Its Components*. 6th ed. Cambridge, UK: Royal Society of Chemistry, 2016.

온도와 열은 같지 않다

Resnick, R., and D. Halliday. "Heat and the First Law of Thermodynamics." Chap. 22 in *Physics for Students of Science and Engineering*, Part 1, 466–488. New York: Wiley, 1962. (This was my first college physics book.)

Chapter 3 - '근대 과학'이 쏘아 올린 '요리 예술' (1500~1799년)

Albala, K. *Three World Cuisines: Italian, Mexican, Chinese*, 60. Plymouth, UK: AltaMira Press, 2012.

Bronowski, J. *The Ascent of Man*, 146–149. Boston: Little Brown, 1973.

Brown, G. I. *Count Rumford: Scientist, Soldier, Statesman, Spy, the Extraordinary Life of a Scientific Genius*. Gloucestershire, UK: Sutton, 1999.

Elman, B. *A Cultural History of Modern Science in China*. Cambridge, MA: Harvard University Press, 2006.

Leicester, H. M., and H. S. Klickstein. *A Source Book in Chemistry: 1490–1900*, 7, 33–38, 101, 112, 180. Cambridge, MA: Harvard University Press, 1952.

McGee, H. *On Food and Cooking: The Science and Lore of the Kitchen*, 586. New York: Scribner, 2004.

Resnick, R., and D. Halliday. *Physics for Students of Science and Engineering*, 465–466. New York: Wiley, 1960.

Waley-Cohen, J. "Celebrated Cooks of China's Past." *Flavor and Fortune* 14, no. 4 (2007): 5–7.

차진 감자와 포슬포슬한 감자의 차이

McComber, D. R., H. T. Horner, M. A. Chamberlin, and D. F. Cox. "Potato Cultivar Differences Associated with Mealiness." *Journal of Agricultural and Food Chemistry* 42 (1994): 2433–2439.

McComber, D. R., E. Osman, and R. Lohnes. "Factors Related to Potato Mealiness." *Journal of Food Science* 53 (1988): 1423–1426.

Nonaka, M. "The Textural Quality of Cooked Potatoes. I. The Relationship of Cooking Time to the Separation and Rupture of Potato Cells." *American Potato Journal* 57 (1980): 141–149.

Trinette van Marle, J., K. Recourt, C. van Dijk, H. A. Schols, and A. G. J. Voragen. "Structural Features of Cell Walls from Potato (*Solanum tuberosum L.*) Cultivars Irene and Nicola." *Journal of Agricultural and Food Chemistry* 45 (1997): 1686–1693.

Van Dijk, C., M. Fischer, J. Holm, J.-G. Beekhuizen, T. Stolle-Smits, and C. Boeriu. "Texture of Cooked Potatoes (Solanum tuberosum). 1. Relationships Between Dry Matter Content, Sensory-Perceived Texture, and Near-Infrared Spectroscopy." *Journal of Agricultural and Food Chemistry* 50 (2002): 5082–5088.

육수의 탄생

Christlbauer, M., and P. Schieberle. "Evaluation of the Key Aroma Compounds in Beef and Pork Vegetable Gravies a la Chef by Stable Isotope Dilution Assays and Aroma Recombination Experiments." *Journal of Agricultural and Food Chemistry* 59 (2011): 13122–13130.

Krasnow, M. N., T. Bunch, C. F. Shoemaker, and C. R. Loss. "Effects of Cooking Temperatures on the Physiochemical Properties and Consumer Acceptance of Chicken Stock." *Journal of Food Science* 77, no. 1 (2012): S19–S23.

Snitkjaer, P., M. B. Frost, L. H. Skibsted, and J. Risbo. "Flavour Development During Beef Stock Reduction." *Food Chemistry* 122 (2010): 645–655.

물과 기름은 섞인다?: 에멀션과 유화

Stauffer, C. *Fats and Oils*. St. Paul, MN: Eagan Press, 1996.

위대한 요리사는 ○○○을 안다

Resnick, R., and D. Halliday. "Heat and the First Law of Thermodynamics." Chap. 22 in *Physics for Students of Science and Engineering*, Part 1, 466–488. New York: Wiley, 1962.

Chapter 4 - 요리 예술이 원자 과학을 만났을 때 (1800~1900년)

Appert, N. *The Art of Preserving All Kinds of Animal and Vegetable Sub-*

stances for Several Years(Translated from the French). 2nd ed. London: Cox and Baylis, 1812.

Beattie, O., and J. Geiger. *Frozen in Time: The Fate of the Franklin Expedition*. Vancouver: Greystone Books, 1987.

Bentley, R. "The Nose as a Stereochemist: Enantiomers and Odor." *Chemical Reviews* 106 (2006): 4099–4112.

Brock, W. H. *Justus von Liebig: The Chemical Gatekeeper*. Cambridge: Cambridge University Press, 1997.

Bronowski, J. *The Ascent of Man*, 153. Boston: Little Brown, 1973.

Cookman, S. *Ice Blink: The Tragic Fate of Sir John Franklin's Lost Polar Expedition*. New York: Wiley, 2000.

Ferguson, P. P. "Writing Out of the Kitchen: Carême and the Invention of French Cuisine." *Gastronomica: The Journal of Food and Culture* 3 no. 3 (2003): 40–51.

Kellogg, E. E. *Science in the Kitchen*. Battle Creek, MI: Health Publishing, 1892.

Leicester, H. M., and H. S. Klickstein. *A Source Book in Chemistry*: 1490–1900, 208–220, 374–379. Cambridge, MA: Harvard University Press, 1952.

1조분의 1분자의 냄새

Morrison, P., P. Morrison, and the Office of Charles and Ray Eames. *Powers of Ten: A Book About the Relative Size of Things in the Universe and the Effect of Adding Another Zero*. New York: Scientific American Library, 1982.

고기를 삶으면 육즙이 풍부해질까?

Bendal, J. R., and D. J. Restall. "The Cooking of Single Microfibers, Small Microfiber Bundles and Muscle Strips from Beef Muscles at Varying Heating Rates and Temperatures." *Meat Science* 8 (1983): 93-117.

Bengtsson, N. E., B. Jakobsson, and M. Dagerskog. "Cooking of Beef by Oven Roasting: A Study of Heat and Mass Transfer." *Journal of Food Science* 41 (1976): 1047-1053.

Cross, H. R., M. S. Stanfield, and E. J. Koch. "Beef Palatability As Affected by Cooking Rate and Final Internal Temperature." *Journal of Animal Science* 43 (1976): 114-121.

McCrae, S. E., and P. C. Paul. "The Rate of Heating As It Affects the Solubilization of Beef Muscle Collagen." *Journal of Food Science* 39 (1974): 18-21.

Offer, G., and J. Trinick. "On the Mechanism of Water Holding in Meat: The Swelling and Shrinking of Myofibriles." *Meat Science* 8 (1983): 245-281.

Schock, D. R., D. L. Harrison, and L. L. Anderson. "Effect of Dry and Moist Heat Treatments on Selected Beef Quality Factors." *Journal of Food Science* 35 (1970): 195-198.

Chapter 5 - 요리 혁명 (1901년~현재)

Baldwin, D. "Sous Vide Cooking: A Review." *International Journal of Gastronomy and Food Science 1* (2012): 15–30.

Cassi, D. "Science and Cooking: The Era of Molecular Cuisine." *European Molecular Biology Organization Reports* 12, no. 3 (2011): 191–196.

Christlbauer, M., and P. Schieberle. "Evaluation of the Key Aroma Compounds in Beef and Pork Vegetable Gravies a la Chef by Stable Isotope Dilution Assays and Aroma Recombination Experiments." *Journal of Agricultural and Food Chemistry* 59 (2011): 13122–13130.

Crosby, G. "The Top Ten Breakthroughs in Food Science in the Past 75 Years." *Food Technology* 69, no. 7 (2015): 120.

Editors of America's Test Kitchen and G. Crosby. *Cook's Science*, 192–195. Brookline, MA: America's Test Kitchen, 2016.

Eertmans, A., F. Baeyens, and O. Van den Bergh. "Food Likes and Their Relative Importance in Human Eating Behavior: Review and Preliminary Suggestions for Health Promotion." *Health Education Research* 16 (2001): 443–456.

Felder, D., D. Burns, and D. Chang. "Defining Microbial Terroir: The Use of Native Fungi for the Study of Traditional Fermentative Processes." *International Journal of Gastronomy and Food Science* 2 (2012): 64–69.

Hodge, J. "Dehydrated Foods: Chemistry of Browning Reactions in Model Systems." *Journal of Agricultural and Food Chemistry* 1, no. 15 (1953): 928–943.

Rosler, M. *The Art of Cooking: A Dialogue Between Julia Child and Craig Claiborne*. Minneapolis: University of Minnesota Press, 2016. https://www.

classicscookbooks.com/blogs/notes/36967812-martha-rosler-the-art-of-cooking-a-dialogue-between-julia-child-and-craig-claiborne.

Keller, T. *Under Pressure: Cooking Sous Vide*. New York: Artisan, 2008.

Reineccius, G. *Flavor Chemistry and Technology*. 2nd ed. Boca Raton, FL: CRC Press, 2006.

Risch, S. J., and C-T. Ho. *Flavor Chemistry: Industrial and Academic Research*. Washington, DC: American Chemical Society, 2000.

Shepherd, G. M. "Smell Images and the Flavour System in the Human Brain." *Nature* 444 (2006): 316–321.

Shepherd, G. M. *Neurogastronomy: How the Brain Creates Flavor and Why It Matters*. New York: Columbia University Press, 2012.

Teranishi, R., E. M. Wick, and I. Hornstein, eds. *Flavor Chemistry: Thirty Years of Progress*. New York: Springer Science, 1999.

This, H. *Molecular Gastronomy: Exploring the Science of Flavor*. New York: Columbia University Press, 2006.

Turbek, A. B. *The Taste of Place: A Cultural Journey Into Terroir*. Berkeley: University of California Press, 2008.

van den Linden, E., D. McClements, and J. Ubbink. "Molecular Gastronomy: A Food Fad or an Interface for Science-Based Cooking?" *Food Biophysics* 3 (2009): 246–254.

Zamaora, R., and F. J. Hidalgo. "Coordinate Contribution of Lipid Oxidation and Maillard Reaction to the Nonenzymatic Food Browning." *Critical Re-*

views in Food Science and Nutrition 45 (2005): 49–59.

땅의 맛, 테루아르

Boyhan, G. E., and R. L. Torrance. "Vidalia Onions—Sweet Onion Production in Southeastern Georgia." *HortTechnology* 12, no. 2 (2002): 196-202.

Falk, K. L., J. G. Tokuhisa, and J. Gershenzon. "The Effect of Sulfur Nutrition on Plant Glucosinolate Content: Physiology and Molecular Mechanisms." *Plant Biology* 9 (2007): 573-581.

Felder, D., D. Burns, and D. Chang. "Defining Microbial Terroir: The Use of Native Fungi for the Study of Traditional Fermentative Processes." *International Journal of Gastronomy and Food Science* 1 (2012): 64-69.

Quintana, J. M., H. C. Harrison, J. Nienhuls, J. P. Palta, and K. Kmiecik. "Differences in Pod Calcium Concentration for Eight Snap Bean and Dry Bean Cultivars." *HortScience* 34, no. 5 (1999): 932-934.

Randle, W. M., D. E. Kopsell, and D. A. Kopsell. "Sequentially Reducing Sulfate Fertility During Onion Growth and Development Affects Bulb Flavor at Harvest." *HortScience* 37, no. 1 (2002): 118-121.

Trubeck, A. B. *The Taste of Place—A Cultural Journey Into Terroir*. Berkeley: University of California Press, 2008.

부드러움의 과학: 젤라틴에서 곤약까지

Imeson, A., ed. *Thickening and Gelling Agents for Food*. Glasgow: Blackie Academic and Professional Press, 1992.

(한국인은 잘 모르는) 아시아 대표 식재료

Pu, X. "Thermal Reaction of Anisaldehyde in the Presence of L-Cysteine, a Model Reaction of Chinese Stew Meat Flavor Generation." Master of science thesis, Rutgers University, New Brunswick, NJ, 2014.

Nutra. "FDA Warning on Star Anise Teas." September 10, 2003, https://www.nutraingredients-usa.com/Article/2003/09/11/FDA-warning-on-star-anise-teas.

Chapter 6 - 지금은 요리 과학 시대

Baldwin, D. "Sous Vide Cooking: A Review." *International Journal of Gastronomy and Food Science* 1 (2012): 15–30.

Coultate, T. *Food: The Chemistry of Its Components*, 360. 6th ed. Cambridge: Royal Society of Chemistry, 2016.

Crosby, G. "Pairing Cooking Science with Nutrition," 2014. https://www.youtube.com/watch?v=3vNE3eiU_Sw.

Editors of America's Test Kitchen and G. Crosby. *The Science of Good Cooking*. Brookline, MA: America's Test Kitchen, 2012.

Fabbri, A. D. T., and G. Crosby. "A Review of the Impact of Preparation and Cooking on the Nutritional Quality of Vegetables and Legumes." *International Journal of Gastronomy and Food Science* 3 (2016): 2–11. https://www.sciencedirect.com/science/article/pii/S1878450X15000207#!.

Fielding, J., K. Rowley, P. Cooper, and K. O'Dea. "Increases in Plasma Lycopene Concentration After Consumption of Tomatoes Cooked with Olive Oil." *Asia Pacific Journal of Clinical Nutrition* 14, no. 2 (2005): 131–136.

Gartner, C., W. Stahl, and H. Sies. "Lycopene Is More Bioactive from Tomato Paste Than from Fresh Tomatoes." *American Journal of Clinical Nutrition* 66 (1997): 116–122.

Giovannucci, E. "A Review of Epidemiological Studies of Tomatoes, Lycopene, and Prostate Cancer." *Society for Experimental Biology and Medicine* 227 (2002): 852–859.

Harris, R., and E. Karmas, eds. *Nutritional Evaluation of Food Processing*. 2nd ed. Westport, CT: AVI Publishing, 1975.

Kahlon, T., R. Miczarek, and M-C. Chiu. "*In Vitro* Bile Acid Binding of Mustard Greens, Kale, Broccoli, Cabbage and Green Bell Pepper Improves with Sautéing Compared with Raw or Other Methods of Preparation." *Food and Nutrition Sciences* 3 (2012): 951–958.

Kon, S. "Effect of Soaking Temperature on Cooking and Nutritional Quality of Beans." *Journal of Food Science* 44 (1979): 1329–1340.

McGee, H. *On Food and Cooking: The Science and Lore of the Kitchen*. New York: Scribner, 2004.

McNaughton, S., and G. Marks. "Development of a Food Composition Database for the Estimation of Dietary Intakes of Glucosinolates, the Biologically Active Constituents of Cruciferous Vegetables." *British Journal of Nutrition* 90 (2003): 687–697.

Miglio, C., E. Chiavaro, A. Visconti, V. Fogliano, and N. Pellegrini. "Effects of Different Cooking Methods on Nutritional and Physicochemical Characteristics of Selected Vegetables." *Journal of Agricultural and Food Chemistry* 56 (2008): 139–147.

Palermo, M., N. Pellegrini, and V. Fogliano. "The Effect of Cooking on the Phytochemical Content of Vegetables." *Journal of the Science of Food and Agriculture* 94 (2014): 1057–1070.

Pellegrini, N. Personal communication with the author, August 2018.

Perla, V., D. G. Holm, and S. S. Jayanty. "Effects of Cooking Methods on Polyphenols, Pigments and Antioxidant Activity in Potato Tubers." *LWT—Food Science and Technology* 45 (2012): 161–171.

Rickman, J., D. Barrett, and C. Bruhn. "Nutritional Comparison of Fresh, Frozen, and Canned Fruits and Vegetables. Part 1. Vitamins C and B and Phenolic Compounds." *Journal of the Science of Food and Agriculture* 87 (2007): 930–944.

Stipanuk, M. *Biochemical and Physiological Aspects of Human Nutrition*. Philadelphia: Saunders, 2000.

Verhoven, D., R. Goldborm, G. van Popple, H. Verhagen, and P. van den Brandt. "Epidemiological Studies on Brassica Vegetables and Cancer Risk." *Cancer Epidemiology, Biomarkers and Prevention* 5 (1996): 733–748.

Willett, W. *Eat, Drink, and Be Healthy: The Harvard Medical School Guide to Healthy Eating*. New York: Simon & Schuster, 2017.

십자화과 채소로 암에 맞서기

Getahun, S. M., and F.-L. Chung. "Conversion of Glucosinolates to Isothiocyanates in Humans After Ingestion of Cooked Watercress." *Cancer Epidemiology, Biomarkers and Prevention* 8 (1999): 447–451.

Murillo, G., and R. G. Mehta. "Cruciferous Vegetables and Cancer Prevention." *Nutrition and Cancer* 41, nos. 1 & 2 (2001): 17–28.

National Cancer Institute. *Cruciferous Vegetables and Cancer Prevention*. Bethesda, MD: National Cancer Institute, 2012.

Willett, W., and P. J. Skerett. *Eat, Drink, and Be Healthy: The Harvard Medical School Guide to Healthy Eating*. New York: Free Press, 2017.

돼지고기를 고르는 절대 법칙

Buege, D. *Variation in Pork Lean Quality*. Clive, IA: U.S. Pork Center of Excellence, 2003 (originally published as a National Pork Board/American Meat Science Association fact sheet).

Warriss, P. D. *Meat Science: An Introductory Text*, 102–204. Wallingford, Oxfordshire, UK: CABI, 2000.

Chapter 7 - 좋은 성분과 나쁜 성분, 요리 과학의 미래

Cahill, L., A. Pan, S. Chiuve, W. Willett, F. Hu, and E. Rimm. "Fried-Food Consumption and Risk of Type 2 Diabetes and Coronary Heart Disease: A Prospective Study in 2 Cohorts of US Women and Men." *American Journal of Clinical Nutrition* 100 (2014): 667–675.

Crosby, G. "Do Cooking Oils Present a Health Risk?" *Food Technology* 72, no. 5 (2018): 50–56.

Dunford, N. *Food Technology Fact Sheet No. 126: Deep Fat Frying Basics for Food Services*. Stillwater: Oklahoma Cooperative Extension Service, 2017.

Duyff, R., J. Mount, and J. Jones. "Sodium Reduction in Canned Beans After Draining, Rinsing." *Journal of Culinary Science and Technology* 9 (2011): 106–112.

Estruch, R., E. Ros, J. Salas-Salvadó, M-I. Covas, D. Corella, F. Arós, E. Gómez-Gracia et al. "Primary Prevention of Cardiovascular Disease with a Mediterranean Diet." *New England Journal of Medicine* 368 (2013): 1279–1290.

Fabbri, A., R. Schacht, and G. Crosby. "Evaluation of Resistant Starch Content of Cooked Black Beans, Pinto Beans, and Chickpeas." *NFS Journal* 3 (2016): 8–12.

Fuentes-Zaragoza, E., M. Riquelme-Navarrete, E. Sanchez-Zapata, and J. Perez-Alvarez. "Resistant Starch as a Functional Ingredient: A Review." *Food Research International* 43, no. 4 (2010): 931–942.

Gadiraju, T., Y. Patel, J. Gaziano, and L. Djouss. "Fried Food Consumption and Cardiovascular Health: A Review of Current Evidence." *Nutrients* 7 (2015): 8424–8430.

Gil-Humanes, J., F. Piston, R. Altimirano-Fortoul, A. Real, I. Comino, C. Sousa, C. Rosell, and F. Barro. "Reduced-Gliadin Wheat Bread: An Alternative to the Gluten-Free Diet for Consumers Suffering Gluten-Related Pathologies." *PLOS ONE* 9, no. 3 (2014): e90898.

Katragadda, H. R., A. Fullana, S. Sidhu, and A. A. Carbonell-Barrachina. "Emissions of Volatile Aldehydes from Heated Cooking Oils." *Food Chemistry* 120 (2010): 59–65.

Kon, S. "Effect of Soaking Temperature on Cooking and Nutritional Quality of Beans." *Journal of Food Science* 44 (1979): 1329–1340.

La Puma, J. "What Is Culinary Medicine and What Does It Do?" *Population Health Management* 19, no. 1 (2016): 1–3.

Monnier, V. "Dietary Advanced Lipoxidation Products as Risk Factors for Human Health—A Call for Data." *Molecular Nutrition and Food Research* 51 (2007): 1091–1093.

Murphy, M., J. Douglass, and A. Birkett. "Resistant Starch Intakes in the United States." *Journal of the American Dietetic Association* 108 (2008): 67–78.

Sebastian, A., S. Ghazani, and A. Maragoni. "Quality and Safety of Frying Oils Used in Restaurants." *Food Research International* 64 (2014): 420–423.

Vaziri, N., S-M. Liu, W. L. Lau, M. Khazaeli, S. Nazertehrani, S. H. Farzaneh, D. A. Kieffer et al. "High Amylose Resistant Starch Diet Ameliorates Oxidative Stress, Inflammation, and Progression of Chronic Kidney Disease." *PLOS ONE* 9, no. 12 (2014): 114881–114895.

Willett, W. *Eat, Drink, and Be Healthy: The Harvard Medical School Guide to*

Healthy Eating. New York: Simon & Schuster, 2017.

파스타는 생각보다 건강하다

Brand-Miller, J., T. M. S. Wolever, S. Colagiuri, and K. Foster-Powell. *The Glucose Revolution: The Authoritative Guide to the Glycemic Index*. New York: Marlowe, 1999.

Pagani, M. A., M. Lucisano, and M. Mariotti. "Traditional Italian Products from Wheat and Other Starchy Flours." In *Handbook of Food Products Manufacturing*, ed. Y. H. Hui. Hoboken, NJ: Wiley, 2007.

올리브유의 진실

America's Test Kitchen. "Does It Pay to Cook with Extra-Virgin Olive Oil?" *Cook's Illustrated* (January & February 2014): 16.

Cicerale, X., A. Conlan, N. W. Barnett, A. J. Sinclair, and R. S. Keast. "Influence of Heat on Biological Activity and Concentration of Oleocanthal—A Natural Anti-inflammatory Agent in Virgin Olive Oil." *Journal of Agricultural and Food Chemistry* 57 (2009): 1326–1330.

Crosby, G. "Do Cooking Oils Present a Health Risk?" *Food Technology* 72, no. 5 (2018): 50–57.

Gómez-Alonso, S., G. Fregapane, M. D. Salvador, and M. H. Gordon. "Changes in Phenolic Composition and Antioxidant Activity of Virgin Olive Oil During Frying." *Journal of Agricultural and Food Chemistry* 51 (2003): 667–672.

Katragadda, H. R., A. Fullana, S. Sidhu, and A. A. Carbonell-Barrachina.

"Emissions of Volatile Aldehydes from Heated Cooking Oils." *Food Chemistry* 120 (2010): 59–65.

풍미의 비밀: 확산

Lebert, A., and J.-D. Daudin. "Modelling the Distribution of aw, pH and Ions in Marinated Beef Meat." *Meat Science* 97 (2014): 347–357.

Rodger, G., R. Hastings, C. Cryne, and J. Bailey. "Diffusion Properties of Salt and Acetic Acid Into Herring and Their Subsequent Effect on the Muscle Tissue." *Journal of Food Science* 49, no. 3 (1984): 714–720.

| 도판 출처 |

C 1

도판1 Patrick Gruban / Wikimedia
도판2 The collection of the Metropolitan Museum of Art, New York
도판3 Public Domain / Wikipedia
도판4 News.MIT.edu
도판5 The author

C 2

도판1 The collection of the Metropolitan Museum of Art, New York
도판2 B. D. Smith, *The Emergence of Agriculture* (New York: Scientific American Library, 1995)
도판3 Public Domain / Wikimedia
도판4 Public Domain / Wikimedia
도판5 The Yale University Babylonian Collection
도판6 Public Domain / Wikimedia
도판7 *Zeitschrift fur Lebensmittel-Untersuchung und -Forschung* 190 (1990): 401-409
도판8 Daniel J. van Ackere, America's Test kitchen

C 3

도판1 The collection of the Metropolitan Museum of Art, New York
도판2 Public Domain / Wikimedia
도판3 Public Domain / Wikimedia
도판4 The photographic collection of Musée des Arts et Métiers
도판5 Public Domain / Wikimedia
도판6 The collection of the Metropolitan Museum of Art, New York
도판7 Public Domain / Wikimedia
도판8 The author(1988), based on an original sketch by Thomas Allom, 1843
도판9 bhofack2 / Gettyimagesbank
도판10 The author's research at Framingham State University
도판11 Ahanov Michael / Shutterstock
도판12 Frennet Studio / Shutterstock
도판13 Hollandog / Shutterstock

C 4

도판1 The Science and Society Picture Library collection of the Science Museum, London
도판2 Public Domain / Wikimedia
도판3 Public Domain / Wikimedia
도판4 The author
도판5 Public Domain / Wikimedia
도판7 The collection of Alfred University, Alfred, New York
도판8 The collection of Alfred University, Alfred, New York
도판9 The author

C 5

도판1 The author (1956), after an original oil painting by A.-F. Bonnardel (1867–1942)
도판2 Public Domain / Wikimedia
도판5 Public Domain / Wikimedia
도판6 Benjamin Wolfe, Tufts University
도판7 Nazimages / Shutterstock
도판8 Public Domain / Wikimedia

C 6

도판1 Sabin Orr
도판2 Brookfield Engineering
도판3 Public Domain / Wikimedia
도판4 FeaturePics

C 7

도판1 The Freer/Sackler Art Gallery of the Smithsonian Institution
도판2 Nehophoto / Shutterstock
도판3 Alexander Raths / Shutterstock
도판4 Alexander Prokopenko / Shutterstock
도판5 Antonina Vlasova / Shutterstock
도판6 Metamorworks / Shutterstock
도판7 Evgeny Karandaev / Shutterstock
도판8 The author
도판9 Dusan Zidar / Shutterstock

레시피

1	Freepik Ezume Images / Shutterstock
2	Vectorgoods studio / Shutterstock Mironov Vladimir / Shutterstock
3	Freepik Epine / Shutterstock Stockcreations / Shutterstock
4	Oleg7799 / Shutterstock From my point of view / Shutterstock
5-1	Iamnee / Shutterstock Sophie Idsinga / Flickr
5-2	Nata_Alhontess / Shutterstock Olga Miltsova / Shutterstock
6	Freepik Freepik Oksana Mizina / Shutterstock
7	Aksol / Shutterstock Michelle Lee Photography / Shutterstock

| 찾아보기 |

ㄹ

ㅁ

ㅂ

ㅅ